BIBLIOTHÈQUE
SCIENTIFIQUE INTERNATIONALE

PUBLIÉE SOUS LA DIRECTION

DE M. ÉM. ALGLAVE

LVI

BIBLIOTHÈQUE
SCIENTIFIQUE INTERNATIONALE
PUBLIÉE SOUS LA DIRECTION
DE M. ÉM. ALGLAVE
Volumes in-8, reliés en toile anglaise. — Prix : 6 fr.
Avec reliure d'amateur, tranche sup. dorée, dos et coins en veau. 10 fr

La *Bibliothèque scientifique internationale* n'est pas une entreprise de librairie ordinaire. C'est une œuvre dirigée par les auteurs mêmes, en vue des intérêts de la science, pour la populariser sous toutes ses formes, et faire connaître immédiatement dans le monde entier les idées originales, les directions nouvelles, les découvertes importantes qui se font chaque jour dans tous les pays. Chaque savant expose les idées qu'il a introduites dans la science et condense pour ainsi dire ses doctrines les plus originales. On peut ainsi, sans quitter la France, assister et participer au mouvement des esprits en Angleterre, en Allemagne, en Amérique, en Italie, tout aussi bien que les savants mêmes de chacun de ces pays.

La *Bibliothèque scientifique internationale* ne comprend pas seulement des ouvrages consacrés aux sciences physiques et naturelles, elle aborde aussi les sciences morales, comme la philosophie, l'histoire, la politique et l'économie sociale, la haute législation, etc. ; mais les livres traitant des sujets de ce genre se rattacheront encore aux sciences naturelles, en leur empruntant les méthodes d'observation et d'expérience qui les ont rendues si fécondes depuis deux siècles.

VOLUMES PARUS

J. Tyndall. LES GLACIERS ET LES TRANSFORMATIONS DE L'EAU, suivis d'une étude de M. *Helmholtz* sur le même sujet, avec 8 planches tirées à part et nombreuses figures dans le texte. 5ᵉ édition.   6 fr.

Bagehot. LOIS SCIENTIFIQUES DU DÉVELOPPEMENT DES NATIONS. 5ᵉ édition...   6 fr.

J. Marey. LA MACHINE ANIMALE, locomotion terrestre et aérienne, avec 132 figures. 4ᵉ édit. augmentée...................   6 fr.

A Bain. L'ESPRIT ET LE CORPS considérés au point de vue de leurs relations, avec figures, 4ᵉ édition.....................   6 fr.

Pettigrew. LA LOCOMOTION CHEZ LES ANIMAUX, avec 130 fig.   6 fr.

Herbert Spencer. INTRODUCTION A LA SCIENCE SOCIALE. 8ᵉ édition...   6 fr.

Oscar Schmidt. DESCENDANCE ET DARWINISME, avec figures. 5ᵉ édition...   6 fr.

H. Maudsley. LE CRIME ET LA FOLIE. 5ᵉ édition.........   6 fr.

P.-J. Van Beneden. LES COMMENSAUX ET LES PARASITES dans le règne animal, avec 83 figures dans le texte. 3ᵉ édit....   6 fr.

Balfour Stewart. LA CONSERVATION DE L'ÉNERGIE, suivie d'une étude sur LA NATURE DE LA FORCE, par *P. de Saint-Robert*. 4ᵉ édition.. 6 fr.

Draper. LES CONFLITS DE LA SCIENCE ET DE LA RELIGION. 7ᵉ édition.. 6 fr.

Léon Dumont. THÉORIE SCIENTIFIQUE DE LA SENSIBILITÉ. 3ᵉ édition.. 6 fr.

Schutzenberg. LES FERMENTATIONS, av. 28 fig., 4ᵉ édition.   6 fr.

Whitney. LA VIE DU LANGAGE. 3ᵉ édition................ 6 fr.

Cooke et Berkeley. LES CHAMPIGNONS, av. 110 fig. 3ᵒ édit.   6 fr.

Bernstein. LES SENS, avec 91 figures dans le texte. 4ᵉ édit.   6 fr.

Berthelot. LA SYNTHÈSE CHIMIQUE. 5ᵉ édition............. 6 fr.

Vogel. LA PHOTOGRAPHIE ET LA CHIMIE DE LA LUMIÈRE, avec 95 figures dans le texte et un frontispice tiré en photoglyptie. 4ᵒ édition.. 6 fr.

Luys. LE CERVEAU ET SES FONCTIONS, avec figures. 5ᵉ édit.   6 fr.

W. Stanley Jevons. LA MONNAIE ET LE MÉCANISME DE L'ÉCHANGE. 4ᵉ édition.. 6 fr.

Fuchs. LES VOLCANS ET LES TREMBLEMENTS DE TERRE, avec 36 figures dans le texte et une carte en couleurs. 4ᵒ édition....... 6 fr.

Général Brialmont. LA DÉFENSE DES ÉTATS ET LES CAMPS RETRANCHÉS, avec nombreuses figures et deux planches hors texte. 3ᵉ édition.. 6 fr.

A. de Quatrefages. L'ESPÈCE HUMAINE. 8ᵉ édition........ 6 fr.

Blaserna et Helmholtz. LE SON ET LA MUSIQUE, avec 50 figures dans le texte. 4ᵒ édition.............................. 6 fr.

Rosenthal. LES MUSCLES ET LES NERFS, avec 75 figures dans le texte. 3ᵉ édition.................................... 6 fr.

Brucke et Helmholtz. PRINCIPES SCIENTIFIQUES DES BEAUX-ARTS, suivis de L'OPTIQUE ET LA PEINTURE, avec 41 figures. 3ᵉ édition.. 6 fr.

Wurtz. LA THÉORIE ATOMIQUE, avec une planche hors texte. 4ᵒ édition.. 6 fr.

Secchi. LES ÉTOILES. 2 vol., avec 60 figures dans le texte et 17 planches en noir et en couleurs, tirées hors texte. 4ᵒ édition.. 12 fr.

N. Joly. L'HOMME AVANT LES MÉTAUX, avec 150 fig. 4ᵉ édit.   6 fr.

A. Bain. LA SCIENCE DE L'ÉDUCATION. 5ᵉ édition.......... 6 fr.

Thurston. HISTOIRE DE LA MACHINE A VAPEUR, revue, annotée et augmentée d'une introduction par *J. Hirsch*. 2 vol., avec 140 figures dans le texte, 16 planches tirées à part et nombreux culs-de-lampe. 2ᵉ édit.................................. 12 fr.

LES
MAMMIFÈRES

DANS LEURS RAPPORTS
AVEC LEURS ANCÊTRES GÉOLOGIQUES

PAR

O. SCHMIDT

AVEC 51 FIGURES DANS LE TEXTE

Édition française très augmentée par l'auteur

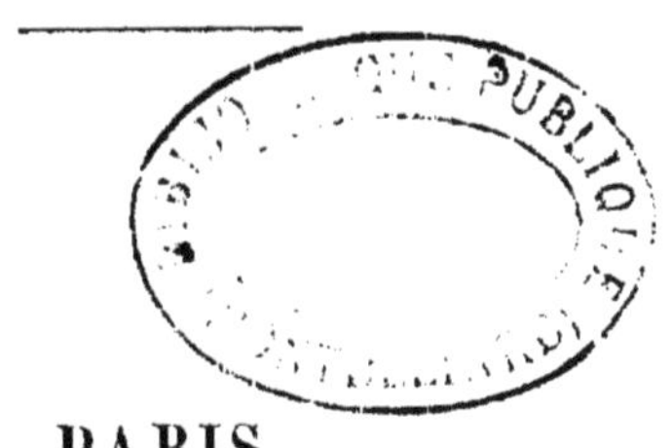

PARIS

ANCIENNE LIBRAIRIE GERMER BAILLIÈRE ET Cie

FÉLIX ALCAN, ÉDITEUR

108, BOULEVARD SAINT-GERMAIN, 108

1887

5781-86. — Corbeil. Typ. et stér. Crété.

PRÉFACE

Dans la préface de la troisième édition de mon ouvrage
« Descendance et Darwinisme », parue en 1883, j'ai cité l'opinion
d'un juriste éminent sur la futilité des connaissances de la nature,
non pour la réfuter, mais pour donner un exemple de l'incroyable
naïveté avec laquelle, même à notre époque, des représentants
distingués de certaines opinions bien connues parlent des travaux et des résultats des Sciences naturelles. Peu de temps après,
un homme d'une notoriété universelle vint me demander si, dans
mes leçons de zoologie à l'Université, je traitais aussi du Darwinisme. Tous ceux qui s'intéressent à la doctrine de la Descendance connaissent ma réponse.

C'est à ceux qui apportent toute leur intelligence, toute leur
raison à l'étude de cette seule hypothèse scientifique du monde
vivant que j'adresse le présent ouvrage, comme un complément
dans lequel les preuves de la nécessité, de la réalité et de la valeur du Darwinisme, comme fondement de la doctrine de la
Descendance, sont étendues à un domaine restreint, et poursui-
vies jusqu'à l'époque moderne. Ce groupe zoologique limité
représente un tout distinct dont tous les amis de la nature ont
entendu traiter de certains chapitres, pleins d'intérêt, mais sans
qu'il leur ait été donné des faits un enchaînement satisfaisant
dans la forme.

Indépendamment de mes goûts particuliers pour l'étude des
êtres inférieurs, j'ai suivi depuis longtemps, avec un vif intérêt,
le progrès de nos connaissances sur les Mammifères, considérés
dans leurs rapports généraux avec la paléontologie et l'anthropologie.

D'année en année, je les ai étudiés avec plus de soin, particulièrement en vue des questions capitales de l'enchaînement gé-

néalogique de ces êtres. Je crois donc pouvoir présenter ce travail aux jeunes naturalistes comme une introduction pleine d'attraits à la partie de la zoologie qui touche de plus près à l'anthropologie.

J'ai puisé les documents dans les ouvrages spéciaux, dans les mémoires originaux sur la question toutes les fois qu'il m'a été donné de le faire, de telle sorte que dans mon travail j'en donne toujours des extraits. Je suppose que ceux de mes lecteurs qui ne sont pas familiarisés avec les formes et le genre de vie si variés des Mammifères possèdent à ce sujet un ouvrage tel que « la Vie des animaux » de Brehm, ou « l'Histoire naturelle illustrée » de Martin. De telles publications, qui aujourd'hui se répandent beaucoup dans la littérature populaire, nous font connaître les faits. Mais aussi, à l'exception toutefois du travail de C. Vogt et Specht sur les Mammifères, elles ne nous disent rien de plus. Maintenant, grâce à la doctrine de la Descendance, la période actuelle est expliquée par le passé, par ces laps de temps immenses où entrent en considération à la fois l'histoire de l'évolution des animaux, l'histoire de la terre et la forme géographique de notre globe. Puisque nous donnons, dans cet ouvrage, une introduction pour l'intelligence de ce grand principe, qu'il nous soit permis de faire remarquer que ce n'est qu'après avoir surmonté de nombreuses difficultés, après avoir étudié de nombreux faits, en apparence peu importants, dont la lecture offre peu d'attraits, comme par exemple la structure des dents, que ces documents ont pu être acquis. Leur enchaînement met souvent en lumière des points de vue les plus remarquables et les plus inattendus. Il ne nous mène pas, il est vrai, au fond même des choses, à la « chose en Soi » des philosophes ; mais de l'examen de tel ou tel enchaînement de faits, il nous reste effectivement une notion plus exacte des liens naturels qui unissent ces mêmes faits. Nous sommes aussi amenés à les étudier d'une manière de plus en plus approfondie, et nous en acquérons une conception de plus en plus nette, de plus en plus intime.

En terminant, je ne fais que me conformer à l'usage en adressant des remercîments à ma fille Jeanne à l'habileté de qui nous devons une série des dessins originaux pour les gravures.

OSCAR SCHMIDT.

PREMIÈRE PARTIE

INTRODUCTION GÉNÉRALE

CHAPITRE PREMIER

LA PLACE DES MAMMIFÈRES DANS LE RÈGNE ANIMAL.

De tout temps les Mammifères ont été considérés comme les animaux les plus élevés en organisation, tant par la masse des gens qui ne se préoccupent aucunement de l'origine des êtres vivants, que par tous ceux qui, n'ont aucune conception de la genèse du globe, ou qui, mieux est, s'en tiennent au mot consolant de création, et enfin par la majeure partie des biologistes actuels, des adeptes de la doctrine de la Descendance et de leurs rares prédécesseurs. Ces appréciations si concordantes sur ce groupe zoologique reposent, de longue date déjà, sur les jugements non moins concordants que fait l'homme sur lui-même. L'homme reste, en effet, intimement confiné dans le domaine des Mammifères, et dès qu'il en vient à chercher la mesure de la valeur zoologique et du rang des êtres vivants, en se prenant comme terme de comparaison, il est fatalement amené, à la suite d'un examen rapide des formes organiques, à classer les animaux comme ils l'ont toujours été par ses prédécesseurs.

L'observation des faits nous montre facilement les rapports intimes des Mammifères avec l'homme; outre la conclusion qui en découle pour la systématique, elle entraîne cette autre remarque que certains groupes zoologiques, certaines classes, présentent avec les Mammifères, plus que toutes les autres, des traits de ressemblance dans l'aspect et la structure, au moins pour ce qui est des caractères généraux.

Il ne s'est jamais élevé aucun doute sur les rapports de proche parenté ainsi établis. Depuis Aristote, tout le monde est d'accord sur l'étendue de l'embranchement des Vertébrés, de même que sur celle des cinq classes qui le constituent (Poissons, Amphibiens, Reptiles, Oiseaux, Mammifères). Cet ordre relatif devait naturellement exprimer le perfectionnement graduel de l'organisme, avec l'hypothèse d'une tendance de ces êtres à la réalisation de l'idéal, représenté par l'homme. C'est ainsi que les Vertébrés constituèrent, dans leur ensemble, le premier embranchement, le type zoologique le plus perfectionné.

Quant à la situation des Mammifères par rapport aux autres classes de Vertébrés et à la parenté spéciale de ce groupe avec l'une d'elles (ce mot de « parenté » étant pris ici dans son sens vulgaire, sans l'arrière-pensée d'une explication de la forme zoologique par la descendance), l'ancienne systématique resta réduite à une grande obscurité, les faits ne parlant qu'incomplètement; le concours de l'anatomie ne nous donne aucun éclaircissement, en ce sens que la méthode descriptive est incapable de nous montrer l'Oiseau, ou tout autre Vertébré qui réunisse les rapports de ressemblance les plus nombreux avec les Mammifères.

L'anatomie comparée nous signale le fait curieux de la présence de deux condyles occipitaux chez les Batraciens et les Mammifères, les Oiseaux et les Reptiles n'en ayant qu'un seul. Mais que pouvait-on tirer de ces observations et d'autres analogues?

Nous savons que c'est vers le milieu du dix-huitième siècle

qu'a surgi çà et là l'idée de la descendance et de l'évolution.
Mais elle ne pouvait pas aboutir à la conception générale du
monde vivant, pas même dans l'esprit de d'Alton, l'anatomiste
de notre siècle qui, à mes yeux, a eu les idées d'enchaînement
les plus claires qui aient jamais été exposées. Les travaux de
Gœthe à ce sujet reproduisent quelques-uns des passages les
plus souvent cités par cet auteur lui-même. Gœthe présente sous
une forme mystique, comme pour en éloigner le public profane, ce que d'Alton exprime de la façon la plus nette, la plus
précise. C'est aussi dans les travaux si remarquables de d'Alton
sur le squelette que Gœthe reconnut toute l'importance des
causes de l'adaptation, de l'aptitude à l'adaptation et de l'adaptation elle-même, comme facteurs des transformations organiques. « Sous l'influence de circonstances données, l'animal
s'adapte à ces circonstances. »

L'adaptation de l'organisme au lieu qu'il habite, à son genre
de vie, fait d'ailleurs incontesté, doit être d'autant plus remarquable que l'organisme considéré est plus complexe. C'est dans
les Mammifères qu'elle peut être observée le plus facilement,
même par des yeux peu exercés. Comme le Mammifère cherche
avant tout à satisfaire ses besoins nutritifs, il résulte de là une
grande variété dans les formes de l'adaptation, justifiée par l'organisation des membres et le système dentaire. L'on peut dire
aussi que la classe des Mammifères, plus que toutes les autres,
nous permet d'étudier l'adaptation dans les organes de locomotion ; mais il ne faut pas oublier que, dans presque tous les
groupes zoologiques, l'organisation des membres est l'expression
d'une adaptation. L'aptitude de l'animal à se mouvoir confor-
mément aux particularités de son lieu de séjour, à assurer sa
subsistance et à élever sa progéniture, si l'on excepte les cas
d'imperfection, se trouve toujours réalisée d'une manière si
complète, que l'harmonie qui existe entre les moyens d'existence de l'animal et le monde ambiant nous apparaît comme
une cause finale, poursuivie et réalisée par la nature.

S'agit-il des Mammifères comme organismes adaptés à des conditions déterminées d'existence qui, partout où nous les trouvons, sont bien à leur place, l'on peut consulter un ouvrage de systématique. Mais de telles connaissances constituent-elles de la science ? Nous conduisent-elles à la compréhension intime des faits ? Celui qui a appris à connaître tous les Mammifères actuellement existants d'après les phénomènes de leur vie, leurs particularités de structure, est-il en quoi que ce soit éclairé sur les causes et l'enchaînement des faits qu'il a constatés ? Telle a été cependant, à une certaine époque, l'idée généralement admise, et c'est pour cela que, même aujourd'hui, la Zoologie est encore désignée sous le titre absurde d'Histoire naturelle descriptive, tant il est vrai que rien n'était plus étranger à cette prétendue science que la recherche scientifique de l'enchaînement naturel des faits. Et d'autre part existe-t-il une science qui n'expose pas tout d'abord une partie descriptive, relevant directement de l'observation ?

Le zoologiste descripteur n'est tenu de prendre aucune initiative, de s'émerveiller de rien ; mais il ne peut s'empêcher, avec l'arrière-pensée d'une coordination scientifique ultérieure, de s'arrêter à une série de phénomènes particulièrement dignes d'intérêt. A cet égard, une comparaison rapide des Mammifères avec les autres Vertébrés fait ressortir le manque de formes de passage entre ceux-ci et ceux-là. Buffon pensait que l'observation très approfondie de deux organismes, si différents qu'ils soient, devait toujours conduire à la découverte d'une série ininterrompue de formes de passage entre eux ; mais cette idée ne subsista pas longtemps dans la science, sous le coup d'une systématique plus stricte. Le point de contact des Mammifères avec les autres Vertébrés a toujours été recherché dans la classe des Oiseaux, à cause du développement intellectuel évidemment supérieur des Mammifères, développement auquel arrivent seulement quelques Oiseaux ; ce caractère est d'ailleurs en rapport avec une circulation du sang plus active et plus complète chez ces deux classes de Vertébrés. Une preuve plus convaincante de ce contact n'a été donnée ni par Buffon ni par aucun anatomiste moderne, certains faits tendant d'ailleurs, ainsi que nous l'avons dit plus haut, à établir une parenté des Mammifères avec les Amphibiens.

Avant que de nouvelles recherches soient faites, il est inutile de chercher à combler la lacune qui existe entre les Mammifères et les autres Vertébrés de l'époque actuelle. On reconnaîtra même très vraisemblablement que cette difficulté restera aussi bien sans solution ou tout au moins n'aura qu'une solution partielle par la connaissance des temps passés.

Bien plus remarquables sont les nombreuses formes isolées que l'on rencontre dans le domaine de la classe des Mammifères. Parmi les formes les plus remarquables de ces Mammifères dont il est impossible d'établir l'enchaînement, il faut citer le cheval et les types voisins, c'est-à-dire le genre Equus. La zoologie descriptive le place à côté des Bisulques, mais la lacune qui existe entre le cheval, pourvu d'un seul doigt, et les Ruminants, le bœuf et le cerf par exemple, qui en ont deux, est loin d'être comblée. La dentition complète du cheval tranche nettement avec la dentition incomplète, dépourvue d'incisives à la mâchoire supérieure, de la plupart des Ruminants ; on ne peut guère relier ces deux groupes que par les Caméliens, dont la dentition est plus nombreuse que celle des Ruminants ordinaires. Le cheval reste cependant avec des caractères si particuliers, que la zoologie descriptive considère le genre Equus, avec ses quelques espèces, comme un ordre systématiquement équivalent à l'ordre des Bisulques, qui comprend un grand nombre de genres et plusieurs centaines d'espèces. Les rapports du cheval sont analogues avec les pluri-ongulés ou Pachydermes, ordre qu'il est impossible de maintenir puisqu'il renferme les éléments les plus variés, les plus dissemblables. Mais quelle forme singulière et toute spéciale ne représente pas l'éléphant dans ces Pachydermes et même dans toute la classe des Mammifères !

Soumis strictement au régime végétal, il n'en est pas moins, à tous points de vue, un type à part dans les herbivores. C'est à peine si l'on peut appeler sabots les enveloppes cornées, semblables à des ongles, qui recouvrent l'extrémité de ses doigts. La structure du crâne, la trompe, la dentition, tout l'éloigne des herbivores, parmi lesquels il figure cependant depuis Linné.

Les autres pachydermes sont loin de constituer un ensemble net: les divers genres présentent, dans l'aspect général, dans la conformation des pieds, dans la dentition, des variations beaucoup plus considérables que celles que nous observons d'habitude entre les individus constitutifs d'autres ordres.

Que le cochon ait plus d'analogie avec le rhinocéros et l'hippopotame qu'avec le bœuf, c'est là une assertion qui n'est rien moins que compréhensible, dès que l'observateur s'est bien convaincu que les liens de parenté ne résident pas dans le nombre des sabots. Devons-nous désigner comme genres isolés, le chameau, la girafe, le leptodactyle ; comme familles isolées toutes celles que rapproche leur système dentaire incomplet, par exemple les paresseux, les tatous, les fourmiliers, les tamanoirs, entre lesquelles, comme genres, il existe d'ailleurs tout aussi peu d'harmonie qu'entre les parties hétérogènes du groupe des pluri-ongulés? Si, d'autre part, nous appelons l'attention sur le contraste frappant qui existe entre les Marsupiaux, hautement différenciés entre eux, et les autres ordres de Mammifères, nous aurons indiqué une foule de faits qui par eux-mêmes sont complètement incompréhensibles.

A ces difficultés s'en ajoutent d'autres d'ordre géographique, notamment celles qui résultent des faits, inexplicables par eux-mêmes, relatifs à la distribution géographique des animaux (1). Les particularités qui sont naturellement compré-

(1) Wallace, *Die geographische Verbreitung der Thiere*. Suivie d'une étude sur les analogies des faunes vivantes et éteintes dans leurs rapports avec les modifications anciennes de la surface du globe. Dresde, 1876.

hensibles sont celles relatives aux cas où l'hypothèse de migration ne soulève aucune contradiction, aucune difficulté, et où l'on tient compte de l'aptitude de l'organisme à l'acclimatation, propriété de la matière vivante connue depuis longtemps déjà.

La mer se prête incontestablement à la dissémination la plus considérable d'une forme animale et au groupement des formes les plus diverses. Depuis que la science moderne est arrivée à nous faire connaître d'une manière aussi exacte les courants marins que les bassins des fleuves, l'extension des courants froids dans les régions australes et réciproquement, les sortes de routes sous-marines, propres aux migrations, que la mer présente à diverses profondeurs, la représentation graphique de la conformation du sol marin d'après la structure pétrographique, il semble qu'après la description de la manière d'être des animaux dans la mer, l'on ne puisse en aucune façon rechercher les possibilités et les causes de cette manière d'être.

Il en est tout autrement quand on considère la distribution des animaux sur les continents, dans les lacs et dans les fleuves. Un grand nombre de lacs nous montrent qu'ils n'ont été séparés de la mer qu'à une époque à peine distincte de l'époque actuelle. On s'explique par là l'existence de la majeure partie de la population vivante de leurs eaux. Dans les fleuves, ce sont les poissons et les mollusques qu'il faut principalement considérer. Nous connaissons aujourd'hui toute une série de Poissons, tels que le saumon, la truite saumonée, l'anguille, certains pleuronectes qui, suivant la saison, vivent soit dans l'eau douce, soit dans l'eau salée, surtout en vue de la reproduction, ou qui supportent, sans danger pour leur existence, leur déplacement de l'un de ces milieux dans l'autre.

Nous sommes ainsi autorisés à supposer, pour tous les poissons et mollusques d'eau douce proprement dits, que leurs ancêtres pouvaient aussi à l'origine changer de milieu; cela nous donne une explication largement suffisante de la présence des mêmes genres, en partie aussi des mêmes espèces, dans les fleuves très éloignés les uns des autres. La classe des Mammifères nous fournit peu d'exemples de ce genre, mais ils sont très instructifs.

L'espèce particulière de Lamantin dont on doit la découverte à Vogel est, semble-t-il, la seule espèce de l'ordre très limité des Sirénides qui ait complètement abandonné le séjour de la mer; le Lamantin d'Amérique réalise actuellement le passage, mais se plaît encore dans les régions basses des grands courants marins: enfin le Dugong de l'est de l'Afrique est resté complètement fidèle à l'ancien élément.

Parmi les Mammifères vivant dans les lacs, le phoque de la mer Caspienne est un exemple remarquable. Il y est effectivement resté lors de l'éloignement de la mer de cette région ; On sait depuis longtemps que cette grande masse d'eau a bien réellement perdu ses liens originels avec l'océan.

Cette remarque étant faite, c'est l'étude des périodes géologiques qui seule nous permettra de comprendre la configuration géographique actuelle et la répartition des organismes sur le globe, en particulier des animaux terrestres. Quant à la difficulté qui résulte de la présence d'espèces ou de genres très voisins ou même de groupes zoologiques plus étendus dans des bassins éloignés les uns des autres, séparés quelquefois par de hautes chaînes de montagnes ou par d'immenses mers, on se faisait illusion depuis Buffon avec le mot « vicarier » dont on ne déduisait, tout naturellement, rien moins qu'une complète explication des faits. Quand l'on dit que les Marsupiaux actuels « vicarient » en Australie pour les autres ordres de Mammifères répandus sur les divers continents, c'est-à-dire remplacent ces derniers, on n'exprime purement et simplement qu'un fait; on indique, par exemple, qu'en Amérique ne vit pas le chameau, mais bien le lama, qui s'en rapproche cependant par plusieurs caractères fondamentaux. L'une de ces deux formes vicarie pour l'autre. Pourquoi? Que signifie une pareille affirmation? A cela pas de réponse.

Nous recherchons, nous, une explication de tous ces rapports, de toutes ces analogies, et ainsi nous élevons la Zoologie de la phase première de la description à la hauteur d'une véritable science. Toute recherche, en vue de la conception scientifique du Règne animal, doit avoir pour base, ainsi que nous le montrent les découvertes modernes de la Géologie, ce principe, établi il y a environ cinquante ans, que l'état actuel de l'écorce terrestre, la distribution des terres et de mers sont le résultat de la transformation lente, ininterrompue de la conformation géologique du globe. En second lieu, il résulte de l'aptitude des êtres vivants à l'adaptation, de la versatilité des organes, la plasticité et la variabilité des organismes. Gœthe déjà a mis ce point de vue en lumière. Ces propriétés nous expliquent pourquoi la plante et l'animal se mettent toujours en harmonie avec les modifications survenues dans les circonstances extérieures, se modifient eux-mêmes peu à peu par l'habitude et entraînent ainsi des transformations correspondantes, graduelles, du corps lui-même. Celui qui croit à l'unité de l'espèce humaine doit être partisan déclaré de la doctrine de la variabilité des êtres vivants, même sous cette forme simple, primitive, qui consiste à considérer un nègre comme un blanc brûlé par l'ardeur des rayons du soleil, et un blanc comme un nègre décoloré. Celui qui est convaincu de l'opinion contraire, trouve la preuve indéniable de la variabilité dans le croisement des races et espèces. Quiconque considère le chien comme le résultat d'une création, ne peut pas plus échapper à l'hypothèse de cette aptitude si remarquable à l'adaptation que celui qui dans le chien domestique ne voit qu'une série d'espèces de chacals domestiqués. En un mot, personne ne méconnaît la variabilité comme propriété générale des organismes; c'est sur l'origine de cette variabilité que s'établissent les divergences.

CHAPITRE II

On sait depuis Gœthe que les agents extérieurs « les quatre éléments » auxquels l'animal s'adapte dans l'intérêt de sa conservation modifient considérablement sa conformation générale et son genre de vie, au point de créer des ressemblances très frappantes entre des êtres primitivement tout différents. Cependant Gœthe n'a exprimé cette idée d'une manière nette, catégorique, que lorsque d'Alton eut définitivement mis en lumière que la transformation et l'évolution des organismes sont la conséquence des variations des conditions de milieu. Haeckel, l'enthousiaste admirateur de Gœthe, nous donne de cet auteur une série de passages en nous le présentant comme le précurseur incontestable de Darwin; mais il faut bien dire que ces passages ne sont que des transformations, en partie d'ailleurs obscurcies, des écrits de d'Alton (1).

(1) Dans le poème *Die metamorphose der Thiere*, on trouve les lignes suivantes : « Ainsi donc l'organisation de l'animal détermine son genre de vie, et le mode d'existence agit puissamment sur toutes les organisations. » Cet ouvrage est de 1819. Or, d'Alton nous dit (*Skelete der Nagethiere* 1823) : « on ne peut pas douter plus longtemps que la direction de l'évolution de l'organisme ne dépende des circonstances extérieures, et que le genre de vie des animaux ne puisse être déduit de l'organisation. » Cette pensée, comme beaucoup d'autres voisines, est reproduite par Gœthe en 1824 lorsqu'il parle de ce travail classique. Gœthe a pu ainsi trouver dans ce « langage fort élevé », à son grand contentement, ce qu'il avait observé et apprécié depuis longtemps déjà.

Il ne pouvait pas non plus échapper à tout observateur attentif ce fait remarquable que des animaux variés, très différents par leur organisation, par conséquent sans aucun lien de parenté, pouvaient, sous les mêmes influences, arriver à présenter certaines ressemblances. « Les Rongeurs, par leur forme, se rapprochent de divers ordres. Le rat a des ressemblances avec les Carnassiers ; le lièvre, par son genre de vie et par son régime, aussi bien que par son organisation et ses caractères particuliers, se rapproche des Ruminants. »

Cette phrase, Gœthe la transcrit à sa manière avec des modifications secondaires, bien visibles, tout en indiquant nettement le fait en lui-même : « L'organisme des Rongeurs présente des rapports multiples et ne semble pas avoir de limites déterminées ; toutefois, étant englobé dans l'ensemble des formes animales, il faut bien qu'il présente avec l'une ou l'autre des rapports de ressemblance plus intimes ; il se rapproche tout autant des Carnassiers que des Ruminants, des Singes que des Chauves-souris, et même encore d'autres formes intermédiaires. »

Dans la suite, jusqu'à Darwin on n'avait accordé que peu d'attention à ces développements analogues, à ces évolutions parallèles. Darwin lui-même ne parle qu'accidentellement des phénomènes de Convergence pour chercher à montrer combien il est invraisemblable de les considérer comme la cause des ressemblances observées chez certains organismes d'origine différente. Mais depuis une dizaine d'années, et même davantage, les zoologistes, dans bien des cas, ont été amenés à ne baser nullement les analogies et les concordances organiques sur la transmission par voie héréditaire des propriétés de la souche primitive ; ils ont dû les attribuer à des modifications de l'organisme, produites par les circonstances extérieures dans des milieux semblables ou analogues. Nous devons donc tenir sérieusement compte de ce facteur important : ici d'autant plus qu'il semble avoir joué un rôle considérable dans la classe des Mammifères. Quelques observations sur l'évolution des idées relatives à la convergence ne seront pas ici sans intérêt.

Dès que l'on s'est bien familiarisé avec cette pensée que les organismes vivants sont soumis aux mêmes lois générales que les corps inorganiques, surgit naturellement la question de savoir dans quelles limites la substance vivante peut être modifiée par les actions extérieures, et jusqu'à quel point les résultats obtenus sont indépendants les uns des autres dans des conditions semblables ou analogues. Le problème a été embrassé, dans sa plus grande généralité, par un puissant esprit, Diderot. Dans ses entretiens avec d'Alembert, en 1769, il recueille de la bouche de ce dernier cette hypothèse que, après la disparition de tous les êtres vivants, par le refroidissement complet du soleil, une nouvelle évolution de plantes et d'animaux semblables aux premiers se produirait par l'effet de l'incandescence réitérée de l'astre, source de la vie, source de toute énergie. Il est en effet évident que les mêmes causes, mises de nouveau en activité, produisent toujours les mêmes effets.

Mais lorsque Linné, et après lui Cuvier, eurent répandu leurs doctrines sur l'espèce, cette conception pouvait à peine espérer quelque approbation ; il semblait naturel de croire que le semblable reposait en premier lieu sur l'origine semblable des individus de l'espèce, puis sur l'analogie de l'organisation fondamentale, et enfin était soumis à l'inexplicable empire de l'idée du type. On avait bien observé et mis en évidence certains groupes à évolution parallèle ; on avait montré, par exemple, l'existence de Mammifères de différents ordres dans l'ordre des Marsupiaux, l'analogie du genre de vie de divers Rongeurs et des Insectivores ; la zoologie, se contentant alors de la description pure et simple, enregistra les faits et n'alla pas plus loin, de sorte que toutes les propositions isolées, comme celles de Gœthe et de d'Alton, restèrent sans conséquence.

Nous avons dit plus haut comment Darwin se prêtait à l'idée
des convergences. Son école aussi chercha dans les débuts à rapporter les homologies exclusivement à la considération de l'hérédité ; elle n'admit guère les effets de l'adaptation que dans la
différenciation. Même cette si intéressante adaptation à la protection, le mimétisme, et aussi le cas où l'espèce mise en danger
trouve immunité et protection en développant des ressemblances avec une espèce non déguisée, ne conduisirent à aucune
généralisation des recherches. On chercha cependant à étudier
quelques exemples de phénomènes de convergence isolés, très
frappants ; et on examina de plus près ceux qui étaient connus
depuis longtemps, mais insuffisamment observés. Il convient de
rappeler ici l'analyse remarquable, de Fritz Müller, des procédés
par lesquels les crabes terrestres, appartenant aux familles les
plus dissemblables, convergent par le genre de vie et les phénomènes physiologiques de la respiration. Le passage de la vie
aquatique à la vie terrestre a été réalisé çà et là, par certaines
espèces, et, même dans les stades les plus différents de leur
adaptation à la vie terrestre, leur forme n'est jamais tellement
modifiée que l'on ne puisse désigner d'une façon très certaine la
famille à laquelle chacune appartient.

Le passage du milieu aquatique au milieu aérien a occasionné
des changements dans la forme des membres et des branchies ;
mais ces organes n'ont pas été modifiés au point de devenir identiques, au point de créer entre eux une apparence d'homologie.
Cette convergence dans le genre de vie s'est arrêtée au point où
nous l'avons vue chez les Rongeurs et les Insectivores d'une part,
chez la Baleine et le Lamantin d'autre part. Sans se baser sur
aucun principe, sans vérifier aucune conséquence, on jugeait
toujours différemment ces ressemblances dans l'un et l'autre
cas. Les analogies que présentent les Rongeurs et les Insectivores
ont toujours été considérées comme accidentelles, toutes superficielles ; tandis qu'on a de tout temps réuni dans le même ordre
la Baleine et le Lamantin comme deux êtres très proches parents.

J'appelle maintenant l'attention sur des recherches entreprises par un de nos naturalistes les plus autorisés, Kölliker (1), dont le but était de montrer que la doctrine de la descendance est invraisemblable, même inutile, et d'établir, à sa place, l'hypothèse d'une loi générale du développement, qui donnerait la raison des ressemblances entre les espèces dépourvues de tout rapport de consanguinéité. Sa considération fondamentale est, dit-il, que la matière organique vivante et les organismes, au moment de leur premier développement, possèdent en eux un plan de développement déterminé et la série complète des possibilités ultérieures, mais que, dans le cours de l'évolution seulement, des causes extérieures diverses peuvent agir d'une manière déterminée et leur imprimer une marque spéciale. La nature organique a donc pour base fondamentale un plan de développement défini et des lois naturelles générales; les phénomènes du développement sont rapportés à des causes internes; ils sont soumis à des lois invariables d'après lesquelles les organismes tendent toujours à réaliser, d'une manière nettement définie, un plus haut degré de perfectionnement. Ainsi donc, c'est par des causes internes que l'œuf et les cellules de l'embryon se développent en de nouvelles formes animales ; que des formes ayant vécu d'une vie libre pendant leur jeune âge suivent ultérieurement une évolution autre que l'évolution normale, en même temps que des causes extérieures exercent leur action, produisent des modifications variées dans la marche du développement et déterminent des changements complets d'organisation qui, bien que contenus dans le plan général, ne doivent pas cependant tous arriver nécessairement à leur réalisation. Ainsi se sont développées les espèces, indépendamment les unes des autres; il paraît même rationnel d'admettre que la

---

(1) Kölliker, « Alcyonarien » dans : *Abhandlungen der Senckenbergischen naturforschenden Gesellschaft*, VII, VIII. Une édition séparée et partielle, intitulée : *Morphologie und Entwickelungsgeschichte des Pennatulidenstammes nebst allgemeinen Betrachtungen zur Descondenzlehre* (Franckfurt a. M, 1872).

même espèce a une généalogie multiple, alors que par l'hypothèse irréfutable de lois générales du développement, il est impossible de comprendre pourquoi des formes semblables au début ne conduisent pas nécessairement, dans des conditions déterminées, à des formes finales semblables. Pour ce qui est de l'existence des individus d'une espèce en des lieux très éloignés, Kölliker considère même comme plus rationnel d'admettre la génération indépendante de ces individus.

Dans ces exposés, nous le voyons, il est question uniquement de développement, même de plan de développement; mais toute indication fait défaut lorsqu'il s'agit de se faire une idée de ces lois et de ces actions qui sont la cause même de l'origine multiple du règne animal; car, que sont ces causes internes qui conduisent d'une manière tout à fait déterminée à une évolution de plus en plus élevée? Cette manière de voir, que l'on peut à peine qualifier d'hypothèse, ne nous apprend donc rien. Elle est la réhabilitation complète du dualisme et de la téléologie. Telle est l'hypothèse de Kölliker par rapport aux vues actuelles sur la convergence; mais elle va beaucoup plus loin, en ce que premièrement elle met en jeu un plan de développement qu'elle est incapable de définir d'une façon plus précise, ainsi que l'idée de tendance, c'est-à-dire de cause finale, et, deuxièmement, elle ne tient aucun compte des difficultés résultant de l'existence simultanée et si fréquente de milliers de circonstances qui sont nécessaires au développement d'un organisme déterminé; au contraire, elle invoque comme loi une combinaison invraisemblable au plus haut degré. Penser qu'une pennatule se soit développée directement, sans ancêtres, dans la mer australe, tout à fait semblable à un individu des mers du nord qui doit son existence aux mêmes causes antérieures inconnues, est chose tellement invraisemblable qu'elle équivaut à une impossibilité. Elle est tout aussi incompréhensible que la création d'Adam aux dépens du limon de la terre.

La prédiction de la chute de tout l'édifice des darwinistes et du triomphe de l'hypothèse d'une loi générale du développement, basée sur l'existence d'un arbre généalogique multiple, ne s'est pas jusqu'ici réalisée.

Depuis ce temps, les convergences ont été observées en très grand nombre. Dans mes travaux sur les Éponges, j'ai démontré, à l'aide de preuves toutes spéciales, comment une série de concordances, la disposition des canaux aquifères, la forme et la position des parties microscopiques de squelettes et de parties de squelettes, l'allongement ou toute autre conformation du corps, les dispositions protectrices contre l'introduction de corps étrangers, etc., en un mot, des caractères qui semblaient justifier la conclusion à la parenté, ne sont en réalité que la conséquence de causes toutes mécaniques, de l'action de circonstances extérieures sur des organismes hétérogènes.

Personne, si ce n'est ceux qui sont imbus de l'idée du type, ne mettra en doute l'action réelle, déterminée, des circonstances extérieures sur la structure du corps des formes animales symétriques. Il en résulte que tous les organes pairs doivent leur existence jusqu'à un certain point à un phénomène de convergence. Il faudrait maintenant apprécier les circonstances qui, chez des organismes proches parents, modifient ces organes unilatéralement; c'est le cas, par exemple, pour la formation des pinces des Crustacés. Ce n'est qu'après avoir étudié ces sortes de convergences, toutes également faciles à concevoir et que l'on pourrait appeler *homogénétiques*, que l'on pourra passer à l'examen de ces phénomènes auxquels on applique de préférence à l'époque actuelle l'idée d'analogie, c'est-à-dire des convergences *hétérogénétiques*. Un Gastéropode des régions tropicales, l'*onchidium*, présente des yeux sur les nombreuses papilles verruqueuses de la face dorsale du corps. Semper a montré très nettement (1), que ces yeux dans différentes espèces et individus se

(1) Semper, *Ueber Sehorgane vom Typus der Virbelthieraugen auf dem Rücken von Schnecken* (Wiesbaden, 1877).

sont développés indépendamment les uns des autres. Reliant ce
fait aux propriétés générales des cellules épidermiques et du proto-
plasma, il explique comment, d'une manière simple, on peut se
faire une idée de la formation répétée de ces yeux. Cette répétition
dans l'individu représente une première convergence. Une seconde convergence repose sur l'analogie de structure des yeux et
de la rétine avec l'œil des Vertébrés, tandis que la conformation
de ces organes diffère essentiellement de celle des yeux de tous
les autres Mollusques (1).

Il y a quelques années, on a fait beaucoup de bruit, beaucoup
trop même, à propos d'un phénomène de convergence qui mérite à peine ce nom et qui, après un examen attentif, se réduit
à quelques ressemblances superficielles, comme on en a observé
déjà tant de fois depuis que l'on s'occupe de décrire la nature.
Je veux parler de la ressemblance de certains Reptiles fossiles,
les Thériodontes, avec les Mammifères. Le fait est le suivant (2) :

Dans les dépôts appartenant à la formation triasique de la
pointe sud de l'Afrique, on a découvert, indépendamment des
grands Reptiles herbivores de la famille des Dinosauriens, une
série de genres jusqu'alors inconnus. Par leur dentition, on est
porté à les considérer tout naturellement, au premier abord,
comme des Carnassiers. Le système dentaire des Carnassiers modernes est caractérisé par une différenciation très profonde dans
la forme des incisives, des canines et des molaires. La canine,
à la mâchoire supérieure et inférieure, de chaque côté, est une
défense puissante, un instrument propre à déchirer les chairs, à
couper et à briser les os; elle sépare d'une façon tranchée les
incisives des molaires.

Dans ces Reptiles africains, les dents, qui par leur situation
correspondent aux incisives, sont aussi séparées des molaires par
une forte canine. La canine inférieure, comme chez les Carnas-

____

(1) Au moins d'après l'opinion généralement admise. Une autre nous sera
présentée d'un autre côté.

(2) R. Owen, *Fossil reptilia of south Africa* (London, 1876).

siers, s'élève devant la canine supérieure; toutefois, lorsque la
bouche est fermée, elle se trouve placée à la face interne de la
mâchoire supérieure. Les molaires sont petites et coniques et
rappellent celles des phoques. Owen, à qui nous devons la description de ces animaux en tous cas fort remarquables, appelle
plus loin l'attention sur la constitution de l'os du bras ou humé-
rus; abstraction faite de la surface supérieure d'articulation, qui
est différente, cet os apparaît, selon l'expression d'Owen, comme
le précurseur de celui du type chat, par les apophyses et par
son mode d'articulation avec le radius et le cubitus. A cause de
cette manière de voir, l'observateur anglais désigne ces nouvelles
espèces par des noms dans lesquels entrent ceux du chien,
du loup, du tigre, etc. Cynodracon, Lycosaurus, Tigrisaurus. Il
s'exprime ainsi sur le sens de cette découverte : « Si la lacune
considérable qui existe dans la série des formes zoologiques
entre les animaux aériens pulmonés mézozoïques et psycho-
zoïques (quaternaires) avait été comblée uniquement par des
Reptiles, les survivants actuels de cette classe témoigneraient
de la disparition complète des principaux rapports d'organisation qui étaient propres aux ancêtres des tortues, des lézards et
des crocodiles actuels.

« Or, nous savons qu'aucun de ces avantages des ancêtres n'a
été perdu; au contraire, tous ont été transmis à un type plus
élevé de Vertébrés, perpétués et perfectionnés par lui. Nous
pouvons suivre les débuts de ce type jusqu'à l'époque où les
Reptiles ont atteint leur maximum de développement quant
à la taille des individus, à leur nombre et à la variété des espèces ;
tous étaient alors pourvus d'organes de locomotion puissants,
d'organes de préhension et de mastication d'aliments de nature
animale et végétale.

« Il s'agit de savoir maintenant si cette transmission de rapports d'organisation des Reptiles aux Mammifères n'est qu'apparente, si elle ne repose que sur une illusion, si elle n'est que le
résultat d'une concordance accidentelle dans des formes ani-

males qui se sont développées indépendamment les unes des autres, d'une manière plus ou moins énigmatique; ou bien si cette transmission est bien réelle, si elle est le résultat d'une libre évolution et de l'apparition d'espèces d'après une loi immuable du monde, dont il nous reste à étudier la nature et le mode d'action.

« Il est bien certain, dans tous les cas, que les rapports de structure qui, chez ces Reptiles, ont disparu; se présentent maintenant chez les Mammifères, avec un plus haut degré de perfectionnement dans le système nerveux, l'appareil circulatoire, respiratoire et tégumentaire; cette circonstance reste incompréhensible pour le naturaliste, d'après l'hypothèse de Lamarck et de Darwin. »

Nous ne chercherons pas non plus, nous n'y pensons même pas, à expliquer par l'hypothèse de Darwin ces ressemblances qui ne sont ni grandes ni bien remarquables. Il ne s'agit pas ici en effet de rapports d'organisation transmis; l'analogie est limitée à de simples adaptations, en partie toutes superficielles, qui, chacune en particulier, se conçoivent sans aucune difficulté. Notre imagination peut, au moyen des types actuels et des matériaux fossiles, créer toutes sortes de types équivalents de nos loups et autres Carnassiers. Il est très vraisemblable que la plupart des anciens Mammifères, qui nous sont inconnus, avaient une dentition homogène, analogue à celle des dauphins par exemple; cette dentition leur a été transmise, par voie héréditaire, par leurs ancêtres amphibiens ou reptiles. Que des descendants directs des Reptiles à dentition homogène aient acquis des canines différenciées, par suite de mouvements de traction, dus à leurs habitudes carnassières, comme certains Mammifères qui s'adonnaient au même régime, c'est là une concordance qui s'explique facilement par la similitude des actions exercées sur les formes anciennes des dents, disposées d'une manière semblable ou analogue. Il s'agit, nous le répétons, de convergences tout à fait superficielles. Parmi les Reptiles vivants, les Hatteria, l'Uromastix spinipes, présentent des rapports semblables avec la dentition des Carnassiers. Mais, même si derrière la canine se trouvent d'abord de petites dents coniques, puis de plus larges, on ne peut ici, pas plus que pour les Reptiles africains fossiles, « tirer aucune conclusion de la présence de mâchelières propres, pourvues de larges couronnes. » (Wiedersheim).

On comprend tout naturellement que dans des structures semblables soumises à l'influence de conditions identiques, il apparaisse plutôt des analogies ou des ressemblances que dans le cas d'un commencement de dissemblance entre ces structures. En d'autres termes, les convergences homogénétiques sont les plus nombreuses. La considération fondamentale de Linné, jointe à l'idée du type, et aussi la conception plus moderne de l'homologie comme de la ressemblance basée sur la descendance, ont eu pour conséquence de faire négliger plus ou moins les appréciations des ressemblances en général, et en particulier celles du domaine des groupes zoologiques dits « naturels », ou de ne faire apparaître que très accidentellement, comme convergences, de prétendues homologies, telles que les organes respiratoires des Gastéropodes pulmonés. Dans la classe des Mammifères on trouve une série de convergences dont il a été question plus haut. Seule, la convergence ne peut expliquer qu'un très petit nombre de faits. La ressemblance des diverses familles de Marsupiaux avec certains ordres de Mammifères supérieurs est, tout au moins en partie, une analogie. Le fait que toutes ces familles constituent une unité entre elles est une autre analogie. Pourquoi le chien et le chat sont-ils réunis comme carnassiers? Pourquoi le porc, le bœuf, le cerf, sont-ils groupés comme animaux à sabots? En un mot, abstraction faite des cas cités précédemment, la convergence semble de prime abord invraisemblable pour les autres concordances organiques; pour tout le reste, pour la partie principale, il faut chercher l'explication dans la doctrine de la descendance. Cette doctrine a pour elle la plus haute vraisemblance, une vraisemblance qui confine souvent à la certitude.

C'est ainsi que l'on ne peut concevoir chaque ordre de Mammifères actuels que par l'étude des liens de ces ordres avec leurs ancêtres géologiques. Si nous n'admettons comme homologies réelles que l'identité fondamentale des organismes et de leurs parties, que les caractères transmis par voie héréditaire, entrons-nous pour cela dans un domaine bien différent de celui de la convergence?

Au contraire, l'hérédité n'est qu'un cas particulier de la répétition sous l'influence de conditions semblables, un cas particulier de la loi générale. Toute la doctrine de Darwin sur la sélection et le perfectionnement des organismes trouve aussi son application dans la généralisation de l'étude des phénomènes de répétition.

CHAPITRE III

Les anciens systématistes, avec Linné, plaçaient dans une seule espèce « tous les individus se ressemblant par les caractères fondamentaux et ayant pour ancêtres des individus en tout semblables à eux ». Les naturalistes modernes ont modifié cette définition, si stricte relativement à la stabilité future de l'espèce et renfermant implicitement le miracle de la création, en introduisant la considération de la variabilité suivant le temps et les circonstances. Aussi longtemps que des formes animales d'origine semblable, supposée ou démontrée, se ressemblent par leur forme et leur structure, nous les laissons dans la même espèce : conception éminemment arbitraire, laissant une large part à la manière de voir de chaque naturaliste. Il existe en vérité un certain nombre d'espèces d'une telle stabilité que l'ancienne définition semble pouvoir leur être appliquée ; d'autres, au contraire, par leur variabilité, leurs caractères incertains et la difficulté de leur détermination, défient toute recherche ayant pour but une stricte délimitation.

Ces espèces qui donnent naissance à des séries de formes, se présentent aujourd'hui surtout dans les classes inférieures du Règne animal, par exemple dans les Éponges qui ne consistent pour ainsi dire qu'en de semblables séries passant insensiblement les unes aux autres. Les Mammifères, au contraire, dans le cours des périodes géologiques récentes, ont acquis une certaine stabilité. Les temps sont passés où, beaucoup plus variés de formes qu'aujourd'hui, ces animaux diffluaient pour ainsi dire seulement en variétés, à la façon des groupes zoologiques inférieurs. Dans l'immense cours des siècles passés, de nombreuses formes ont dégénéré, puis disparu complètement, de sorte que le plus grand nombre de Mammifères actuels pourrait induire en erreur au point de confirmer l'hypothèse de la stabilité de l'espèce.

Les Mammifères de l'époque actuelle se séparent nettement des autres Vertébrés par une série de caractères tirés de la structure et du développement. Même les conditions d'existence complètement modifiées de la baleine et des Mammifères pisciformes en général n'ont imprimé à ces caractères que des modifications toutes superficielles; la disparition des membres postérieurs est un caractère secondaire par rapport à d'autres caractères importants de classe; on l'observe d'ailleurs dans d'autres classes, et elle montre seulement jusqu'à quel point les individus d'un groupe donné peuvent diverger entre eux.

Le squelette nous fournit un caractère distinctif de l'ensemble des Mammifères actuels par rapport à tous les autres Vertébrés. Leur mâchoire inférieure s'articule directement avec le crâne, et non par l'intermédiaire de l'os carré. Cet os se trouve depuis le Poisson jusqu'à l'Oiseau et forme une pièce en général très apparente. Même chez les Mammifères on en trouve encore des traces. Seulement sa substance, au lieu de s'ossifier pour donner cet osselet facile à mettre en évidence au bout de la mâchoire inférieure d'un oiseau, s'est transformée ici en un osselet de l'ouïe. Chez tous les Mammifères, le thorax et l'abdomen sont séparés par le diaphragme, muscle de la plus haute importance dans le mécanisme de la respiration. Tous les Mammifères ont des glandes mammaires; chez la plupart d'entre eux, l'embryon est en rapport intime avec la mère par le placenta, de sorte que les aliments et la croissance de l'embryon ne sont pas dus à la réserve nutritive relativement faible de l'œuf, les matières nutritives sont toujours fournies directement par le sang de la mère.

Nous connaissons l'os carré depuis les Poissons jusqu'aux Mammifères ; chez ces derniers, s'étant introduit dans le crâne, il présente des rapports spéciaux ; chez les Amphibiens nous trouvons les rudiments d'un diaphragme ; chez tous les Vertébrés nous observons diverses sortes de glandes de la peau, dont les mamelles font d'ailleurs partie. Il n'y a qu'un pas de la distribution des vaisseaux sanguins embryonnaires sur l'allantoïde des Reptiles et des Oiseaux, à la constitution du placenta. Ces caractères de Mammifères sont donc tous préparés déjà dans les classes inférieures des Vertébrés. Le placenta lui-même n'est arrivé à se constituer d'une façon définitive qu'à une époque à laquelle existaient déjà de véritables Mammifères ; cette acquisition a été avantageuse au perfectionnement des Mammifères. Ces caractères, indépendamment de la disposition indiquée en dernier lieu, et dont le développement a été ultérieur, nous apparaissent nettement comme héréditaires, et cependant les formes de passage manquent complètement. Nous pouvons dire seulement que la forme originelle qui a donné naissance aux Mammifères présentait à la fois certains caractères des Amphibiens actuels (par exemple le double condyle occipital), et certains caractères des Reptiles actuels (par exemple l'allantoïde). Les traces les plus anciennes de Mammifères fossiles observées dans la formation triasique, très riche en ossements de ce groupe, mettent au jour une série de formes ancestrales et transportent notre imagination dans les profondeurs encore inconnues de l'évolution du globe terrestre.

Il en est tout autrement des caractères que nous indiquent en première ligne les systématiques, pour la distinction des divers ordres de la classe, à l'aide des différences des organes du mouvement, c'est-à-dire des membres antérieurs et postérieurs, et du système dentaire. La fonction de reproduction exerce sur l'aspect extérieur des animaux, sur leur habitus, une influence beaucoup moins inportante que le régime alimentaire. Le genre de vie donne à l'organisme ses caractères distinctifs, abstraction faite de l'aspect du tégument qui le protège contre le climat, contre ses ennemis et qui subit les modifications correspondantes. Ce principe trouve sa réalisation la plus remarquable dans la structure des membres et de la dentition des Mammifères. Ces paroles de Cuvier : « donnez-moi une dent, et je vous reconstituerai l'animal entier, » sont bien l'expression de la vérité; elles peuvent s'appliquer aussi à toutes ou presque toutes les parties isolées du squelette, et en premier lieu aux parties terminales des membres. La dernière phalange des doigts suffit souvent pour déterminer nettement l'ordre. Le doigt entier nous éclaire complètement sur le genre de vie, sur l'aspect extérieur de l'animal fossile ou encore existant auquel il appartenait. Pour pouvoir se faire une idée d'ensemble de la parenté et de la place relative d'une forme de Mammifère, il est indispensable de connaître d'abord le pied des Vertébrés dans sa forme la plus simple, la plus facilement observable : nous pourrons ensuite démontrer, en nous aidant de l'hypothèse de la transformation directe, les principales modifications du pied des Mammifères; le travail a été entrepris d'abord avec sagacité et succès par Gegenbaur, et de telle sorte que les modifications ultérieures, nécessitées surtout par la forme aquatique très ancienne d'Australie, le Ceratodus, ont pu être complètement annexées aux documents de Gegenbaur par l'auteur lui-même et par d'autres naturalistes encore.

La forme la plus simple de la main et du pied se rencontre chez les Amphibiens, pourvus de quatre et cinq doigts, et chez divers Reptiles, les Chéloniens par exemple. Dans certains types, on rencontre des rudiments d'un sixième et quelquefois même d'un septième doigt; mais, en dehors de ces cas exceptionnels très rares et de quelques Amphibiens fossiles pourvus de six doigts, l'histoire géologique de la main et du pied, le développe-

ment de ces organes aux dépens des nageoires des Poissons n'ont
laissé aucune trace fossile. Par contre, les membres pourvus de
cinq doigts se rencontrent de la salamandre jusqu'à l'homme.
Nous étudierons plus loin les nombreuses atrophies, les soudures
variées qui nous mènent au pied du cheval, lequel n'est plus
constitué que par un seul doigt; nous trouverons ainsi qu'il n'y
a jamais eu qu'une diminution du nombre des doigts, et que ja-

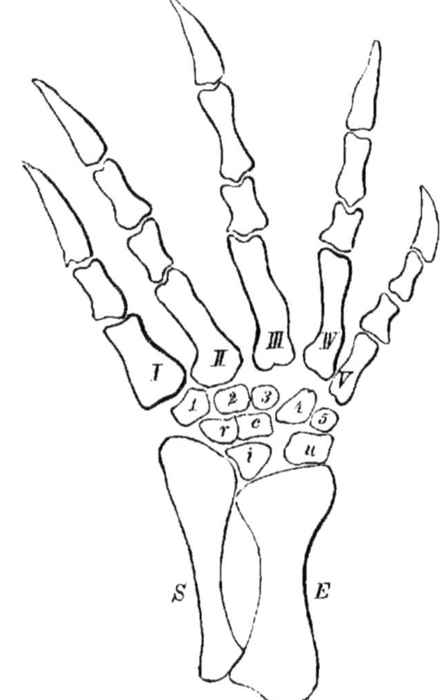

Fig. 1. — Membre ant. droit de tortue. Grand. nat.

mais, à la suite d'une atrophie, il n'y a eu reconstitution des
doigts, ni augmentation de leur nombre.

Dans l'étude des transformations variées, fort intéressantes des
membres, nous choisirons comme point de repère le *membre
antérieur droit d'une tortue fluviatile* (*Chelys fimbriata*). Les deux
os de l'avant-bras juxtaposés l'un à l'autre sont le *radius* (S) du

côté du pouce, et le *cubitus* (E). Vient ensuite le *carpe*, composé de neuf osselets distincts; pour la connaissance complète de ces osselets, je renvoie aux traités élémentaires de l'étude des Mammifères. Le premier *r* (*radial*), touche le radius; un deuxième *u* (*ulnaire*), a les mêmes rapports avec le cubitus. Entre ces deux os se trouve une pièce de raccord *i* (*intermédiaire*), et dans l'arc formé par les trois osselets, l'osselet *c* (*central*). Les cinq autres pièces du carpe (1, 2, 3, 4, 5) (*os carpiens*) correspondent chacun à un doigt, ou plus souvent aux cinq os dits *métacarpiens* (I, II, III, IV, V), placés chacun devant un doigt. Pour le membre postérieur, à partir de la jambe, on trouve exactement la même conformation quant au nombre et à la situation des parties (1).

On ne songerait certes pas, dans l'exemple que nous venons de choisir, à désigner de noms différents les os des deux membres, si l'étude et la nomenclature de l'anatomie humaine ne s'étaient trouvées en présence d'une différence considérable dans la conformation de la main et du pied. Notre pied est resté organe de soutien, la main est devenue organe du toucher. L'os de la jambe correspondant au cubitus (*péroné*) est réduit; le *tibia* est l'os principal. Les osselets *radial* et *intermédiaire* du membre antérieur sont généralement soudés ici pour constituer l'*astragale;* l'os du tarse placé en face du péroné, correspondant à l'*ulnaire* de la main, forme l'os du talon ou *calcanéum;* il est caractérisé par sa forte apophyse postérieure; l'*os central* subsiste dans le tarse comme *os naviculaire*. Les trois

(1)

Membre antérieur		Membre postérieur		Membre antérieur
Radius	=	Tibia		*r* radial ou Scaphoïde.
Cubitus	=	Péroné		*i* intermédiaire ou semi-lunaire.
Carpe	=	Tarse		*u* ulnaire ou pyramidal.
Métacarpe	=	Métatarse		Carpien 1 = trapèze.
Doigts	=	Orteils		2 = trapézoïde.
				3 = grand os.
				4 et 5 = os crochu.

premiers *os tarsiens*, supportant les métatarsiens correspondants, sont désignés sous le nom d'*os cunéiformes* (1, 2, 3); les quatrième et cinquième, réunis, constituent le *cuboïde*.

Nous verrons, d'après cet exemple, que divers Mammifères présentent aussi une semblable opposition entre la main et le pied, moins dans les doigts et les orteils que dans le carpe et le tarse; nous mettrons ce fait en évidence dans le cours de cette exposition.

Non moins intimes avec la forme, le genre de vie et l'organisation tout entière de l'animal sont les rapports de la dentition. La considération des dents a acquis un intérêt tout nouveau depuis que Gegenbaur a montré l'identité complète entre les dents des requins et des raies et les productions d'écailles et de plaques de la peau : on peut observer, dans ces poissons, non seulement le passage de la peau à la muqueuse buccale, mais aussi le passage direct des productions solides de la peau aux dents mobiles de la mâchoire. Oscar Hertwig a étendu notablement et appliqué ces recherches fondamentales. Les dents sont donc le résultat de la transformation de productions de la peau, adaptées à la préhension et à la mastication des aliments. Chez les Vertébrés supérieurs, rien ne nous rappelle cette origine dans la dent complètement développée. Chez eux, en effet, l'adaptation à de nouvelles fonctions est complètement opérée, et depuis longtemps les organes ont acquis des rapports plus intimes avec le squelette. Toutefois, pendant son dévelopement, la dent de tous les Mammifères nous apparaît bien comme une production de la muqueuse buccale. Tandis que la cavité pharyngienne et la large bouche des Poissons peuvent être, pour ainsi dire, complètement couvertes de dents, chez les Amphibiens et les Reptiles nous trouvons plus limitées les bases osseuses destinées à recevoir ces appendices; enfin chez les Mammifères nous n'observons plus les dents que sur les deux mâchoires.

Ainsi se trouve donc réalisée une localisation de plus en plus grande du système dentaire, liée intimement à la concentration

de la puissance, qui permet aux Mammifères de se rendre maî-
tres, plus facilement et plus sûrement que tous les autres Vertébrés, de proies vivantes, et de les préparer, par une complète
mastication, en même temps que les substances végétales, à leur
transformation ultérieure dans le tube digestif. Ce n'est certes pas
une dégénérescence, mais bien un progrès de l'organisation que
nous met en évidence la dentition des Mammifères, et nous
sommes tout autorisés à espérer une réduction plus grande encore, et cela dans deux directions distinctes. Ce qui a eu lieu
déjà chez un grand nombre de Poissons se produit aussi peu à
peu chez quelques Mammifères; d'une part, sous l'influence
d'un régime déterminé, les dents se trouvent sans usage et disparaissent peu à peu, jusqu'à ne plus laisser aucune trace;
d'autre part, la dentition plus complète des anciens genres géologiques s'est transformée peu à peu en une dentition plus réduite, mais plus spécialisée dans sa forme et dans son mode
d'action, par suite plus avantageuse. Pour la première de ces
actions, nous pourrions prendre comme exemple la dentition
des Ruminants qui est dépourvue d'incisives à la mâchoire supérieure; pour la seconde, la dentition du genre chat ou *felis*.

Pour bien comprendre la multiplicité de formes des dents, il
est important de connaître, dans ses traits principaux, le développement des diverses substances constitutives de la dent,
l'origine de l'*émail*, de la dentine ou *ivoire* qui forme le corps
même de la dent, et enfin du *cément*, substance plus molle qui
forme généralement la couche superficielle de la dent.

Une exposition schématique suffira pour le but que nous nous
proposons d'atteindre ici. La muqueuse de la cavité buccale se
compose, comme la peau, de deux parties : à l'extérieur, l'épithélium, formé de plusieurs assises de cellules ; à l'intérieur, le
derme, formé de tissu conjonctif, de structure en partie cellulaire, en partie fibreuse. A l'origine, la dent apparaît sous la forme
d'une excroissance de l'épithélium, en forme de massue, plon-
geant dans le derme. En même temps le derme développe de bas

en haut dans cette saillie un bourgeon, sur lequel repose la massue épidermique, qui a maintenant la forme d'une calotte. Cette calotte mince est le germe de l'émail ou *membrane adamantine :* elle fournit l'*émail* de la dent. L'autre partie, le bourgeon dépendant du derme, constitué par les cellules conjonctives qui s'étaient soulevées de bas en haut dans la calotte épidermique, constitue le germe de la dentine ; en se développant et en s'imprégnant de sels calcaires, il donnera le corps de la dent ou *ivoire*. Enfin, le tissu conjonctif, qui se trouve en rapport direct avec le germe de la dentine donne, en se différenciant, un tissu plus mou, plus pauvre en cellules, le *cément ;* il se forme en quantité variable et s'étend plus ou moins complètement sur la surface de la dent, surtout sur les racines (1).

Les germes dentaires se rencontrent de très bonne heure chez l'embryron dans les alvéoles de la mâchoire encore en voie de développement et sont complètement entourés par ces dernières. Chez l'homme et la plupart des Mammifères, on ne trouve pas dans le jeune âge toutes les dents de l'âge adulte ; en général, les premières de ces dents ne sont pas celles qui subsisteront durant toute la vie ; elles constituent une dentition particulière, dite *dentition de lait*. Les dents de lait sont d'ailleurs très semblables aux *dents de remplacement* auxquelles elles font place, mais plus petites, plus faibles. On doit à Rütimeyer une découverte des plus intéressantes et des plus significatives sur ce point. Ce naturaliste a montré en effet que la dentition de lait de beaucoup de Mammifères présente avec celle de leurs ancêtres géologiques une ressemblance beaucoup plus intime que la dentition définitive. En général, et c'est le cas chez l'homme, toutes les incisives, les canines et les premières molaires sont remplacées par une deuxième dentition ; l'ensemble de ces dents cons-

---

(1) Baume, *Odontologische Forschungen*, 1 Theil. Consulter aussi : *Versuch einer Entwickelungsgeschichte des Gebisses* (Leipzig, 1882), excellent ouvrage, riche en considérations du plus haut intérêt, bien que susceptibles de soulever de nombreuses contradictions.

titue donc la dentition de lait. Les dents de remplacement des
molaires de lait s'appellent *prémolaires;* à ces dernières s'ajoutent, suivant la place que leur laisse la mâchoire pendant sa
croissance progressive, les molaires du fond de la bouche, que
l'on appelle *mâchelières* ou *molaires proprement dites.* Dans
plusieurs ordres de Mammifères, les Cétacés et les Édentés, par
exemple, les dents de lait manquent complètement (Monophyo-
dontes d'Owen). Cette exception faite, on trouve, chez les divers Mammifères où s'opère le renouvellement des dents (Di-
phyodontes), tant de différences.

Baume nous le montre très bien, — que l'opinion généralement
admise —, opinion d'après laquelle la perte et le renouvellement
des dents seraient une suite de deux phénomènes très distincts,
— peut à peine subsister aujourd'hui dans la science. On doit
rapporter la cause de l'existence de la dentition de lait au raccourcissement du squelette de la face, ce qui a naturellement resserré
de plus en plus l'espace propre au développement des bourgeons
dentaires. Il en est résulté que ces derniers, au lieu d'être placés
côte à côte, ont été superposés. De sorte que ce n'est qu'après l'u-
sure des dents supérieures que les inférieures peuvent se développer, en déracinant, par une pression de bas en haut ou de haut
en bas, selon la mâchoire considérée, celles qui les ont précédées,
et en déterminant ainsi leur chute. Le développement plus ou
moins incomplet de certaines dents de lait, ou même de la dentition de lait tout entière, doit donc être uniquement envisagé dans
le temps; il dépend du retard plus ou moins long du développement des dents permanentes, et de celui des bourgeons des
dents de lait. Les dents de lait ont le désavantage, à cause de la
situation défavorable qu'elles occupent; elles doivent nécessairement disparaître, bien que, dans la plupart des cas, leur disparition complète ne s'opère qu'avec une extrême lenteur. Des
exemples de la disparition des dents de lait nous sont fournis
par les Marsupiaux et les Pinnipèdes. Ce phénomène appartient
tout entier au chapitre de « l'accélération du développement ».

Nous le signalons ici afin d'utiliser, dans la suite de ce livre, les données acquises par la science, depuis les recherches classiques de Cuvier et Richard Owen, sur la notation des différentes parties de la dentition, suivant la place et le moment (1).

Disons dès maintenant quelques mots du parallélisme considérable que l'on observe entre la spécialisation de la dentition et celle des membres. Par exemple, la dentition du cheval, comparée à celle de ses ancêtres géologiques, est très spécialisée ; il en est de même des membres ; chez les types fossiles les plus anciens, les membres étaient pourvus de cinq doigts et n'étaient particulièrement organisés ni pour la course, ni pour la préhension, ni même pour la vie arboricole ; puis ils se sont transformés progressivement en cet organe, si remarquablement disposé pour la course, que nous observons chez les chevaux actuels. On parle souvent, avec raison, des formes animales généralisées et spécialisées dont les caractères distinctifs opposés résident avant tout dans ces deux sortes d'organes, les membres et la dentition. Ces différences de structure n'avaient pas échappé aux anciens observateurs ; elles ont été comparées aux dispositions embryonnaires, au développement de la forme organique simple du début en l'être complètement organisé, avec tous ses détails. C'est bien là leur véritable signification, si nous considérons les formes géologiques les plus anciennes comme générales et embryonnaires, et les formes ultérieures comme spécialisées.

---

(1) Exemple. Chez l'homme, la dentition de lait (dentes decidui) comprend les incisives, les canines et les deux premières molaires. A ces dents s'ajoutent plus tard les trois dernières molaires du fond sans dents de lait correspondantes. La dentition de l'homme adulte est représentée de la manière suivante : $i\ \frac{2}{2}$, $c\ \frac{1}{1}$, $p\ \frac{2}{2}$, $m\ \frac{3}{3}$, c'est-à-dire de chaque côté, aux deux mâchoires, deux incisives, une canine, deux prémolaires, trois molaires proprement dites ou mâchelières. Bien que Cuvier ait connu les dents de lait et les dents de remplacement, c'est R. Owen qui, le premier, a établi d'une manière nette cette notation.

CHAPITRE IV

L'abandon de la doctrine de la Descendance dans la première moitié de ce siècle est rattachée si souvent — avec raison — à l'hostilité de Cuvier contre cette théorie, que nous devons exposer ici ce grand débat. Les travaux et les connaissances pour ainsi dire autodidactiques de Cuvier embrassaient l'ensemble du Règne animal, abstraction faite de plusieurs groupes d'animaux microscopiques et d'autres encore d'organisation inférieure. Mais ce zoologiste illustre s'était particulièrement spécialisé dans l'ostéologie des Mammifères actuels et fossiles; il y trouva la base de la paléontologie et de la méthode comparative qu'emploie cette partie des Sciences naturelles dans ses investigations. Dans son voisinage le plus direct, les dépôts éocènes des environs de Paris, le calcaire grossier, le gypse, où se trouvent enfouis les ossements d'anciens Mammifères, furent pour lui des trésors inépuisables. On reste étonné en présence des travaux considérables qu'il publia dans les « Recherches sur les ossements fossiles » et dans lesquels son principe de la corrélation des formes trouvait une si éclatante confirmation. Les faits incomplètement observés de la Géologie, les découvertes incomplètes développèrent cependant en lui cette conviction qu'à certaines époques s'étaient produites de grandes révolutions, des catastrophes subites qui avaient bouleversé l'écorce terrestre, anéanti les êtres vivants, soit totalement, soit en n'en laissant que quelques rares survivants. Ceux-ci auraient été contraints de la sorte à chercher une nouvelle patrie, souvent très éloignée de leur lieu primitif de séjour. Pendant la période de calme qui faisait suite à chacun de ces immenses cataclysmes, détruisant tout sur le globe, la terre se repeuplait peu à peu. En ce qui concerne l'origine de ces nouveaux êtres, Cuvier ne s'exprime jamais que d'une manière fort vague : « Je ne prétends pas, dit-il, que l'apparition des espèces actuelles soit le résultat d'une nouvelle création ; je dis seulement que ces espèces ne vivaient pas toute leur vie dans les mêmes régions, et qu'elles devaient venir de quelque autre partie du globe (1). » Cette obscurité subsiste malgré cette idée toute naturelle que la vie a dû commencer à une certaine époque à la surface du globe. Car, d'après Cuvier, les variétés dont le développement dépend du temps, du climat, de la domestication, se maintiennent strictement dans de certaines limites, et les espèces, dit-il, ont de certains caractères déterminés qui résistent à toutes les influences extérieures et ne se modifient pas plus par le temps que par le climat et la domestication. Il est donc directement opposé à la doctrine de la descendance, de Lamarck, d'après laquelle les formes fossiles ne sont que les formes ancestrales de celles qui vivent à notre époque. Cuvier tire son principal argument du manque de formes fossiles de passage ; « car, dit-il, si les espèces s'étaient peu à peu transformées les unes dans les autres, on devrait trouver les traces de cette transformation progressive ; entre le Palæotherium et les espèces actuelles correspondantes, on devrait trouver quelques formes de passage. Or jusqu'aujourd'hui de pareilles découvertes n'ont pas été faites. » Cette croyance inflexible de Cuvier à une création surnaturelle n'était donc pas une idée préconçue, comme on l'a dit bien

(1) Cuvier, *Recherches sur les ossements fossiles,* 1821.

souvent; d'ailleurs, la création, en général, ne joue chez lui aucun rôle. Il laisse dans l'incertitude le problème de l'apparition des animaux, parce que les faits, connus à son époque, ne lui ont pas semblé assez nombreux pour lui permettre d'en tirer une conclusion certaine. Dès lors il est facile de comprendre que l'un de ses derniers élèves, à la fois paléontologiste et zoologiste éminent de l'époque actuelle (1884), Richard Owen, ait admis tout naturellement la descendance — en la soumettant toujours, il est vrai, à une action divine spéciale — dès qu'il eut reconnu, par ses propres recherches, l'existence de formes intermédiaires entre le palæotherium et le cheval. Mais son maître n'avait pas encore reçu par là le coup attendu (1).

Depuis Cuvier, c'est-à-dire depuis environ cinquante ans, et plus particulièrement dans les vingt ou vingt-cinq dernières années, nos connaissances paléontologiques générales, en particulier celles relatives aux Mammifères, se sont accrues dans des proportions tellement considérables, que si Cuvier avait eu à sa disposition, pour les apprécier et les coordonner, les matériaux

---

(1) Voici ce que pense Owen (*Anatomy of Vertebrates, General Conclusions*) : « Lorsque nos connaissances furent ainsi complétées, s'éleva la question de savoir si les formes vivantes actuelles n'étaient pas des transformations de races anciennes dont nous possédons les restes fossiles, opérées dans des conditions toutes différentes de celles qui, à ce sujet, préoccupaient Cuvier et les académiciens de 1830. Si l'on pose cette alternative : « Les espèces sont-elles le résultat d'un miracle ou d'une loi naturelle ? » en l'appliquant au Palæotherium, au Paloplotherium, à l'Hypparion et au cheval, j'admets sans hésiter la deuxième hypothèse, et je reconnais qu'une loi naturelle générale a agi d'une façon ininterrompue pendant toute la période tertiaire. » Sous le nom de loi (natural law or secundary cause) il ne veut pas désigner autre chose qu'un phénomène régulièrement répété, et où la cause agissante n'entre nullement en considération. Il comprend de la manière suivante la volonté du Créateur : « Je pense, dit-il, que le cheval a été déterminé, a été préparé à l'avance, en vue de l'homme. » L'expression de loi naturelle n'est donc pas ici en contradiction avec l'idée de miracle; elle indique simplement la manifestation d'une cause toute-puissante, agissant en vue d'un but déterminé. Cette même conception est défendue par Gaudry (*Considérations sur les Mammifères*. Paris, 1877) : « A mesure que j'ai cherché à comprendre l'histoire des êtres fossiles, il m'a paru de plus en plus probable que l'Auteur du monde n'a pas créé isolément les espèces successives des âges géologiques, mais qu'il les a tirées les unes des autres. »

actuels de la science, ses conclusions auraient eu une tout autre signification, une tout autre note ; je ne doute pas non plus que notre illustre maître Jean Müller n'ait abandonné ses idées mystiques sur l'origine des êtres vivants et sur la création, sous l'heureuse influence des lumières du darwinisme naissant.

Nous n'avons pas l'intention, naturellement, de faire ici un exposé de l'extension complète de nos connaissances paléontologiques ; notre but sera de mettre en évidence la connaissance de plus en plus intime et les progrès simultanés de la paléontologie et de la zoologie. On conçoit facilement que la période moderne, correspondant à la reprise de la doctrine du transformisme ait ici une importance capitale. La conséquence de l'étude de l'évolution organique fut la chute de la théorie des révolutions de Cuvier ; cette chute resta à jamais définitive après la publication des travaux si remarquables de Lyell : « Éléments de Géologie, 1832. » Le savant géologue anglais a montré que l'écorce terrestre ne s'était pas constituée et modifiée par saccades, que les périodes géologiques, écoulées dans le calme et correspondant à une vie très intense, n'avaient pas été séparées par des bouleversements généraux, s'étendant à des continents entiers ; au contraire, la continuité des terres et des mers n'a jamais été complètement interrompue, bien qu'elle ait été fréquemment troublée par des saillies et des dépressions considérables de l'écorce terrestre.

Nous ne pouvons pas admettre, en ce qui concerne les migrations des animaux, que la continuité des océans ait jamais été troublée. Il est nettement établi aujourd'hui, par les recherches faites dans les profondeurs de la mer, que, depuis la période crétacée au moins, le sol marin n'a éprouvé que des variations insensibles de niveau et de structure pétrographique, n'agissant elles-mêmes sur la faune que d'une manière extrêmement lente, de sorte que nous pouvons nous considérer comme étant encore à la période crétacée ; le dépôt de craie continue d'ailleurs à s'effectuer. Nous pouvons admettre avec certitude quelque

chose de semblable pour les autres périodes géologiques plus
anciennes. Mais nous pouvons aussi, dans de certaines limites,
étendre ces considérations au continent. C'est pendant le
dépôt de la formation houillère que l'on rencontre pour la
première fois de grandes étendues de terre d'une certaine
durée; cependant, jusqu'au jurassique et même au crétacé, il
ne peut guère être question de continents, dans le sens que
l'on donne aujourd'hui à ce mot. Mais il y a eu tout au
moins des relations momentanées entre les grandes îles
jurassiques et probablement aussi entre les régions émergées
de la formation triasique. Car il faut réellement faire remonter
jusqu'au trias, et peut-être à une période plus ancienne encore, non seulement l'apparition isolée de Mammifères, mais
encore une notable extension de ce groupe zoologique. En en-
trant dans la période tertiaire, nous nous rapprochons de ce
que nous observons à l'époque actuelle. Qu'il ait existé une mer
intérieure dans le Sahara (1), que la moitié de l'Europe ait été
submergée ou couverte de glaces, que l'Angleterre ait été brus-
quement séparée du continent par une immense pression des
eaux marines, que le nord de l'Afrique ait échangé sa faune terrestre avec l'Europe méridionale, uniquement par deux sortes de
ponts intermédiaires établissant la communication, tous ces cas
particuliers et d'autres encore, de haute importance, n'infir-
ment nullement l'existence d'une évolution ininterrompue. Il
reste bien encore à résoudre une série de problèmes relatifs à
la distribution géographique des animaux, problèmes qui ont
aussi un côté géologique, par exemple Madagascar, la répartition des Oiseaux dépourvus d'ailes, des Édentés, l'isolement de
la faune australienne, etc. Ces difficultés doivent être considérées
comme simples. Elles ne troublent en rien l'idée de l'enchaînement naturel du monde vivant basé sur tous les autres faits;
elles ne sont pas en opposition avec notre conception actuelle

(1) Son existence est démentie par les recherches les plus récentes.

du monde, conception déjà bien ancienne, bien que dans le langage moderne on la désigne sous le nom nouveau de Monisme.

Nous voudrions cependant appeler l'attention sur quelques
travaux modernes du domaine de la paléontologie et dont les rapports sont intimes avec la zoologie. Il faut indiquer en premier
lieu les travaux de Rutimeyer; nous nous limiterons, bien entendu,
aux plus importants, aux plus étendus. Pendant les premières
années qui suivirent les recherches fondamentales de Darwin sur
l'évolution des espèces, alors que l'origine des animaux domestiques et l'influence de la domestication sur la transformation
des races souches occupaient tous les esprits, d'autres découvertes,
faites à la même époque, celles des cités lacustres suisses, firent
aussi grande sensation. Elles donnèrent le plus puissant élan
à l'anthropologie moderne et furent l'occasion d'un travail de
Rutimeyer sur la Faune des cités lacustres (1), œuvre magistrale,
comme il en fallait à la science moderne, car les travaux de
cette science avaient pour base des documents encore bien incomplets. L'explication des découvertes préhistoriques par les
races actuelles et les formes diluviennes, l'indication de certaines
souches originelles de nos Mammifères domestiques, en particulier des Ruminants, l'exactitude de la description des faits,
la finesse et la circonspection dans la combinaison, tout en fait
un travail considérable, tellement qu'il semble avoir été accompli en vue d'un but déterminé à l'avance. Bientôt après (1863)
parurent ses « Contributions à l'étude des chevaux fossiles »
(Beiträge fur Kenntniss der fossilen Pferde). Ces recherches,
entreprises pour démontrer les rapports du genre cheval avec
ses ancêtres géologiques, furent complétées par l'étude comparée
du système dentaire de tous les Ongulés. La rigueur avec laquelle
l'auteur nous présente la signification des caractères des dents,
les rapports de la dentition de lait avec la dentition définitive,
les passages entre les genres et espèces formant la série géolo-

____

(1) Rutimeyer. *Die Fauna der Pfahlbauten in der Schweiz.* Basel, 1861.

gique, la rectitude avec laquelle il rapporte ces faits à des principes et à des lois, ne peuvent être comparées qu'à celles d'un Cuvier. J'avoue que ce qui me porta le plus à l'étude d'un groupe zoologique étranger à mes recherches spéciales, ce sont les deux travaux, précédemment cités, si pleins d'attraits, du zoologiste bâlois.

Il est regrettable que le naturaliste Hermann de Nathusius, le plus grand connaisseur de nos Mammifères domestiques, mort il y a quelques années et resté pendant toute sa vie hostile à la doctrine de la Descendance, n'ait établi d'une manière complète que pour le groupe des porcins ce qu'il avait à critiquer dans les vues de Rutimeyer. En ce qui concerne le bœuf, il n'a pu arriver à exposer complètement ses nombreuses et intéressantes recherches comparées. Mais, précisément sur ce point, Rutimeyer a fourni un travail plus récent des plus remarquables, dont le but était d'établir l'enchaînement des Ruminants actuels et des Ruminants diluviens et tertiaires (1). Nous aurons plus tard à y puiser beaucoup de documents; complétons toutefois notre indication rapide des travaux de Rutimeyer en rappelant ses recherches sur les Cervidés (2), faites dans le même esprit. Tous ces travaux sont des exemples de méthode, en tant que, issus d'un horizon limité, ils s'étendent peu à peu à tout le globe et mettent en lumière la supériorité d'une spéculation toute pratique contre les assertions d'une autre philosophie, d'après laquelle nos recherches sur la nature n'auraient pas dépassé le schéma des idées de Platon et des entéléchies d'Aristote.

Les investigations de Rutimeyer ne se limitent pas à la faune des cités lacustres, des couches ferrugineuses et des molasses de son propre pays; ce savant a fourni à la science de nom-

(1) Rutimeyer, *Versuch einer natürlichen Geschichte des Rindes*, dans *Abhandlungen der schweizerischen palæontologischen Gesellschaft*, XXII, 1877 fg.

(2) Id., *Die naturliche Geschichte der Hirsche*, loc. cit., 1880.

breuses monographies fort remarquables, dans lesquelles sont mis en œuvre tous les matériaux des diverses collections européennes (1).

Nous associons volontiers au nom de Rutimeyer ceux de deux savants français, Albert Gaudry et Filhol, qui, tous deux, par leurs importantes découvertes, ont été amenés à enrichir la science d'arguments imposants en faveur de la doctrine de la Descendance. En 1862 déjà parut le premier ouvrage de Gaudry sur les fossiles de Pikermi (2). C'est le nom d'un hameau situé sur la route d'Athènes à Marathon. Dans le voisinage de Pikermi se trouvent des dépôts limoneux, effectués autrefois par des masses d'eau torrentielles descendues des montagnes, et remplis d'une quantité incroyable de Vertébrés du tertiaire supérieur, en particulier de Mammifères. Coordonnant les résultats de ses remarquables recherches, Gaudry a pu nous retracer le tableau de la faune tertiaire et de la vie des animaux à cette époque ; nous ne pouvons nous empêcher de le présenter ici, dans toute son étendue, comme un exemple de la manière dont notre imagination doit partout mettre en œuvre les observations isolées, presque sans intérêt, et en faire un tout plein de vie, offrant un attrait irrésistible :

« L'Attique a dû subir de grands changements dans sa configuration, depuis l'époque pendant laquelle ont vécu les animaux dont les restes sont accumulés à Pikermi. Elle n'est aujourd'hui qu'un lambeau de terre montagneuse, long de vingt lieues sur dix de large. Que ce lambeau ait passé pour le séjour des dieux, qu'il ait vu briller les plus beaux génies de l'antiquité, cela ne saurait surprendre ; mais les quadrupèdes nombreux et gigantesques des âges géologiques ont exigé de plus vastes espaces, et ils ont

____

(1) Il convient de signaler ici le travail très instructif : *Ueber die Herkunft unserer Thierwelt,* 1867, qui forcément renferme de grandes lacunes, par rapport à l'état actuel de la science.

(2) Gaudry, *Animaux fossiles et Géologie de l'Attique,* 1862. Considérations générales, page 326.

trop de ressemblances avec les espèces des déserts africains pour que leur existence ait été possible en Grèce dans des conditions analogues aux conditions actuelles. Sans doute, autrefois, les régions que recouvrent les flots de l'Archipel étaient des plaines sans limite qui unissaient l'Europe à l'Asie.

« Il faut croire que les campagnes étaient non seulement plus vastes, mais aussi plus riches que de nos jours. Les chaînes de marbre du Pentélique, de l'Hymète, du Laurium, ne portent le plus souvent que d'humbles herbes bonnes à nourrir les abeilles; il est probable que, dans les anciens temps, il y avait, au delà de ces arides montagnes, des vallées d'une végétation luxuriante où de grasses prairies alternaient avec des bois magnifiques, car la fécondité du règne animal fait supposer nécessairement celle du règne végétal.

« Les paysages étaient animés par les Mammifères les plus variés : ici des rhinocéros à deux cornes et d'énormes sangliers, là des singes gambadant sur les rochers ou des carnassiers de la famille des civettes, des martes et des chats guettant leur proie; les antres du marbre du Pentélique servaient d'habitation aux hyènes; de même que les couaggas et les zèbres d'Afrique, les hipparions couraient en troupes immenses dans les plaines. Non moins rapides qu'eux et plus élégantes encore, les antilopes composaient également de grandes bandes. Chaque troupeau d'espèce différente se reconnaissait à la forme des cornes ; celles des Palæoreas se tournaient en spirale, comme chez le canna du Cap; celles des Antidorcas se courbaient ainsi que les branches d'une lyre ; elles étaient longues et arquées chez les Palæoryx; sur d'autres Antilopes, elles étaient pareilles aux cornes des gazelles, et sur les Tragocerus, elles simulaient la disposition propre aux chèvres; le Palæotragus se distinguait par ses proportions grêles et sa tête étroite, dont les cornes étaient posées sur les yeux.

« L'Helladotherium et une girafe voisine de la girafe actuelle dominaient au milieu de ces ruminants. L'édenté aux doigts crochus que j'ai proposé d'appeler Ancylotherium, était aussi une bête imposante ; mais le plus majestueux de tous les animaux était le Dinotherium. Combien il devait être beau à voir, lorsqu'il s'avançait escorté du mastodonte à dents mamelonnées et du mastodonte à dents tapiroïdes !

« On entendait les rugissements du terrible Machairodus, à canines en forme de poignard. Bien d'autres espèces accompagnaient celles que je viens d'indiquer ; à leurs cris se mêlaient les chants des oiseaux ; dans le concert de tous ces êtres, il ne manquait que la voix de l'homme.

« Aucune région de la terre n'offre plus un tel spectacle ; on va s'en convaincre en jetant un regard sur les faunes actuelles.

« En Amérique, près des forêts vierges où le règne végétal a tant de majesté, on aurait dû s'attendre à trouver l'apogée du règne animal ; cependant les quadrupèdes y sont moins grands que sur l'ancien continent. Dans la Nouvelle-Hollande, ils sont encore plus petits. En Europe et dans le centre de l'Asie, resserrés entre la civilisation des pays tempérés et les glaces du Nord, ils se sont moins amoindris. C'est dans l'Inde et surtout en Afrique que vivent aujourd'hui les plus puissants Mammifères. Les voyageurs qui ont osé les contempler de près affirment que, sur plusieurs points, ils sont en nombre prodigieux. Ainsi Delegorgue (1), dans les récits de son exploration en Afrique, décrit un lac où habitait une troupe de cent hippopotames, et un espace dont le diamètre n'avait que trois milles, où plus de six cents éléphants s'étaient réunis.

« Il rencontra une fois trois ou quatre cents cynhyènes, une autre fois une bande de quatre à cinq cents couaggas ; Livingstone a écrit qu'on a souvent vu passer des troupes de plus de quarante mille euchores. Il a fait plusieurs peintures du monde sauvage ; voici notamment celle d'une descente de montagne :

(1) Delegorgue, *Voyage dans l'Afrique australe*, de 1838-42, vol. III, page 443.

« Des centaines de zèbres et de buffles paissent au milieu des clairières ; de nombreux éléphants pâturent et ne paraissent mouvoir que leurs trompes. Je voudrais être à même de photographier ce tableau qui disparaîtra devant les armes à feu, et s'effacera de la terre avant que personne l'ait contemplé. Tous les animaux sont d'une extrême confiance..... Les éléphants, arrêtés sous les arbres, s'éventent de leurs larges oreilles, comme si nous n'étions pas à deux cents mètres de l'endroit où ils se trouvent ; de grands sangliers fauves (Potamochœrus) nous regardent avec surprise, et leur nombre est immense. La quantité d'animaux qui couvre la plaine tient du prodige ; il me semble être à l'époque où le Megatherium paissait tranquillement au sein des forêts primitives. »

« Si magnifiques que soient ces tableaux, la Grèce antique en offrit de plus majestueux encore. En effet, tandis que l'Afrique entière possède une seule espèce d'éléphant, on a vu à Pikermi deux espèces de mastodontes qui représentent deux types très différents, et le Dinotherium, le plus gigantesque de tous les quadrupèdes. L'Afrique n'a qu'une espèce de girafe ; l'Attique avait une girafe, un animal plus haut qu'aucune des antilopes vivantes, et l'Helladoterium, moins élevée sur jambes que la girafe, mais bien plus massif ; la nature actuelle n'a pas de ruminant comparable à l'Helladotherium : le chameau est beaucoup moins fort. Il n'y a en Afrique qu'un type de rhinocéros, celui qui est caractérisé par des incisives rudimentaires, au lieu que Pikermi renferme à la fois des rhinocéros du type africain, du type asiatique, et peut-être le genre voisin des rhinocéros auquel on a donné le nom d'Aceratherium. Le gros pachyderme appelé Calicotherium, que l'on croit avoir retrouvé en Grèce, n'a plus d'analogue vivant. Le crâne du sanglier d'Erymanthe a un tiers de plus que celui du sanglier ordinaire, et ce dernier, dit-on, surpasse le phacochère et le sanglier à masque de l'Afrique australe. L'oryctérope, le plus grand édenté de l'ancien continent, est un être chétif auprès de l'Ancylotherium. Enfin un des carnassiers de l'Attique l'emporte sur le lion, et un autre sur la panthère.

« Parce qu'on n'a pas découvert des animaux aquatiques tels que les hippopotames, les lamantins et les crocodiles, si abondants en Afrique, on n'est pas en droit de nier leur existence en Grèce, à l'époque où vivaient les Mammifères dont j'ai décrit les restes ; le dépôt de Pikermi a été le résultat d'une formation essentiellement terrestre ; les limons qui renferment les ossements sont descendus des hauteurs où il ne pouvait y avoir des masses d'eau assez vastes pour être fréquentées par de puissants vertébrés.

« L'absence des singes anthropomorphes ne prouve pas davantage que la faune de l'Europe orientale n'en comptait point ; le gorille, selon du Chaillu, habite de silencieuses forêts où l'on ne rencontre guère d'autres quadrupèdes. « Qui sait, dit ce voyageur, en parlant de la région des M'bondémos, si ce n'est pas le gorille qui a chassé le lion du pays où nous nous trouvons ! car ce roi des animaux, si répandu dans les autres contrées de l'Afrique, ne se montre jamais sur les domaines du gorille. »

« Il y a donc eu dans l'Attique plus d'espèces de grands Mammifères que sur aucun point du monde actuel. Quant au nombre des individus qui représentaient chaque espèce, je n'ai aucun moyen de le fixer, mais il n'est point probable qu'il fût moindre que de nos jours. En effet, malgré la multitude des animaux observés dans plusieurs parties de l'Afrique, on n'y pourrait trouver, sur un espace égal à celui où j'ai fait mes fouilles, une agglomération d'individus plus considérable. Cet espace, comme je l'ai dit, avait trois cents pas de long sur soixante de large ; quoique mes excavations aient été entreprises sur une vaste échelle, ce que j'ai creusé est peu de chose, comparativement à l'ensemble des limons fossilifères. C'était un spectacle étrange que celui de la profusion et de l'enchevêtrement des os qu'un coup de mine bien réussi mettait quelquefois à découvert.

Si je rappelle que j'ai rapporté 1900 morceaux d'Hipparion, plus de 700 de rhinocéros, 500 de tragocérus, etc..., on comprendra que j'ai dû laisser sur place, lors de mon dernier voyage, les pièces communes dont l'exploitation retardait la découverte des objets rares, de telle sorte que le nombre des débris qui ont passé sous mes yeux est encore bien supérieur à celui des échantillons de ma collection. »

Gaudry s'est appliqué à déterminer, par tous les moyens possibles, la place des espèces qui vivaient réunies dans les couches de Pikermi, à la limite du miocène et du pliocène. Un résultat fondamental de ses comparaisons fut la preuve que ces espèces étaient presque toutes des formes de passage, formes que Cuvier avait toujours si vivement désirées. « Si, dit-il, on compare, avec tous les paléontologistes éminents de l'époque actuelle, les espèces de Pikermi aux autres espèces fossiles et vivantes connues, l'on ne tarde pas à se convaincre que les lacunes disparaissent dans la proportion même des nouvelles découvertes. » Il s'est trouvé conduit ainsi à établir des arbres généalogiques relatifs à ses vues sur les enchaînements généalogiques probables, et ceux-là seuls les méprisent qui manquent des connaissances nécessaires à leur appréciation.

Toutefois Gaudry, de même que quelques compatriotes de ce savant, convaincus aussi du caractère indiscutable de la doctrine de la Descendance, n'est pas partisan du darwinisme, c'est-à-dire de l'hypothèse de la sélection dans la lutte pour la vie, comme base de la doctrine de la Descendance. Comme R. Owen, il reste dans le domaine des miracles et laisse au Créateur lui-même le soin d'expliquer les innombrables transformations organiques, toutes opérées en vue d'un but déterminé, défini à l'avance (1). Cette manière de voir est naturellement accompa-

____

(1) « Si nous reconnaissons que les êtres organisés ont été peu à peu transformés, nous les regarderons comme des substances plastiques qu'un artiste s'est plu à pétrir pendant le cours immense des âges, ici allongeant, là élargissant ou diminuant, ainsi que le statuaire, avec un morceau d'argile, produit mille formes suivant l'impulsion de son génie. Mais, nous n'en douterons pas, l'artiste

gnée de l'hypothèse du hasard qui, ainsi que l'affirment les adversaires du darwinisme, doit être élevée à la hauteur d'un principe. En parlant des grands travaux d'un homme qui affirme de telles croyances, nous ne voulons pas naturellement entrer ici dans une plus longue polémique, mais nous remarquerons une fois de plus que, même ce que l'on appelle le hasard, ne sort pas de la conformité des faits aux lois naturelles. Nous laissons au lecteur le soin de juger s'il semble plus raisonnable d'admettre que l'intelligence absolue, l'infinie sagesse du Créateur puisse détruire sans résultat des millions de séries organiques commencées, ou que le hasard puisse régner lui aussi dans le domaine des lois absolues de la nature. Gaudry a commencé à exposer, dans un travail fort apprécié, l'ensemble de ses recherches paléo-zoologiques et leurs résultats (1).

Les travaux de Filhol, compatriote de Gaudry, plus jeune que lui, sont d'une importance plus grande encore pour la question des formes de passage, notamment les recherches sur les phosphorites du Quercy, parues en 1876 et 1877 (2). Elles furent complétées par les recherches sur les Mammifères fossiles de Saint-Gérard-le-Puy en 1879, et sur les Mammifères de Ronzon en 1882. Les phosphorites font partie de la formation de l'éocène supérieur dans le sud-ouest de la France; ce sont des couches de phosphate de chaux non cristallisé. On trouve ces dépôts dans des crevasses, des excavations qui ont été progressivement comblées par les sédiments. « Ces dépôts, dit Filhol, proviennent sans doute de sources chaudes qui de temps en temps occasionnaient de grandes inondations, engloutissant ou

qui pétrissait était le Créateur lui-même, car chaque transformation a porté un reflet de sa beauté infinie. » Gaudry, *loc. cit.*, page 370.

(1) Gaudry, *Les enchaînements du monde animal dans les temps géologiques.* Mammifères tertiaires, 1878.

(2) Filhol, *Recherches sur les phosphorites du Quercy.* Étude sur les fossiles qu'on y rencontre, et spécialement les mammifères. *Annales des Sciences géologiques,* VII, VIII. — *Mammif. fossiles de Saint-Gérard-le-Puy,* ibid, X. — *Mammifères de Ronzon,* XII.

étouffant tous les êtres vivants. Les Pachydermes, les Ruminants, les Rongeurs, les Carnassiers, tous à la fois trouvèrent ainsi une mort rapide; dans bien des cas, ces animaux étaient déjà complètement ensevelis alors que le squelette présentait encore une parfaite continuité de parties. Les couches du Quercy nous ont fourni les faits les plus importants que l'on ait observés jusqu'à ce jour en Europe, au point de vue de la connaissance scientifique des Mammifères. Leur valeur est tout aussi grande que celle des récentes découvertes faites en Amérique. Les caractères des animaux que l'on rencontre en France sont peut-être moins frappants, moins variés; au premier abord, ils fixent moins l'attention : une étude approfondie peut seule éclairer sur leur véritable valeur. Les passages sont des plus délicats; souvent ce n'est qu'une question de nuances et non de différences bien marquées. L'époque des phosphorites a vu s'accomplir de grandes transformations organiques; les précurseurs de types zoologiques encore existants aujourd'hui se constituaient alors. Sous l'influence d'actions naturelles que l'on ne peut encore définir d'une manière plus précise, mais dont nous découvrons les traces, l'espèce subissait peu à peu, dans des directions variées, des transformations multiples, donnant naissance à des variétés; celles-ci, fixant leurs caractères, devenaient des espèces. » On voit jusqu'où va Filhol dans les appréciations de ses découvertes. L'incroyable exubérance de formes, dans cette faune de Vertébrés supérieurs qui peuplait alors le sud-ouest de l'Europe, est mise en évidence par ce fait que Filhol a pu caractériser jusqu'à quarante-deux espèces dans le seul ordre des Carnassiers. Dans cette masse de formes animales, dans cette association variée de Carnassiers et d'Herbivores que l'on ne peut se figurer sans l'idée d'une lutte pour la vie extrêmement active, on peut entrevoir le processus d'une très lente transformation organique, le développement des espèces. C'est en cette conception que réside l'inestimable valeur des recherches de Filhol, de même que de celles de Gaudry; elle a pu être étendue à des milliers de cas.

La haute signification de ces études est encore augmentée par
ce fait, que les trois régions les plus importantes de France et
d'Europe, Quercy, Ronzon, Saint-Gérard-le-Puy, dont il a pu étudier les nombreux débris fossiles, appartiennent à trois horizons
géologiques voisins. Filhol a comparé les modifications et les
progrès du règne animal de l'une de ces époques à l'autre; ses
descriptions sont particulièrement remarquables par leur scru-
puleuse exactitude.

Un autre observateur de haute valeur, malheureusement enlevé trop tôt à la science, est Woldemar Kowalewsky (1), dont
les travaux datent aussi d'il y a environ une quinzaine d'années. Ils ont rapport particulièrement aux Ongulés et renferment
les développements les plus importants aux travaux de Rutimeyer; mais on y trouve aussi des développements sur des
points nouveaux pour la détermination des enchaînements entre
l'époque actuelle et les périodes géologiques. Ce n'est pas qu'il ait
mis en lumière beaucoup de formes nouvelles; il a plutôt comparé, mais avec une plus grande précision, celles depuis longtemps connues. Il a rectifié, d'une façon définitive, certaines
vues qui, depuis Cuvier, étaient pour ainsi dire devenues tradi-
tionnelles, sur les formes primitives, les formes souches, par
exemple le Palæotherium, l'Anoplotherium, le Dichobune, etc.;
il a mis en lumière, avec le plus grand talent, les différences
fondamentales des Ongulés à doigts pairs et à doigts impairs; il a
cherché à expliquer la disparition de certaines formes, la persistance et la transformation d'autres, par des observations très
délicates particulièrement sur la main et le pied. Il a été amené
ainsi à établir des séries de formes originelles, qui diffèrent sensiblement, il est vrai, par plusieurs points, des résultats de Rutimeyer, mais qui nous présentent une façon toute spéciale, très

____

(1) W. Kowalewsky, *Sur l'Anchitherium Aurelianense* Cuv. (Acad. de Saint-
Pétersbourg, 1873). — *Osteology of the Hyopotamidæ* (*Philosophical Transac-
tions*, 1873). — *Versuch einer naturlichen Classification der fossilen Hufthiere,
Monographie der Gattung Anthracotherium* (Palæontographica, 1876).

intéressante et très ingénieuse de considérer les périodes géologiques dans leur continuité avec la période actuelle. J'appelle particulièrement l'attention sur les différences qu'il établit entre les réductions *adaptives* et *inadaptives* des membres; nous y reviendrons plus en détail.

Puisque j'ai appelé l'attention sur l'esprit des travaux accomplis par les naturalistes dont nous venons de nous entretenir, sur les vues, les idées générales qui sont leur œuvre plus que celle de beaucoup d'autres travailleurs, en ce qui concerne les animaux supérieurs, sur l'impulsion qu'ils ont donnée à la doctrine de la Descendance, je puis me limiter à ces œuvres spéciales, en tant qu'il s'agit de paléontologie de l'ancien monde.

Mais, dans le cours des quinze dernières années, la science s'est enrichie d'une série de découvertes de la plus haute importance, sur les rapports paléontologiques d'Amérique, qui renversent ou du moins modifient d'une manière considérable les idées qui faisaient loi jusqu'alors sur la répartition des animaux, sur leur descendance, en tant qu'ils concernent des passages ou des échanges entre l'ancien et le nouveau monde. Toutes ces connaissances zoogéographiques sont exposées dans un ouvrage de Rutimeyer, peu volumineux, il est vrai, mais d'une grande portée : « Sur l'origine de notre règne animal » (*Ueber die Herkunft unserer Thierwelt*, 1863). « Toute la surface des continents tertiaires de l'ancien monde, partout où elle est connue, représentait une province zoologique unique, naturelle pour les Mammifères, plus étendue, mais dans les mêmes régions que celle qui avait nourri les animaux de l'époque éocène (1). » Les Mammifères de l'ancien continent ne se sont pas étendus seulement depuis nos régions jusque dans le sud de l'Afrique; ils ont pénétré aussi, à ce qu'il semble, dans le nouveau monde, par

(1) Nous ne voulons pas parler ici d'une volumineuse compilation de documents sur l'apparition des animaux actuels, mais de la connaissance de leur distribution, basée sur l'évolution géologique et en concordance avec l'évolution paléontologique.

les lambeaux de terre qui reliaient alors le nord de l'Europe à l'Amérique et en partie aussi, ainsi qu'en témoignent les éléphants fossiles du Japon, par le nord de l'Asie, dans la direction des îles Aléoutiennes.

La faune de l'Amérique du Nord qui, d'après toutes les probabilités, n'était pas, en grande partie au moins, originaire de ce pays, suivant la direction des grandes chaînes de montagnes, a émigré vers le sud ; elle a rencontré bientôt des représentants d'une faune étrangère, venue du sud et gagnant peu à peu les régions du nord. En tous cas, la faune des Mammifères de l'Amérique du Nord apparaît comme subordonnée et dépendante de celle d'Orient, et les migrations, depuis cette région vers l'ancien monde, semblent tout au moins douteuses, et d'ailleurs peu importantes. « La faune miocène de Nebrasca, continue Rutimeyer, est fille de celle de l'éocène de l'ancien continent. La faune pliocène de Niobrara, qui est ensevelie dans les mêmes dépôts que celle de Nebrasca, mais seulement dans des couches sableuses plus récentes, nous le prouve au plus haut degré. Les éléphants, les tapirs, les nombreuses espèces de chevaux diffèrent à peine de ceux de l'ancien monde; les porcins sont, à en juger par leur dentition, des descendants des Palœochœrides du miocène d'Europe, etc... »

A cette époque déjà avait paru un ouvrage capital de Leidy sur la faune tertiaire de l'Amérique du Nord; mais depuis, les découvertes se sont multipliées d'une façon si extraordinaire, la variété de la faune de ce pays apparut si riche, à côté de celle de l'Europe, que les savants américains, en particulier Cope et Marsh, durent considérer comme démontré que l'Amérique n'avait pas été colonisée par les Mammifères de l'ancien monde, mais que c'était au contraire le nouveau monde qui avait abandonné une partie de ses trop nombreuses formes organiques originelles. Car, même l'hypothèse défendue par Rutimeyer, d'après laquelle les couches tertiaires d'Amérique seraient un peu plus récentes que les nôtres, a été complètement renversée. Marsh écrit (1877) :

« Les subdivisions naturelles du tertiaire américain ne correspondent pas rigoureusement à l'éocène, au miocène et au
pliocène d'Europe, bien qu'habituellement on pose en principe
la concordance et qu'on se serve des mêmes désignations.
Dans l'ensemble, la faune paraît un peu plus ancienne que celle
des couches européennes correspondantes ; fait d'une haute
importance, et qui jusqu'aujourd'hui n'a pas encore été apprécié à sa juste valeur. »

Dans la monographie des Dinoceratiens, récemment parue,
Marsh donne la description suivante des rapports géologiques
qui entrent ici en considération : « Le tertiaire de l'ouest de
l'Amérique comprend la série la plus développée des dépôts de
cet âge, qui ait jamais été connue des géologues.

Des différences notables, aussi bien dans la nature des sédiments que dans celle des fossiles, la divisent en trois parties
bien distinctes. Ces subdivisions ne correspondent pas exactement à l'Eocène, au Miocène et au Pliocène d'Europe, bien
qu'on ait l'habitude de les considérer comme semblables à ces
dernières et de les désigner des mêmes noms ; dans l'ensemble,
la faune de chacune d'elles est plus ancienne que celle de la
subdivision correspondante de l'hémisphère oriental ; fait important, mais qui n'entre que peu en considération. Or, on peut
s'expliquer cette ressemblance partielle de nos faunes éteintes
avec celles de régions très éloignées, où les formations présentent
un âge géologique un peu différent, si l'on admet, ce qui est
très vraisemblable, que les grandes migrations ont pris leur point
de départ dans nos régions. Il est préférable d'admettre cette
loi générale que de chercher à établir un parallélisme rigoureux
entre des formations qui n'ont pas exactement le même âge.

Les dépôts d'eau douce éocènes des territoires occidentaux
de l'Amérique du Nord, qui, en un seul point, atteignent une puissance d'au moins deux milles anglais, peuvent être divisés en
trois groupes bien définis. Le plus inférieur, qui repose sur la
craie, a été désigné sous le nom de « Vermilion-Creek, ou groupe

de Wasatch. » Il renferme une faune de Mammifères bien caractérisée dont le genre principal et le plus développé est le Coryphodon, pourvu de sabots. L'auteur a, pour cette raison, désigné ces dépôts sous le nom « d'assises à Coryphodon ». Les dépôts de l'éocène moyen, connus sous l'expression de « série de Greenriver et de Bridge », et appelés depuis « couches à Dinoceras », renferment seuls les restes fossiles de ces derniers animaux, de taille gigantesque. L'Eocène supérieur ou « groupe de l'Uinta » est particulièrement caractérisé par des dépôts pourvus de grands Mammifères du genre Diplacodon; pour cette raison, on les appelle « couches à Diplacodon ».

La faune de chacune de ces trois subdivisions a ses particularités propres, et les survivants de ces animaux éocènes ont été ensevelis dans les mers continentales qui ultérieurement se sont succédé les unes aux autres.

Il est important de se rappeler que tous ces bassins marins éocènes sont localisés entre les Rockey Mountains à l'est, et la chaîne du Wasatch à l'ouest, ou le long du haut plateau central du continent. Lorsque ces chaînes de montagne se sont exhaussées, la partie de la mer crétacée qui s'y trouvait comprise a elle-même été soulevée au-dessus de l'Océan; ses eaux devinrent douces et ainsi se sont constitués de vastes lacs dont les bords ne tardèrent pas à se couvrir d'une végétation luxuriante, tropicale, et à se peupler de nombreux et remarquables animaux. A la suite d'un exhaussement plus prononcé du continent, ces bassins marins, qui autrefois étaient remplis par les eaux, furent drainés par de nombreux fleuves qui les sillonnaient en tous sens, bien que, par leurs sédiments, ils nous rappellent complètement la vie à l'époque éocène; et depuis ce temps, ils restèrent essentiellement terre ferme.

Les bassins marins miocènes, qui s'étendent à côté des gisements éocènes précédents, présentent, eux aussi, trois faunes presque complètement ou même complètement distinctes. D'après les fossiles caractéristiques, elles ont été désignées sous

les noms de « couches à Brontotherium, à Oreodon et à Miohippus. » Le climat pendant cette période était tempéré.

Au-dessus du Miocène, à l'est des montagnes Rocheuses et le
long du littoral du Pacifique, se trouve le pliocène, notablement
développé et riche en débris de Vertébrés; ces dépôts forment
une série ininterrompue et sont étroitement unis, bien que l'on
puisse séparer les couches inférieures des couches supérieures
par la présence, dans ces dernières, d'un véritable Equus et de
quelques autres genres encore actuellement vivants. Le climat
n'était pas sensiblement différent de celui du Miocène. »

Tels sont les résultats des recherches de Marsh.

Le théâtre de la vie pendant toute l'époque tertiaire, qui se
présente en partie avec des caractères plus nets en Amérique qu'en
Europe, se trouve de chaque côté des montagnes Rocheuses.
A l'ouest, il s'étend particulièrement sur le bassin de Green-River,
environ jusqu'à hauteur du grand Lac salé. Son extension est
plus grande encore du côté de l'est où nous pouvons indiquer
les régions dites Mauvaises Terres (Bad Lands), dans le district
de Dacota, comme les centres les plus riches.

Le travail de Leidy sur la faune ancienne de Nebrasca, fondamental pour la paléontologie des Etats-Unis, fut complété par
ses recherches sur la faune fossile des Vertébrés des territoires
de l'ouest (1). Depuis il ne s'est pas passé une année sans que
Cope et plus encore Marsh aient mis en lumière quelques branches nouvelles de ce luxuriant arbre généalogique (2).

(1) Leidy, *Contributions to the extinct vertebrate Fauna of the western Ter-
ritories (United States Geological Survey*, I, Washington, 1873).

(2) Un travail détaillé, comprenant l'ensemble de ces matériaux incomparables,
nous manque encore. — Nous n'avons guère à notre disposition que les commu-
nications, parfois trop courtes, du *American Naturalist*, *Silliman Journal* et
Proceedings America philos. Society. Marsh en donne un aperçu général dans
Introduction and Succession of vertebrate life in America (1877). — Voyez en outre :
Cope, l'article *Mammalia. Bunotheria* dans : *Report upon United States geogra-
phical Survey west of the one hundredth Meridian*. Vol. IV (Paleontology, 1877). —
Il a dû paraître récemment un grand ouvrage, renfermant tous les travaux de Cope.
Jusqu'au commencement de 1886, je n'ai pu prendre connaissance de cette
importante publication.

Les découvertes relatives aux Mammifères diluviens, faites depuis Cuvier, ont une tout aussi grande importance que celle qui s'attache aux Mammifères tertiaires. Mais ici c'est l'Amérique du Sud qui attire plus particulièrement l'attention.

Signalons avant tout, comme merveilleuses, les découvertes faites dans la faune pliocène et diluvienne, principalement dans des cavernes de plusieurs provinces brésiliennes (Minas Geraes), et plus tard dans des dépôts de la République argentine et de la Bolivie. Les débris fossiles de l'Eocène sont fort rares; les liens qu'ils permettent d'établir avec le Palœotherium et l'Anoplotherium d'Europe sont jusqu'ici restés inexpliqués par la géologie. Les indices manquent complètement pour le miocène.

Par contre, les dépôts les plus récents sont caractérisés très nettement par de nombreuses formes d'Edentés, la plupart gigantesques. Quelques-unes des plus étranges, le Megatherium par exemple, ont-elles été refoulées vers le nord après la formation de l'isthme, ou bien, suivant l'opinion de Marsh, les régions du nord ont-elles été aussi le berceau de cet animal? C'est là un point sur lequel on ne saurait encore se prononcer. Ce Megatherium était déjà connu de Cuvier. Mais la plupart des Edentés n'ont été découverts que plus tard : les découvertes de Lund (1) dans les cavernes firent époque dans la science; plus récemment Burmeister (2), habile observateur, nous a fait connaître d'une manière complète les tatous géants de la République argentine, et beaucoup d'autres Edentés.

La comparaison du règne animal actuel, aussi bien d'Europe et d'Asie que des deux Amériques, avec celui de l'époque diluvienne des mêmes régions, est loin d'être à l'avantage de l'époque actuelle, de telle sorte que Wallace pouvait bien dire : « Nous vivons dans un monde dont la faune est très appauvrie, et dont les formes les plus considérables, les plus sauvages, les plus étranges ont récemment disparu. » Cette disparition d'un nombre

(1) Lund, *Brasiliens Dyrverden* (Kopenhague, 1841-1845).
(2) Burmeister, *Annales del museo publico* de Buenos-Aires, 1864, fig.

si considérable d'êtres vivants dans l'hémisphère oriental et occidental produit presque sur l'esprit cette impression qu'elle a eu pour cause une de ces catastrophes dont nous avons précédemment parlé. Quoi qu'il en soit, l'époque pendant laquelle s'éteignirent le mammouth européen et les animaux voisins, le mastodonte américain, le megatherium, le tatou géant, a été très courte, au sens géologique du mot. Mais ce ne fut pas une destruction complète, une mort générale : une partie seulement des espèces succomba complètement, par exemple, les chevaux en Amérique; d'autres, au contraire, trouvèrent leur salut dans la fuite et s'adaptèrent, dans des lieux nouveaux, à de nouvelles conditions d'existence, ou revinrent plus tard dans leur première patrie, après le rétablissement du calme dans la nature.

L'homme existait au moment de ces révolutions du globe; nous le voyons, avec toute certitude, en lutte active pendant toute la durée de la période diluvienne. Tous les animaux de cette période furent détruits ou, en partie, prirent la fuite avant l'apparition des phénomènes glaciaires qui représentent comme les intermèdes des différentes subdivisions du diluvium.

Le manteau de glace, incontestablement ancien d'un grand nombre de milliers d'années, qui s'étend aujourd'hui sur le Groënland, alors que la Scandinavie jouit d'un été magnifique, nous donne un exemple vivant de la manière dont nous devons considérer ces formations glaciaires si étranges de l'époque diluvienne en Europe et en Amérique.

Une question du plus haut intérêt et en même temps un point capital pour la paléontologie, qui est précisément aujourd'hui l'objet des recherches des géologues, est de savoir si, pendant une partie de la période diluvienne, l'Allemagne du Nord était submergée ou couverte de glaces. Nehring est partisan de la deuxième hypothèse (1). Il met en évidence des

---

(1) Nehring, *Faunitische Beweise für die ehmalige Vergletscherung von Norddeutschland (Kosmos*, VII, 1883).

arguments d'un grand poids contre la théorie, admise jusqu'à ce jour, d'après laquelle la submersion du nord de l'Allemagne aurait eu lieu pendant une des périodes de l'époque diluvienne, et les blocs granitiques scandinaves, répandus dans cette région, seraient provenus des glaciers du Nord. L'absence complète de débris d'animaux marins, le manque absolu de traces d'une faune littorale sont en opposition avec cette manière de voir. Seules, les découvertes de Berendt et Ientsch dans la Prusse orientale et occidentale, dans le Holstein et auprès de Hambourg « démontreraient seulement que certaines régions limitées du nord de l'Allemagne étaient couvertes par la mer durant la période glaciaire entière, ou peut-être seulement par intervalles ». Car ce n'est pas la mer, mais bien les glaces qui couvraient la plaine allemande jusqu'au Harz et autres montagnes du Mittelgebirg. On ne rencontre aucun débris d'animaux terrestres, là où se développaient les glaces, mais bien à côté des parois de ces anciens glaciers.

Et tous ces restes fossiles appartiennent à une faune arctique, dont les représentants actuels, le renne, le bœuf musqué, le lièvre blanc, le lemming, le lemming à collier, l'isatis, la gelinotte, le chat-huant blanc, vivent dans les régions circumpolaires boréales.

L'existence de tous ces animaux a été rigoureusement démontrée par Nehring, auprès de Tiede dans le Brunswick, et auprès de Westeregeln. La conformation des os, la présence simultanée d'individus adultes et jeunes conduisent à cette conclusion que tous ces animaux ont passé leur vie dans ces lieux mêmes. On ne saurait encore dire exactement s'il y a eu deux ou même plusieurs périodes glaciaires. Après la période des glaces, avec sa faune si spéciale, se produisit une amélioration du climat, mais encore insuffisante pour le boisement de ces régions. Une faune nouvelle prit naissance, correspondant à celle des steppes du sud-ouest de la Sibérie : la gerboise, le souslik, le bobaque, le lagomys, le saïga-antilope. Ce dernier est abondamment répandu en France, ainsi que l'ont montré les recherches de Gaudry. S'il n'y a eu réellement qu'une époque glaciaire dans le nord de l'Europe, la période de la faune des steppes indique la disparition des glaciers, liée à une tout autre configuration du continent. Y a-t-il eu deux époques glaciaires, ce qui semble très probable, au moins pour la Suisse : alors la période, correspondant à l'extension de la faune des steppes, représente la période intermédiaire. Il nous manque toutefois beaucoup d'éclaircissements à ce sujet ; les causes de toutes ces formations glaciaires ne sont elles-mêmes pas connues d'une manière satisfaisante.

On ne sait pas jusqu'à quel point de l'époque tertiaire remonte l'apparition de l'homme. Dans les latitudes moyennes et boréales de l'ancien monde aussi bien que d'Amérique, ce n'est naturellement qu'à la fin de cet intermède des formations glaciaires que l'homme a pu continuer son évolution ; car à ce moment, il est facile de le comprendre, l'ordre dans la nature était assuré pour la période géologique la plus récente, pour un nombre incalculable de siècles. A l'extension de l'homme correspond un égal appauvrissement de la faune.

CHAPITRE V

Nous rencontrons pour la première fois des Vertébrés pulmonés dans le terrain houiller. Viennent ensuite les dépôts suivants : la formation dyasique (en Allemagne Rothliegendes et Kupferschiefer), le Trias (bunter Sandstein (grès bigarré), Muschelkalk, Keuper), le Jurassique avec ses nombreux étages, et le Crétacé. Nous ne possédons que de rares débris fossiles de Mammifères du Trias et du Jurassique. Dans la craie, on n'en connaît point. Par contre les divers étages de la formation tertiaire sont très abondamment pourvus de débris d'animaux de cette classe. Nous donnons plus loin, pour plus de facilité, un tableau d'ensemble des gisements et de la succession des couches tertiaires les plus importantes d'abord de l'ancien monde — et là, c'est naturellement l'Europe centrale qui a été le plus longtemps et le mieux étudiée, — ensuite, comme point de comparaison, de l'Amérique du Nord.

A côté des gisements, nous avons indiqué les noms des genres caractéristiques. Toutes les couches qui reposent sur le terrain tertiaire, nous les rapportons au Diluvium, dont les dépôts inférieurs sont souvent aussi désignés sous le nom de Quaternaire. Il est à peine besoin de rappeler ici qu'il n'y a aucune délimitation nette entre les couches tertiaires les plus élevées et le Diluvium inférieur; de même la distinction du Diluvium supérieur et des alluvions les plus récentes est toute spéciale. A cause du caractère arbitraire qui, en fait, préside à la distinction des divers éléments d'une formation, beaucoup de paléontologistes proposent de distinguer simplement une série inférieure et une série supérieure de couches dans la formation tertiaire, au lieu de la diviser en tertiaire inférieur, moyen et supérieur, c'est-à-dire en Eocène, Miocène et Pliocène. Le tableau suivant a été emprunté en partie aux travaux de Gaudry (1); pour le tertiaire d'Amérique, nous nous conformons essentiellement à ceux de Marsh.

A. — Couches tertiaires de l'ancien monde.

PLIOCÈNE.

19. *Perrier. Crag de Norwich. Val d'Arno.*
Beaucoup de cerfs. Rarement des antilopes. Éléphants. Mastodontes.
18. *Marnes de Montpellier. Lignite de Casino.*
Cerfs et antilopes réunis. Hyaenarctos.

Bassin de Vienne II.

MIOCÈNE SUPÉRIEUR.

17. *Pikermi. Baltavar. Mont Léberon.*
Helladotherium. Ictitherium. Hyaena.
16. *Mont Siwalik.*
15. *Eppelsheim. Oeningen. Hipparion. Sus.*
Dorcatherium. Tapir. Dinotherium. Simocyon.

MIOCÈNE MOYEN.

14. *Sansan. Georgsmünde et Günzberg. Eibiswald.*
Antilopes. Mastodontes.

Bassin de Vienne I.

13. *Calcaire de Montbuzard. Sables d'Orléans. Lignite de Monte-Bamboli.*
Palaeochœrus. Cainotherium. Dremotherium. Dicroceras. Dinotherium
Mastodontes.

MIOCÈNE INFÉRIEUR.

12. *Saint-Gérard le Puy (Allier).* Anchitherium. Dremotherium.
11. *Sables de Fontainebleau. Lignite de Cadicona.*
Rhinocéros.
10. *Calcaire de Ronzon.* Gelocus.

(1) Gaudry, *Considérations sur les Mammifères qui ont vécu en Europe à la fin de l'époque miocène* (Paris, 1873).

ÉOCÈNE SUPÉRIEUR.

9. *Phosphorite du Quercy.*
8. *Lignite de Debruge.*
7. *Gypse parisien. Hampshire.*
6. *Sables de Beauchamp.*
5. *Calcaire grossier de Paris.*
   Genres caractéristiques : Entelodon, Hyaenodon, Pterodon, Dichobune, Paleotherium, Anoplotherium, Xiphodon.
   Dans les couches supérieures, Antrachotherium, Cainotherium.

ÉOCÈNE MOYEN.

4. *Mauremont. Egerkingen.*

ÉOCÈNE INFÉRIEUR.

3. *Argile de Londres.* Hyracotherium, Pliolophus.
2. *Lignite du Soissonnais.* Coryphodon. Paleonictis.
1. *Grès de la Fère.* Arctocyon.

B. — Couches tertiaires de l'Amérique du Nord, à l'est et à l'ouest des montagnes Rocheuses.

PLIOCÈNE.

9. Postpliocène ou Diluvium.	Megatherium..	Tapir.			
8. Pliocène sup^r	. . .	. . .	. . .	. . .	Pliohippus (1).
7. Pliocène inf^r	. . .	. . .	Rhinoceros...	. . .	Protohippus(2).

MIOCÈNE.

6. Couches à Miohippus..	. . .	. . .	. . .	. . .	Miohippus (3).
5. Couches à Oreodon ...	Oreodon......	Tapiravus...	. . .	Aceratherium.	
4. Couches à Brontotherium.......	Brontotherium.	. . .	Diceratherium.	Hyracodon...	Mesohippus.

ÉOCÈNE.

3. Groupe de l'Uintah....	Dipacodon	. . .	Colonoceras.		
2. Groupe de Greenriver et de Bridge.	Dinoceras.....	Tillotherium.	Hyrachius (4).	. . .	Orohippus.
1. Groupe du Wasatsch...	Coryphodon...	Oxyaena	Helaletes.....	. . .	Eohippus.

(1) Correspond au Cheval.
(2) Correspond à l'Hipparion.
(3) Correspond à l'Anchitherium.
(4) Correspond au Lophiodon.

SECONDE PARTIE

COMPARAISON PAR GROUPES DES MAMMIFÈRES VIVANTS ET DE LEURS ANCÊTRES GÉOLOGIQUES

Si nous nous proposons maintenant d'étudier les différents ordres des Mammifères actuels d'après leur passé historique ou paléontologique, d'éclaircir le présent par le passé, l'ordre dans lequel nous devrons procéder dans cette étude s'impose de lui-même. C'est incontestablement l'ordre systématique qui, s'élevant progressivement des formes inférieures aux plus élevées en organisation, renferme tout à la fois les résultats des observations anatomiques et paléontologiques. Les Mammifères les plus inférieurs sont naturellement ceux qui ont conservé le plus nettement, avec le moins de modifications, les caractères héréditaires des ancêtres. Il ne résulte pas nécessairement de là cette certitude que ces Mammifères ont autrefois peuplé la terre avant tous ceux dont le squelette, le cerveau, le développement embryogénique impliquent des formes inférieures et tranchent très nettement dans leur ensemble. Ils ont pu subsister très bien comme reste d'un groupe dont les individus les plus proches parents, n'en différant à l'origine que d'une manière presque insensible, se sont élevés au-dessus des individus du groupe par l'utilisation des divergences et des adaptations avantageuses de leur organisme.

Il est cependant vraisemblable que les formes animales inférieures soient aussi, en général, les formes géologiques les plus anciennes.

Cuvier avait déjà préparé la chute des théories obscures de Buffon sur le groupement des êtres vivants en une série; mais c'est seulement à notre époque que s'est généralement répandue cette idée de la représentation figurée des systèmes sous la forme d'un puissant arbre de vie, se ramifiant en centaines de branches et en milliers de rameaux. Tout ce qui vit aujourd'hui correspond aux pointes de ces rameaux et ramules: pour connaître l'histoire entière des êtres actuels, nous procédons à des recherches qui nous rapprochent peu à peu des branches, et, de celles-ci, nous mènent enfin au tronc commun. Cette comparaison avec l'arbre et ses ramifications n'est toutefois satisfaisante que pour l'arrangement en lui même. Car à notre immense arbre de vie les ramules sont toutes distinctes les unes des autres : on ne trouve de semblables que celles qui sont toutes voisines, et elles diffèrent d'autant plus entre elles qu'un plus grand espace les sépare sur l'arbre même.

Mais, à un autre point de vue, cette même comparaison va nous permettre de concevoir d'une façon très claire les rapports basés sur les faits.

Plus nous reculons dans l'histoire des formes animales actuelles, plus elles se ressemblent dans leur développement. Là où il ne semble exister aucune relation, en dehors des caractères de la classe et des ordres, nous trouvons ainsi des ressemblances de plus en plus apparentes, de plus en plus nettes, jusqu'à ce que se dévoilent des formes originelles semblables. On les a souvent appelées « formes de mélange »; mais ce nom ne justifie pas l'expression de la réalité des faits. Car, dans la plupart des cas, il s'agit bien moins de la fusion de caractères différenciés, répartis sur des rameaux distincts aux époques plus récentes et à l'époque actuelle, que d'une base indifférente, non encore différenciée, qui s'est montrée sans aptitude pour une évolution ultérieure dans plusieurs directions. C'est ainsi que les Mammifères ongulés que nous rencontrons pour la première fois dans les dépôts géologiques sont pourvus encore du nombre complet de doigts et d'une nombreuse dentition. On pourrait dans tous les cas dire de cette dernière qu'elle indique un caractère fusionné, en tant qu'elle est organisée, dans sa partie antérieure, pour l'attaque et la défense, et, dans les autres parties, essentiellement pour la trituration des substances végétales. Mais si les Ongulés et les Carnassiers primitifs nous conduisent à des animaux de la forme et de la structure des Insectivores, comme ressemblance d'origine, puis, par cette dernière, aux Marsupiaux, il est certain que ce ne sont pas là des formes de mélange, mais bien des formes différenciées dans des directions variables suivant les circonstances.

Ainsi relié au monde géologique, le système des Mammifères établi d'après l'état actuel des animaux de cette classe doit, avant tout, paraître absolument insuffisant.

Les Mammifères, qui représentent le type le plus élevé de l'organisation animale, ne sont pas seulement, par cela même, les plus éloignés des formes animales originelles en général, ils sont aussi bien plus différenciés entre eux que les animaux des autres classes, au moins dans l'embranchement des Vertébrés.

Les Reptiles mêmes, dont la période florissante, à tous les points de vue, est passée depuis bien longtemps, viennent après eux. Autant leur squelette, moins la dentition, s'est montré apte à l'adaptation, autant a été grande la stabilité de leur cerveau. Ce n'est que lorsque le type Mammifère s'est définitivement constitué qu'une nouvelle place a été faite à l'évolution ultérieure de la masse cérébrale. Les diverses tentatives qui ont été faites, à plusieurs reprises, en vue d'utiliser ce point de vue pour le groupement systématique, sont en partie incomplètes, et en partie incapables de concilier leurs résultats généraux, par suite des grandes lacunes de nos connaissances paléontologiques. L'avenir seulement transformera la systématique actuelle des Mammifères en une autre réellement « naturelle » et atteindra le but qu'avaient tracé déjà Cuvier et Lamarck dans les premiers grands travaux que ces hommes célèbres avaient entrepris sur ce sujet, dans les points les plus variés de l'histoire des animaux. Jusqu'alors résignons-nous à marcher encore dans les anciennes traces.

CHAPITRE PREMIER

Un exemple de la manière défectueuse de comprendre l'organisation animale nous est donné par Giebel, un homme fort éminent, mais resté étranger à tous les progrès de la doctrine de la Descendance. Voici comment il s'exprime au sujet des deux genres universellement connus de ce groupe, l'ornithorhynque et l'échidné : « S'il existe des merveilles d'organisation dans la série animale, les Monotrèmes sont, certes, les plus étranges : car toutes les exceptions, toutes les singularités que nous a appris à connaître l'organisme multiple des Édentés ne sont que peu de chose, quand on les compare à celles des Ornithodelphes ». Brehm non plus ne nous conduit guère plus loin : « On place encore l'ornithorhynque et l'échidné, tantôt parmi les Marsupiaux, tantôt parmi les Édentés. Et, en fait, ces deux genres ne présentent pas seulement les particularités des animaux de ces deux ordres, mais les caractères les plus variés, les plus contradictoires de toute la classe des Mammifères. Les Monotrèmes apparaissent dans une certaine mesure comme un groupe intermédiaire des trois premières classes de Vertébrés, reliant les Mammifères aux Oiseaux et aux Reptiles. » L'assimilation des Monotrèmes à un groupe de passage est exacte, rationnelle, à la condition que les Oiseaux n'entrent pas en ligne de compte. Il n'existe pas de rapports directs entre les Mammifères et les Oiseaux : ces deux classes sont reliées par des formes ancestrales. qui sont très dispersées dans le groupe si étendu des Amphibio-reptiles.

Les mâchoires des Monotrèmes sont dépourvues de dents: l'ornithorhynque seul présente quelques plaques cornées. C'est peut-être là un caractère héréditaire, provenant d'ancêtres de forme reptilienne, et, dans ce cas, ces derniers ont dû être distincts des ancêtres des Mammifères pourvus de dents. Il se présenterait là un exemple de convergence. On pourrait penser aussi que les Monotrèmes et les Mammifères dentés ont eu une origine commune, que tous dérivent de formes ancestrales privées de dents, et que le développement des dents chez les Mammifères est complètement indépendant de l'existence d'ancêtres dentés : mais cette manière de voir porte en elle le plus haut degré d'invraisemblance. Enfin, en troisième lieu, en admettant l'origine commune des Mammifères, le manque de dents ne serait-il pas simplement le résultat d'une disparition ultérieure complète de ces organes, par exemple chez les Oiseaux, chez plusieurs Édentés, ou partielle comme pour la mâchoire supérieure des Ruminants et pour tous les cas de réduction partielle du nombre des dents? Nous prenons en considération ces diverses hypothèses, sans toutefois pouvoir nous prononcer dans le cas actuellement soumis à nos investigations.

Il en est tout autrement des caractères suivants. Les Monotrèmes sont les seuls Mammifères chez lesquels l'apophyse si développée de l'omoplate, située au-dessous de la clavicule, atteigne le sternum, comme chez les Vertébrés inférieurs. Chez tous les autres Mammifères, y compris l'homme, nous trouvons, au lieu de ces deux *os coracoïdiens* libres, une courte saillie, l'apophyse coracoïde. Ce rapport d'organisation, considéré en lui-même, pourrait nous conduire à admettre que les Monotrèmes sont plus développés, plus perfectionnés que les autres Mammifères. Mais, de la comparaison de l'ensemble du développement, il résulte que précisément cette partie de la ceinture thoracique des Mammifères supérieurs doit être considérée comme un os qui s'est peu à peu réduit, au point de devenir rudimentaire.

Une autre particularité du squelette des Monotrèmes est l'existence d'une paire d'os, dirigés en avant, insérés sur la face ventrale des os pubis. Les Marsupiaux possèdent aussi ces deux os spéciaux. Comme nous sommes encore incertains sur l'origine et la signification de ces os chez ces derniers, il n'y a pas grande conclusion à tirer de cette concordance. Toujours est-il qu'elle implique une plus grande parenté de ces deux ordres de Mammifères.

Mais voici un autre caractère, particulièrement distinctif des Monotrèmes : l'appareil urinaire et l'appareil reproducteur ne débouchent pas directement à l'extérieur : leurs canaux excréteurs se réunissent à l'intestin pour former un conduit commun, le cloaque. Ces dispositions organiques qui persistent pendant toute la vie chez les Monotrèmes, comme chez les Vertébrés inférieurs (1), ne sont chez les autres Mammifères qu'une phase embryonnaire : il n'y a pas là d'exception, ni d'étrangeté, mais simplement une partie toute normale de l'organisme, provenant par voie héréditaire des Vertébrés inférieurs. Chez les autres Mammifères ces dispositions peuvent être tout aussi bien constatées; mais, après la vie embryonnaire, elles ont complètement disparu.

A cette particularité anatomique, qui maintient les Monotrèmes dans une phase inférieure de l'évolution, s'ajoute une deuxième circonstance qui rend bien plus frappante encore la place exceptionnelle de ces animaux.

Nous voulons parler d'une découverte des plus remarquables dans le domaine de la zoologie, faite tout récemment : les Monotrèmes sont bien des Mammifères, mais ils *pondent des œufs*. Il ne s'agit pas en vérité d'une découverte absolument

(1) Chez la plupart des Poissons, ces rapports d'organisation sont tout différents.

nouvelle, mais de la confirmation d'histoires incertaines dont on parle depuis bien des années. Richard Owen s'était assuré que l'utérus des ornithorhynques renferme des œufs de taille et de structure telles que l'on pouvait conclure à un développement ultérieur indépendant du corps de la mère. L'exactitude de cette présomption a été établie, presque au même moment, et par l'éminent directeur du muséum de l'Australie méridionale, à Adélaïde, le Dr W. Haacke, et par un Anglais, M. Caldwell.

Le fait est du plus haut intérêt. Il semble, d'autre part, si paradoxal d'entendre parler de Mammifères pondant des œufs, que nous avons cru utile de mettre sous les yeux des lecteurs le récit, malheureusement trop court, de Haacke lui-même (1).

« J'avais appris, dit-il, que d'assez nombreux échidnés habitaient l'île de Kanguruh, distante d'Adélaïde d'environ un jour de marche, et je résolus de faire capturer quelques-uns de ces animaux à différentes époques de l'année et de les maintenir en captivité le plus longtemps possible, afin d'observer, le cas échéant, la naissance des jeunes. Au commencement d'août 1884, je reçus une paire vivante d'Echidna hystrix. Lorsque ces deux animaux furent quelque peu apprivoisés, je procédai, le 25 août, avec l'aide d'un de mes hommes, à l'autopsie de la femelle et je constatai l'existence de la poche marsupiale pourvue de deux dépressions latérales. Elle me permit d'observer un fait curieux. Dans l'espoir d'y trouver un jeune Echidné, j'examinai cette poche à la lumière complète du jour ; quel ne fut pas mon étonnement lorsque j'y aperçus un véritable œuf ! Son diamètre était d'environ un centimètre et demi à deux centimètres. Il était entouré, comme les œufs de beaucoup de Reptiles, d'une coquille parcheminée, qui se brisa sous la pression de mes doigts ; cet œuf était rempli d'un contenu épais, qui malheureusement entra en voie de décomposition.

« Je me rappelai aussitôt les particularités anatomiques de

____

(1) *Zoologischer Anzeiger*, 1884, p. 647 ff.

l'échidné et de l'ornithorhynque, leur parenté intime avec les Reptiles et les Oiseaux ; je lus soigneusement toutes les publications d'Owen sur la présence d'œufs dans l'utérus des ornithorhynques et des échidnés et je pris connaissance, dans toute la littérature dont je disposais, des récits, non confirmés il est vrai, mais par contre jamais réfutés, sur la ponte des œufs chez l'ornithorhynque. De sorte que je ne pouvais douter plus longtemps que tout au moins l'échidné pond des œufs comme les Oiseaux et la plupart des Reptiles. »

Comme nous l'avons dit précédemment, la même découverte a été faite aussi, pour ainsi dire le même jour, par un jeune biologiste anglais, M. Caldwell.

Depuis cette époque jusqu'au commencement de 1886, nous n'avons malheureusement pas reçu de nouveaux détails sur cette intéressante question.

En admettant l'unité d'origine pour l'ensemble des Mammifères, nous ne pouvons rechercher cette origine que dans la série ancestrale des Reptiles ovo-vivipares ou d'animaux de la forme des Reptiles. Nous connaissons, parmi les Reptiles de l'époque actuelle, quelques serpents qui incubent leurs œufs jusqu'à leur complète éclosion. Il est probable que les ancêtres des Mammifères, qui nous sont encore complètement inconnus, étaient aussi de cette nature, et parmi eux, nous devons nous représenter ceux qui par la présence de régions dénudées du tégument, comme chez certains Oiseaux pélagiens, se sont trouvés particulièrement aptes à incuber et, dans une certaine mesure, à provoquer l'éclosion des œufs. Il est dès lors bien naturel de penser que, chez ces dernières formes, le développement de plis de la peau et de poches ait été singulièrement favorisé, ainsi que la formation, dans leur intérieur, de glandes sécrétant le lait, glandes qui aujourd'hui constituent le caractère distinctif des Mammifères.

Quant à l'existence de glandes sécrétant réellement du lait chez les Monotrèmes, elle a été depuis longtemps établie d'une manière définitive. Il existe une série de glandes distinctes dont les canaux excréteurs ne débouchent pas à des mamelons, mais en des régions déterminées de la peau. A l'origine on ne les considérait que comme de simples glandes mucipares ou sudoripares ; elles sont une justification de cette hypothèse indiscutable que la lactation est un phénomène général chez les Mammifères. Pour rendre plus acceptable pour beaucoup de lecteurs cette idée, certes très étrange et peu séduisante, de la transformation de glandes ordinaires de la peau, dans la suite des temps, chez des animaux de forme reptilienne, en glandes mammaires si précieuses, rappelons-nous les pigeons.

Chez ces oiseaux, ce ne sont pas des glandes de la peau qui entrent en jeu ; il se développe dans le jabot de nombreuses glandes, sécrétant une sorte de lait destiné à la nourriture des jeunes, alors que chez les autres Oiseaux il s'y produit tout au plus des sécrétions destinées à amollir les matières alimentaires et à faciliter leur digèstion.

A cause de l'importance fondamentale des glandes mammaires, nous devons encore leur consacrer ici quelques instants, alors que nous nous occupons des Mammifères les plus inférieurs que l'on connaisse. C'est chez l'ornithorhynque que leur disposition est la plus simple : ce sont deux régions de la peau un peu moins couvertes de poils, situées sur l'abdomen, transmises peut-être par voie héréditaire par des ancêtres inconnus, ou représentant peut-être aussi une phase de la transformation régressive. Il en est autrement chez l'échidné. La région glandulaire est située profondément, et entourée d'un repli circulaire de la peau. L'œuf, puis le jeune, qui en sort incomplètement développé, trouvent abri et protection dans cette poche mammaire ; en aspirant le lait, le jeune se constitue un mamelon temporaire laciniforme. Ce qu'il y a de particulièrement important, c'est que, chez tous les autres Mammifères et chez l'Homme, la constitution des mamelons commence par l'établissement d'une pareille poche mammaire. La forme et la structure plus complète de l'appareil mammaire externe de l'échidné ne semblent pas seulement avoir été transmises directement aux Marsupiaux : les différents développements typiques de mamelons qui, à partir de ces derniers, sous l'influence de diverses modifications, se sont poursuivis dans la série des Mammifères élevés, confirment cette preuve par induction de l'unité de parenté des Mammifères et de l'Homme (1). Et, dans le cas qui nous occupe, l'histoire du développement des représentants vivants d'une classe d'animaux complète le manque d'observations sur les circonstances et les faits qui se sont déroulés pendant les périodes passées de l'histoire de la terre.

On ne peut admettre sans réserve une origine distincte des Monotrèmes; cette idée est même tout à fait invraisemblable, à cause de la ressemblance complète de l'appareil mammaire embryonnaire des Marsupiaux et des autres ordres avec la poche mammaire de l'échidné.

Les probabilités en faveur de l'autonomie possible des Monotrèmes manqueront naturellement de tout lien basé sur les faits tant que nous ne connaîtrons pas les formes amphibio-reptiliennes dans lesquelles les caractères du Mammifère commencent à apparaître et à se fixer. Par contre, pour appeler l'attention sur un exemple voisin, si des voix autorisées mettent en lumière la possibilité d'une origine différente pour les Oiseaux du groupe des Strutionés ou Ratites et pour les autres Oiseaux, notamment ceux qui sont pourvus d'une apophyse sternale, l'hypothèse d'une convergence est bien démontrée par les faits.

Car les caractères des Oiseaux apparaissent dans le squelette de plusieurs groupes de Reptiles fossiles; il ne serait donc pas étonnant que la transformation complète en l'Oiseau se fût produite dans plusieurs directions.

Au point de vue de la répartition géographique, les Mono-

(1) Klaatsch, *Zur Morphologie der Saugethierzitzen* (*Morph. Jahrbuch*, IX, 1883).

trèmes se limitent à la région sud de la Nouvelle-Hollande et à la Tasmanie. Il y a quelques années, cependant, une nouvelle espèce d'échidné a été décrite d'après un crâne incomplet de la Nouvelle-Guinée. En réalité, cela n'ajoute rien à la zone d'extension de ces animaux, puisqu'autrefois la Nouvelle-Guinée était certainement reliée à la terre australienne et, d'autre part, elle fait partie de la même province zoologique. Aucune trace de restes fossiles ne nous rappelle les Monotrèmes actuellement existants; leurs rapports avec le monde géologique sont cependant bien compréhensibles. Ils sont d'autre part aussi très différents des autres groupes de Mammifères de la période actuelle. Même avec l'hypothèse, d'ailleurs discutable, nous l'avons vu, de leur parenté directe avec les Marsupiaux par l'intermédiaire de formes originelles semblables, leur différenciation aurait déjà dû être accomplie avant la période triasique (1).

(1) Pour plus de simplicité, nous nous servirons, avec Huxley, dans ce qui va suivre, du nom de *Prototheria* pour désigner les Monotrèmes les plus inférieurs des Mammifères. Après eux viennent les *Metatheria* ou Marsupiaux. Tous les autres ordres que l'on désigne d'habitude dans leur ensemble sous le nom de Mammifères élevés sont alors les *Eutheria*. Le zoologiste sait que ces deux dernières dénominations correspondent aux expressions de *Didelphes* et *Monodelphes*, employées dans le langage courant, mais basées sur des caractères spéciaux d'organisation, et la première (Prototheria) à celle d'*Ornithodelphes* de Blainville).

CHAPITRE II

LES MARSUPIAUX.

Les Marsupiaux prennent place, d'une manière frappante, entre les Protothériens et les Euthériens; mais leurs rapports avec ces derniers sont incontestablement plus directs, alors que libre jeu est laissé à notre imagination pour combler la lacune entre les Monotrèmes et les Marsupiaux. Comment à la place de la poche mammaire de l'échidné, la poche marsupiale, servant à recueillir les jeunes incomplètement organisés, a-t-elle pu se développer? Nous nous sommes hasardé, dans le précédent chapitre, à faire une allusion pour rendre le fait compréhensible. En rapport avec cette poche et la soutenant, on trouve deux os, fixés à la partie inférieure du bassin, les *os marsupiaux*, provenant par hérédité d'ancêtres de la forme des Monotrèmes. Les conduits excréteurs des organes génitaux et urinaires subsistent dans un état d'infériorité qui rappelle beaucoup la disposition de ces canaux chez les Monotrèmes.

Les jeunes abandonnent déjà le corps de la mère dans un état de très imparfait développement; par suite la nutrition, la rénovation du sang qui, chez les Euthériens, est réglée par l'intermédiaire du placenta, au grand avantage de la progéniture, doit s'accomplir de bonne heure par les glandes mammaires, l'organe fœtal placentaire n'existant pas chez les Marsupiaux. Nous avons parlé déjà de la constitution définitive des mamelons, à la suite de la formation d'une poche mammaire analogue à celle de l'échidné.

Un nouveau caractère qui établit un lien direct entre les Marsupiaux et les Mammifères supérieurs est la dentition. Elle rappelle aussi les formes amphibiennes primitives, et, par la variété qu'elle présente, nous montre que, sous l'influence des adaptations les plus variées, les Marsupiaux se sont éloignés de leurs ancêtres de structure plus simple d'une manière éminemment féconde.

Une particularité que l'on trouve chez tous les Marsupiaux est ce fait qu'une seule paire de dents à chaque mâchoire se trouve remplacée pendant la vie de ces animaux. L'ordre d'apparition des dents, ainsi que la substitution de l'unique dent de remplacement, ne donnent aucun argument certain pour l'établissement d'une comparaison satisfaisante avec la dentition des Euthériens.

Dans des considérations très intéressantes sur la classification des Mammifères, Huxley (1) s'exprime de la manière suivante sur ce point : « Ainsi que l'a montré le professeur Flower, il s'agit de savoir si nous sommes en présence d'une dentition primaire avec une seule dent secondaire, ou bien d'une dentition secondaire dans laquelle une dent seule de la dentition première aurait subsisté. Je ne doute pas que la réponse donnée à cette question par le professeur Flower, ne soit exacte, et que c'est bien la dentition de lait qui ne présente plus aujourd'hui qu'une simple trace chez les Marsupiaux. Chez les Rongeurs actuels se présentent en fait toutes les dispositions possibles de la dentition de lait, depuis un nombre de ces dents égal à celui des incisives et des prémolaires, comme chez le lapin, jusqu'au manque absolu de ces mêmes dents de lait. On peut

---

(1) Huxley, *Sur l'application des lois du développement à la classification des Vertébrés, en particulier des Mammifères* (Kosmos, IX, 1881).

observer le même fait chez les Insectivores parmi lesquels le hérisson possède la série entière des dents de lait, alors que jusqu'aujourd'hui on n'en a trouvé aucune chez la musaraigne. Dans ces cas, il est clair que c'est chez les formes les plus profondément modifiées que la dentition de lait a été complètement supprimée, et je ne crois pas que l'on puisse raisonnablement élever quelque doute sur cette idée, que les Marsupiaux actuels, eux aussi, ont subi une perte complète des dents de lait dans le cours de leur évolution, leurs ancêtres étant pourvus de la série complète de ces dents. » Si c'est là la véritable explication, il faut rapporter à une époque relativement plus récente la disparition de la dentition de lait des Marsupiaux, alors que la branche des Euthériens, pourvue aujourd'hui encore de cette dentition, ne s'était pas encore constituée. A l'appui de cette manière de voir, je citerai ce fait que certains genres isolés de Mammifères n'ont pas, dans le développement, cette succession de dents qui fait distinguer la dentition de lait et la dentition de remplacement, ou plus souvent l'ont perdue au milieu même d'une parenté caractérisée par le remplacement des dents.

Les Marsupiaux actuels témoignent, par leur dentition et leurs membres, d'une remarquable aptitude à l'adaptation. On peut la comparer justement à celle qui s'est réalisée dans l'ensemble des Mammifères élevés, si l'on ne veut pas admettre que les Euthériens soient issus, isolément par ordres, des Métathériens déjà différenciés. Certes, nous chercherions en vain, parmi les Marsupiaux, les Ongulés aux formes si variées, si aptes à de nouvelles modifications, et, malgré la pluralité de formes dans le développement des dents, tout entière en rapport avec le mode de vie, les Marsupiaux des types insectivore, carnassier, herbivore, rongeur, forment, par l'ensemble de leur organisation, un tout beaucoup plus intime que les Euthériens. Le plus grand nombre de dents, cinquante, se rencontre chez les opossums ou Didelphis. Chez beaucoup d'entre eux, la poche marsupiale, ce caractère distinctif, est réduite à quelques replis sans importance du tégument ventral. Cependant, à cause du nombre même des dents, et par leur ressemblance plus grande avec les Mammifères fossiles les plus anciens, ils doivent être considérés comme les membres les moins modifiés du groupe.

Les Didelphis ou rats marsupiaux sont aujourd'hui limités à l'Amérique du Sud. La géologie et la paléontologie ne nous donnent aucun éclaircissement sur la raison de ce fait ; elles ne nous disent pas si cette branche s'est séparée de la grande masse des Marsupiaux habitant l'Australie, ou si la ressemblance des Didelphis avec les autres Marsupiaux repose sur une convergence, ou encore si les Marsupiaux australiens ont eu une origine américaine ; nous serons cependant amenés plus loin à cette dernière hypothèse basée sur une particularité anatomique. La dentition des Didelphis a la plus grande analogie avec celle de nos Insectivores ; de plus ces deux groupes d'animaux ont dans le genre de vie, dans le régime, de nombreux points de ressemblance. Cuvier avait déjà découvert leurs débris fossiles dans les couches éocènes de Paris.

Ce n'est que bien plus tard qu'Owen (1) montra l'existence d'animaux semblables jusque dans la formation triasique.

Dans l'étage désigné sous le nom de Rhétien, que l'on rapporte à la formation triasique, on a trouvé de nombreuses dents extrêmement petites, isolées, qui appartenaient probablement à un Marsupial insectivore. Elles ont servi à établir le genre Microlestes. Puis, dans le Lias inférieur (de la formation jurassique), on rencontre des fragments de mâchoires inférieures que l'on doit rapporter de même à de petits Marsupiaux insectivores. Les plus nombreux constituent le genre Phascolotherium. Des débris semblables proviennent de couches situées directement sous la craie, et, parmi eux, se trouve le genre *Plagiaulax*, si remarquable par la réduction et la spécialisation de sa dentition.

(1) Owen, *Monographie des Mammifères fossiles de la formation mésozoïque* (Société paléontologique, 1871).

La figure 2 représente, en grandeur naturelle, la mâchoire inférieure du Plagiaulax minor (A). C'était un animal de la conformation des rats. Dans la mâchoire grossie d'une autre espèce
(Plagiaulax medius) la dent molaire (prémolaire ?) désignée par
le chiffre 4, suivie elle-même de deux autres dents de la forme
des molaires, montre nettement le caractère distinctif du genre,
de profonds sillons transversaux sur la couronne. Les deux
dents (3, 2) montrent moins bien cette disposition. Owen consi-

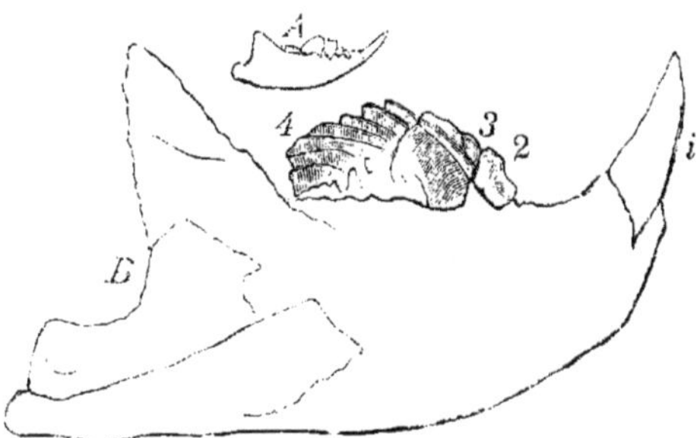

Fig. 2. — A Mâchoire inférieure de Plagiaulax minor (*Grand. nat.*).
B Mâchoire inférieure de Plagiaulax medius (*grossie 4 fois.*).

dère tous ces restes fossiles incomplets comme des « formes
généralisées », tandis qu'Huxley se demande par quels caractères on peut bien établir une comparaison entre le type plus
embryonnaire ou, si l'on veut, moins spécialisé, d'un Phascolotherium et entre l'Opossum actuel. Dans l'ensemble, Owen nous
semble être dans le vrai, lorsque, de la comparaison de la dentition, il tire cette conclusion que du Phascolotherium au Didelphis s'est accompli un progrès de la forme généralisée à la
forme spécialisée. Mais on ne saurait étendre cette manière de voir
au Plagiaulax. Cet animal nous apparaît beaucoup plus comme
spécialisé déjà à un degré qui n'a été que faiblement surpassé
dans tous les temps ultérieurs.

Les débris de Plagiaulax ont avec les Marsupiaux vivants les
rapports suivants. Marsh a décrit, dans le jurassique du Wyoming,
un animal se rapprochant du Plagiaulax européen ; il l'appelle

Ctenacodon; il est dépourvu de sillons, mais la couronne des prémolaires est mamelonnée (1). A cette découverte est venue s'en ajouter une autre toute récente (1883), d'un grand intérêt, grâce à laquelle se trouve pour ainsi dire directement établie la

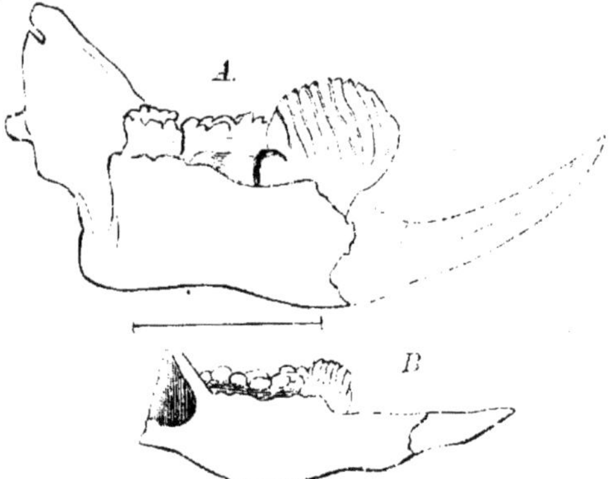

Fig. 3. — A Mâchoire inférieure de Neoplagiaulax.
B Mâchoire inférieure de Bettongia penicillata. D'après Lemoine.

chaîne reliant les Marsupiaux les plus anciens à ceux de la période actuelle. Dans l'Éocène inférieur des environs de Reims, Lemoine trouva la mâchoire inférieure d'un animal présentant, comme unique prémolaire, une dent sillonnée très apparente, et, en arrière, deux mâchelières tuberculeuses plus petites (fig. 3, A).

A cause de sa parenté évidente avec le Plagiaulax, il la désigna sous le nom de *Neoplagiaulax*, et la compara au Kanguroo nain, actuellement vivant en Australie, le Bettongia penicillata (fig. 3, B). Celui-ci possède de même une dent sillonnée, quoique moins apparente. Comme la forme éocène présente deux dents après la dent sillonnée, le Bettongia trois, il ne peut, en

(1) Nous nous servons ici, avec la plupart des paléontologistes, des mots prémolaires et molaires, bien que, d'après la manière dont se comportent les Marsupiaux vivants et dont il a été question plus haut, nous ne sachions pas exactement s'il est juste de dire que les dents des formes fossiles soient différenciées en dents de lait et en dents de remplacement.

aucune façon, être question d'une parenté directe, mais nous pouvons nous figurer le Bettongia uni au Plagiaulax par une ligne collatérale. Lemoine trouve aussi des rapports entre le Plagiaulax et le Microlestes, et étend ainsi la série depuis la période actuelle jusqu'à la formation triasique. L'observateur français découvre plus loin dans les molaires supérieures du surmulot des ressemblances avec des dents, trouvées isolément, et ayant vraisemblablement appartenu au Plagiaulax. Tout cela indique une époque extrêmement ancienne à laquelle se trouvent réunis les Marsupiaux, les Insectivores et les Rongeurs. Qu'au surplus le Plagiaulax ait été un Insectivore, cela nous semble peu admissible ; je conclurais plutôt au régime végétal, comme chez le Bettongia.

La discussion très vive qui s'est élevée, surtout parmi les naturalistes anglais, au sujet du genre de vie qu'implique la structure des dents du Plagiaulax, touche de même un des Marsupiaux du Diluvium, découvert par Owen.

Le nom qu'il lui donne, *Thylacoleo carnifex*, n'est que l'expression de sa conviction sur la nature carnivore de cet animal, dont la taille se rapproche de celle du Lion. Le crâne présente, comme d'ailleurs chez beaucoup de Marsupiaux, le caractère du développement considérable des incisives médianes. Les canines et les premières molaires sont placées très en arrière. Mais, après elles, on observe aux deux mâchoires une dent puissamment développée, comprimée latéralement, qui nous rappelle inévitablement la dent carnassière des grands félins actuels. Même les autres dents ne sont pas en opposition avec l'idée d'un régime carnassier, de sorte qu'ici non plus, nous ne comprenons pas les savants adversaires d'Owen qui veulent faire du Thylacoleo un animal herbivore. Nous pensons avec Owen qu'aucun des Marsupiaux carnassiers actuels ne présente dans sa dentition une concentration, et par suite une puissance semblables à celles du Thylacoleo, dans lequel le développement dans cette direction a été poussé au plus haut degré. Maintenant, ce Mammifère a-t-il des rapports de ressemblance avec le Plagiaulax, comme le prétend Cope? Abstraction faite de la question de régime, la transformation de la dentition du Plagiaulax en celle du Thylacoleo nous semble absolument invraisemblable, et la découverte du Neoplagiaulax nous a indiqué aussi une toute autre voie, issue du Plagiaulax.

Le Thylacoleo des couches australiennes nous reporte à l'époque du développement le plus puissant des Mammifères à régime carnassier; il fut suivi d'une rapide décadence ; il implique d'ailleurs une extension simultanée, non moins consi-

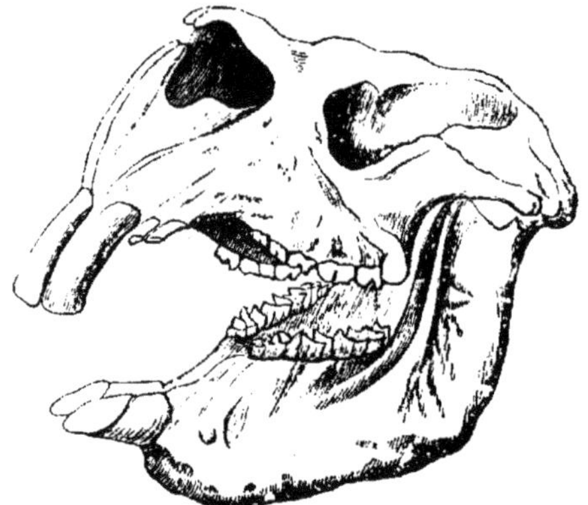

Fig. 4. — Crâne de Diprotodon anstralis. (1/10 *grand. nat*). D'après Owen.

dérable, des animaux herbivores, nécessaires à la nourriture des grands carnassiers. Nous connaissons au moins une de ces espèces dont le raisonnement nous oblige à admettre l'existence, le gigantesque *Diprotodon australis :* son crâne mesure près d'un mètre de longueur. C'est incontestablement un herbivore, à dentition spécialisée, ainsi qu'en témoignent des incisives toutes particulières et des molaires serrées les unes contre les autres, laissant en avant d'elles un espace vide très apparent. D'après les comparaisons fort remarquables d'Owen, faites à la manière de celles de Cuvier, le Diprotodon était un Kanguroo gigantesque, mais nullement organisé pour la course. Comme la plupart

des genres fossiles capables de déployer une force considérable,
monstrueux dans une certaine mesure, il n'a laissé aucune descendance directe; mais, avec lui vivaient réunies des formes
gigantesques, ayant la plus étroite analogie avec le Kanguroo,
telles que le Palorchestes dont le crâne mesure 40 centimètres.

Le groupe actuel des Wombats (Phascolomes), peu riche en
espèces, se trouve complété par de nombreuses espèces fossiles
de ce genre, et celles-ci sont en partie semblables pour la taille
aux espèces aujourd'hui vivantes, en partie beaucoup plus développées. Elles paraissent toutes s'être nourries de racines, de
substances végétales, car elles reproduisent avec une exactitude
frappante l'aspect des Marsupiaux rongeurs. C'est le genre

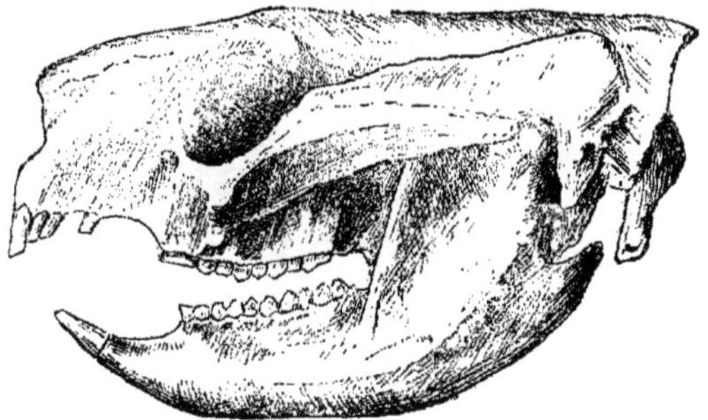

Fig. 5. — Crâne de Koala (*Phascolarctus fuscus*) (1/2 *gr. nat.*). D'après Owen.

Nototherium qui peut le mieux leur être comparé; cet animal
dépassait de beaucoup la grande masse des Marsupiaux actuels
par la disproportion de son crâne. Tandis que le crâne du *Phascolarctus fuscus* actuel mesure environ 19^{cm} 1/2, celui du
Nototherium Mitchelli mesure 46^{cm} 1/2 en longueur et 40^{cm} 1/2
en largeur (fig. 5, 6, 7). L'importance de ce dernier nombre
est due à l'énorme développement de l'arcade zygomatique.

Les molaires sont très analogues à celles du Diprotodon,
pourvues également d'une double saillie transversale; la for-
mule dentaire est aussi la même dans les deux cas, i $\frac{3}{1}$ c $\frac{0}{0}$ m $\frac{5}{5}$.

La forme et la structure des dents indiquent un régime herbivore, et non des habitudes analogues à celles des Wombats qui fouillent la terre pour se nourrir de racines.

Tous les Marsupiaux fossiles, décrits par Owen dans une œuvre magistrale (1), appartiennent à la période géologique la plus récente. On les trouve surtout à l'est et au sud-est de l'Australie, en partie dans des lits de fleuves, par exemple celui de la Condamine et de ses affluents, et dans des dépôts d'eau douce, en

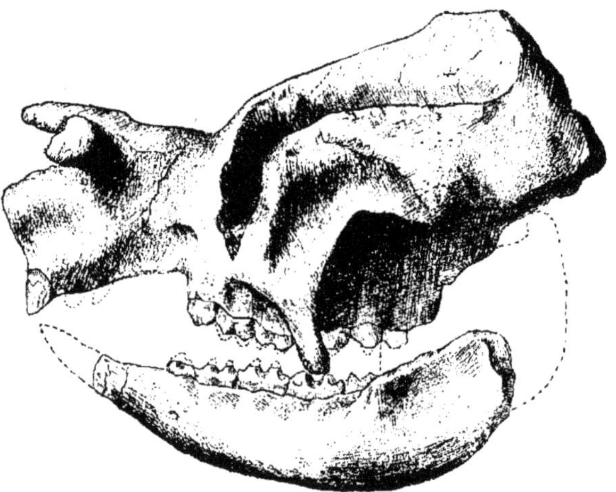

Fig. 6. — Crâne de Nototherium, vu de profil (1/6 *grand. nat.*). D'après Owen.

partie dans des cavernes. Très riche fut aussi la région dite « Darling Downs », voisine de la Condamine. C'est là que Leichhard recueillit des restes de Diprotodon ayant si peu l'air fossile qu'il formula l'espoir de rencontrer les animaux encore vivants dans l'intérieur du continent.

En terminant, nous revenons encore une fois sur la question de la parenté entre les Marsupiaux américains et australiens ; la Géologie, ainsi que nous l'avons exposé plus haut, ne nous donne à ce sujet aucun éclaircissement. De nombreux caractères,

(1) **Owen**, *Mammifères fossiles d'Australie* (Londres, 1877), avec 131 planches.

notamment le développement complet de la dentition, nous désignent les Didelphis comme la branche la plus ancienne. A cela s'ajoute encore un autre fait. D'après les observations les plus récentes de Bardeleben sur la structure comparée du tarse des Mammifères et de l'Homme, ce sont les Didelphis qui, par ce caractère, présentent la plus grande ressemblance avec les Vertébrés inférieurs. Tous les Marsupiaux américains — et leur nombre a été considérablement augmenté par Hensel, malheu-

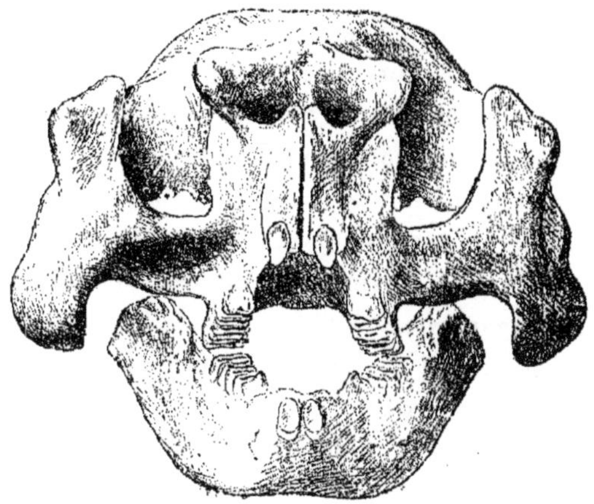

Fig. 7. — Crâne de Nototherium, vu de face (1/6 *grand. nat.*). D'après Owen.

reusement trop tôt enlevé à la science, — possèdent l'os caractéristique qui, il est vrai, ne manque pas complètement chez les espèces australiennes, mais est extrêmement variable et indique de plus récentes transformations. De plus, toutes les espèces américaines, dit Bardeleben, sont pourvues de cinq doigts. Les grandes formes de Marsupiaux, puis celles dont l'osselet intermédiaire n'est pas isolé, enfin celles dont le métatarse est réduit, se trouvent toutes en Australie. D'après cela, Bardeleben se croit autorisé à établir, comme très probable, cette hypothèse que ce n'est pas l'Australie, mais l'Amérique qui a été la patrie primitive des Marsupiaux. En Australie, après la séparation de ce lambeau du globe terrestre, les Marsupiaux se seraient ensuite sans doute dissociés et différenciés, et, dans une certaine mesure, auraient produit des formes d'une grande fixité.

Si l'on vient à comparer l'immense superficie du continent australien dont la Tasmanie, la Nouvelle-Zélande et la Nouvelle-Guinée ne sont que des lambeaux épars, avec celle d'un autre pays de même latitude, un contraste frappant fera ressortir la faune australienne si pauvre en Mammifères. L'éminent Ritter a été le premier, si je ne me trompe, à déclarer nettement, dans ses conférences sur l'Australie, et j'ai été assez heureux de les entendre autrefois, que cette partie du globe n'est pas, comme âge, la plus moderne, mais bien un continent resté stationnaire tant par sa faune que par sa flore. Dans cette uniformité des êtres vivants manquait donc la cause extérieure la plus importante pour la production de variétés nouvelles. En effet, plus est facile la lutte pour la vie, et moins est rapide le perfectionnement de l'organisme.

Aucun Marsupial ne s'est montré apte à la domestication ; il n'y a eu à espérer de ces animaux ni travail, ni lait, ni protection. Ces animaux fournissaient simplement aux habitants nomades primitifs, sorte d'espèce humaine très dégradée, une chair qui ne convenait pas à leurs natures trop exigeantes ; c'est pour cette raison déjà que ces hommes primitifs se sont trouvés arrêtés au seuil même de la civilisation : ils sont restés étrangers à toute obligation de mener une vie sédentaire et à toute impulsion vers l'agriculture, deux choses intimement liées à la domestication et l'élevage des animaux.

CHAPITRE III

L'éminent craniologue Gratiolet, ainsi que nous le raconte
M. Gaudry, comparait les paresseux à des vieillards, d'une dé-
marche extrêmement lente, aux os de la main immobilisés, et
dont toutes les dents, sauf quelques molaires mal constituées,
ont disparu. Si aux paresseux nous joignons les fourmiliers, les
tatous et les pangolins, qui se prêtent à des comparaisons analogues, et si nous cherchons à établir scientifiquement les caractères de parenté de cette singulière famille, nous nous trouvons
en face d'une réelle difficulté. Certes, comme leur nom l'indique, ces Mammifères ont tous de mauvaises dents, une dentition très appauvrie, quelquefois même nulle ; la plupart du temps
les molaires sont semblables, mal implantées, dépourvues
d'émail ; d'autre part leur cerveau est très peu volumineux, et
la surface supérieure des hémisphères cérébraux complètement
lisse ; mais cette dernière particularité, nous la retrouvons dans
d'autres ordres inférieurs de Mammifères. Un examen attentif
montre qu'il n'y a pas non plus grande conclusion à tirer de
la similitude de forme des doigts chez ces animaux. Un des paresseux, l'aï, a trois doigts ; un autre, l'unau, deux ; les méga-
thériums trois et quatre ; les fourmiliers et les tatous le plus
souvent cinq en avant. Les uns sont fouisseurs, les autres grim-

peurs; les uns sont plantigrades, d'autres marchent sur le côté externe du pied ; au lieu d'un revêtement tégumentaire pileux très abondant, les tatous et les pangolins possèdent des écailles osseuses et cornées. Ces derniers, ainsi que les fourmiliers, vivent de vers et d'insectes ; les paresseux sont, au contraire, des herbivores très nettement différenciés.

Il résulte déjà de ces considérations superficielles, et l'étude spéciale du groupe justifie ces conclusions, que les Édentés actuels ont entre eux des rapports tout à fait différents de ceux des individus des autres ordres, excepté toutefois les Marsupiaux et les Prosimiens. Ce quelque chose de particulier qui établit un lien entre les divers Édentés et que notre systématique est dans l'impossibilité d'exprimer par quelques paroles claires et précises, ne peut avoir pour nous un sens nettement défini qu'autant que nous connaîtrons l'histoire géologique complète de ces animaux.

Malheureusement nous ne réalisons pas ici cette condition. Déjà la distribution géographique du petit nombre de genres actuellement existants indique que leur période primitive d'apparition est extrêmement reculée. Si nous admettons que les pangolins africains et asiatiques, les oryctéropes africains, les fourmiliers, les paresseux et les tatous du Nouveau-Monde vivaient autrefois réunis, il nous faut aussi relier entre eux les trois continents.

Des combinaisons, d'ailleurs sans aucun fondement, n'ont pas manqué pour établir entre les continents des sortes de ponts à l'usage de ces Édentés primitifs si introuvables, mais très probablement mieux organisés que ceux d'aujourd'hui pour les migrations, et cela au moins depuis la période tertiaire ; les mêmes voies auraient servi aux Oiseaux du groupe des Struthionés, qu'une semblable répartition géographique rend tout aussi énigmatiques. Mais la géologie n'a pas encore pu nous donner son approbation sur ce point. L'Amérique seule nous montre, dans les périodes géologiques les plus récentes, la richesse de formes des Edentés. En Europe on en a trouvé au moins des traces qui justifient cette conclusion que, là où vivaient isolées quelques-unes de ces formes aberrantes, devaient exister aussi, soit à la même période, soit aux périodes géologiques antérieures, d'autres formes de la même branche.

Le polymorphisme des Édentés de l'Amérique du Sud s'explique par la masse plus grande encore des formes diluviennes, en partie gigantesques. Plusieurs de ces formes habitaient les régions mêmes, occupées encore aujourd'hui par leurs descendants, bien que ceux-ci ne soient pas leurs descendants directs. Nous en trouvons d'autres rejetées davantage vers le nord, sans que l'on puisse dire avec certitude si, à cette époque déjà, les plus proches parents de ce groupe zoologique se trouvaient comme aujourd'hui dans les régions du sud, celles-ci formant le centre de dispersion, et se sont maintenus là jusqu'à l'époque moderne, ou bien si une migration opérée du nord au sud a été la cause de leur distribution actuelle.

Les membres de nos paresseux, dont la nourriture consiste en feuilles, sont organisés d'une manière si parfaite pour se cramponner aux branches, des dispositions toutes spéciales de l'appareil circulatoire (réseaux admirables) leur permettent de se tenir si facilement dans l'immobilité la plus complète pendant des heures et même des jours entiers, et dans les positions les plus incommodes, que l'aptitude à la locomotion terrestre a disparu presque complètement chez eux. Les plus proches parents des paresseux, notamment des genres Bradypus et Choloepus, sont le *Megatherium* et le *Mylodon*, Édentés gigantesques trouvés dans les couches diluviennes de l'Amérique du Nord et du Sud. E. d'Alton, en 1821, dans sa monographie classique, nous donne une description et une figure du premier de ces deux genres; il nous le présente comme un paresseux gigantesque. A côté de ce puissant animal dont le squelette mesure 14 pieds de long et 7 de haut, le Rhinocéros lui parut gracieux, l'Éléphant léger et svelte, l'Hippopotame bien conformé. Le corps, d'une largeur monstrueuse, porte un crâne petit (fig. 8), qui ressemble d'une manière frappante à celui des Édentés actuels du groupe des paresseux. Toutefois l'arcade zygomatique qui,

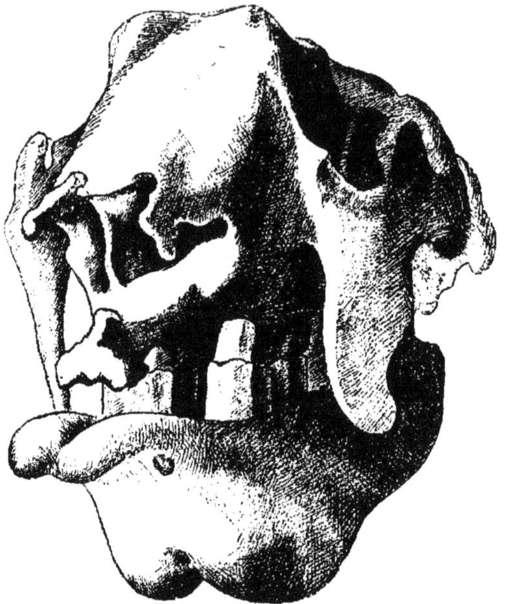

Fig. 8. — Crâne de Megatherium (1/10 *grand. nat.*). D'après d'Alton.

chez le Mégathérium, est solidement unie à l'os temporal, n'atteint pas cet os chez le Paresseux actuel (fig. 9); mais chez l'un et l'autre, cette partie du squelette se distingue par une forte apophyse dirigée vers le bas. Les dents de l'animal fossile, au nombre de seize, sont serrées les unes contre les autres dans la région des joues proprement dites; celles de l'animal vivant sont un peu plus dissociées. Mais, dans les deux genres, elles accusent des habitudes paisibles d'herbivores, et le crâne, dont le type présente une concordance indéniable dans tout le groupe, ne laisse qu'une faible place à l'encéphale, même chez le Mégathérium.

Mais, quelle différence dans les membres! Owen, dans un

remarquable travail, a exposé leur structure et leur usage dans les deux genres Mégathérium et Mylodon, ainsi que le mode de vie de ces animaux. Nous intercalons ici ce dessin du paresseux des temps géologiques, qui complète nos connaissances sur les êtres actuels de ce groupe, mais sans donner, de ces derniers, aucune explication directe. Voici ce que dit Owen (1) dans sa description minutieuse des diverses parties des membres : « La méthode qui consiste à considérer la structure et les

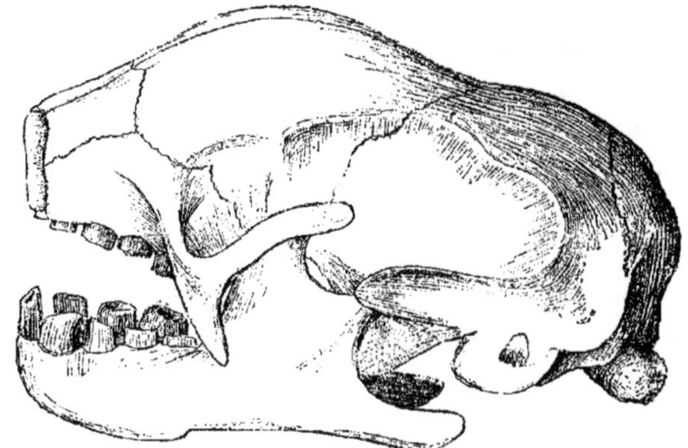

Fig. 9. — Crâne de l'Aï (*grand. nat.*).

parties du corps, en vue de la détermination de leurs fonctions, est fort avantageuse lorsqu'il s'agit d'arriver à la connaissance du genre de vie des animaux éteints ; elle donne en particulier des résultats très remarquables lorsque nous l'appliquons au squelette des Mégathériens. Les dents de ces Édentés gigantesques sont tellement semblables à celles des genres vivants que l'on en conclut nécessairement que leur nourriture consistait également en feuilles et non en racines. Mais tandis que les paresseux de l'époque actuelle de petite taille, à corps élancé, sont organisés d'une manière très remarquable pour grimper, pour se suspendre, et passent toute leur vie sur les arbres, les espèces fossiles gigantesques se procuraient les

(1) Owen, *Anatomie comparée et physiologie des Vertébrés.* II, 413.

feuilles d'une tout autre manière. La grosse griffe des membres postérieurs (1) servait de pioche pour creuser la terre entre les ramifications des racines et la rejeter ensuite. Une deuxième griffe n'aurait pu être ici d'aucune utilité (2).

« La structure du pied donne précisément au doigt correspondant à la griffe une grande puissance ; la luxation en est pour ainsi dire impossible. Les autres parties du tarse et du métatarse se réunissent pour donner au pied la force qui lui est nécessaire pour supporter l'énorme pression de toute la masse qui repose sur lui ; la griffe est dans une position telle qu'elle ne touche pas la terre par la pointe, mais par toute la face latérale. Les os de la jambe et de la cuisse se distinguent par leur grande épaisseur et particulièrement par la valeur énorme du rapport de la largeur à la longueur. On rapporterait plutôt aux os plats qu'aux os longs le fémur du Mylodon aussi bien que celui du Mégathérium. Ces sortes de piliers osseux étaient rendus nécessaires par le poids énorme du très large bassin de ces animaux. Toutes les particularités de cette partie du corps sont en rapport avec l'extension des os ilions ; elles sont incompréhensibles si l'on ne se figure pas ces derniers, par leurs diverses apophyses, en relation avec des muscles puissamment développés ; c'est ainsi que des muscles, partant de la crête iliaque, concentraient presque toute leur puissance sur les membres antérieurs (3). Il en résulte que ces membres sont adaptés à un usage tout à fait exceptionnel. D'ailleurs les conclusions tirées de la dentition et de la griffe des membres postérieurs nous montrent que ces Édentés des temps géologiques abattaient des arbres, brisaient

(1) C'est la griffe du doigt du milieu. Les trois autres doigts semblent avoir été pourvus d'une sorte de sabot.

(2) Le lecteur, à qui cette manière de voir paraîtra peut-être quelque peu subtile, ne doit pas oublier qu'Owen est un théologien très prononcé.

(3) Cela ne signifie pas « sur les membres antérieurs eux-mêmes, sur l'omoplate, sur le bras », mais « sur la partie du tronc correspondant aux épaules. » Il s'agit par conséquent de muscles qui s'étendent le long du dos et dont la fonction est de relever le tronc ; les membres antérieurs sont alors amenés à une position telle qu'ils sont libres de tous leurs mouvements.

des branches. Pour que pareille chose fût possible, il fallait au bassin un soutien considérable. Or, aux membres postérieurs qui supportent toute la charge de ce bassin vient s'ajouter précisément une queue d'un tel développement qu'elle sert de troisième point de soutien, de sorte que le bassin repose sur une sorte de trépied. Indépendamment de ces considérations rétrospectives sur l'usage des parties postérieures du squelette, nous voyons que cet immense bassin est d'un tel poids avec son appendice caudal, qu'il nécessite la structure et les rapports que nous avons observés dans les membres postérieurs ; et réciproquement ces derniers supposent une forme et une masse correspondante des parties qu'ils sont destinés à supporter.

« Mais, ce qui reste incompréhensible, c'est l'ensemble des rapports qui relient cet extrême développement des membres et des parties qu'ils supportent à une autre aptitude, tirée du genre de vie.

« Dès que l'on reconnaît la corrélation intime qui existe entre les os si développés de la partie postérieure du squelette et les muscles qui indirectement mettent en mouvement les membres antérieurs, les os fournissant aux muscles de solides points d'appui et leur donnant toute la puissance nécessaire pour déraciner un arbre, alors la disposition et la structure de ces os s'explique d'elle-même.

« La connaissance de la conformation du membre postérieur nous éclaire en même temps sur l'extension des insertions musculaires qui en dépendent et que l'on trouve aux diverses apophyses de la large omoplate. La nécessité s'impose donc de consolider les épaules par des clavicules complètes, insérées d'une part à l'extrémité supérieure, élargie du sternum, d'autre part aux apophyses acromion et coracoïde de l'omoplate soudées entre elles. Le pied de devant est pourvu de trois fortes griffes, permettant de saisir facilement les troncs et les branches. Pour permettre à ces griffes de servir à des usages variés, l'avant-bras peut exécuter librement les mouvements les plus dissemblables,

de même qu'un bras terminé par une main. Un arbre est-il
renversé, les feuilles peuvent être cueillies directement par
l'animal ; nous trouvons, en effet, une harmonie parfaite entre
les prévisions qui découlent de la forme et de la structure du
crâne, relativement à la taille, à la force et à la souplesse de la
langue, ainsi qu'à son aptitude à la préhension, et les conclusions
téléologiques indiquées plus haut. Les Mégathériens broutaient
donc les feuilles dont ils se nourrissaient à la manière des
girafes. Les sillons de la couronne des molaires nous font connaître encore une autre aptitude chez ces animaux énormes
ainsi accroupis sur le sol, celle de broyer d'autres parties de la
plante que la feuille, par exemple des portions de branches ou
de rameaux. Il ne nous manquait plus que des preuves de ce
qui pouvait arriver à de pareils êtres lorsqu'ils étaient atteints
par un arbre déraciné : c'est ce que nous montre le squelette de
Mylodon du muséum de Hunter, au-dessus de la cavité orbitaire
droite et à la partie inféro-postérieure du crâne. » Ceux qui sont
familiarisés avec toutes les déductions relatives à la chute des
arbres ne trouveront pas extraordinaire cette ingénieuse explication des fractures du crâne dans l'exemplaire très remarquable de la collection de Hunter.

Ces considérations, jointes aux observations faites sur les
Bradypodidés actuels, jettent, il est vrai, un grand jour sur la
structure et les habitudes des individus fossiles de la même
famille ; mais elles ne nous disent rien sur les ancêtres réels des
paresseux actuels du Brésil. Pour donner une explication de leur
origine, on a souvent invoqué l'idée que les paresseux vivant
aujourd'hui ne sont que les survivants d'une famille qui, à
l'époque diluvienne, avait atteint un colossal développement ;
elle serait absolument incompréhensible, si l'on voulait considérer les Bradypus comme des Mégathériens très réduits, vivant
sur les arbres, où ils trouvent un refuge assuré. Dans ces deux
derniers groupes les membres sont arrivés à des constitutions
extrêmes qui écartent toute idée de passage de l'un à l'autre ; ils

nous ramènent toutefois à une forme primitive unique, mais que toutes les observations paléontologiques faites jusqu'aujourd'hui ont été impuissantes à nous montrer.

Les Tatous actuels, eux, se rapprochent des Glyptodontes diluviens, mais davantage par la taille que par la structure. Ce groupe des Armadilles comprend des animaux fouisseurs se nourrissant de vers, d'animaux articulés ; si l'on considère la distance qui sépare les divers genres de la famille, au point de vue du laps de temps nécessaire à leur évolution, on est tenté de lui attribuer une valeur beaucoup moindre que ne comporte une appréciation rigoureuse des dissemblances. C'est ainsi que le Chlamydophorus, qui habite les régions voisines de la Plata, diffère tellement du tatou proprement dit ou Dasypus, malgré la plus grande apparence de parenté, que, entre ces deux genres, il doit y avoir toute une série de formes de passages dont l'évolution n'a pas nécessité moins de plusieurs périodes géologiques.

Pour l'exacte appréciation de ces considérations et de toutes celles qui, dans la suite, se rapporteront à des cas analogues, il est important d'expliquer notre manière de voir, en l'appliquant à un exemple tangible. Admettons qu'aujourd'hui encore, à côté de notre Cheval pourvu d'un seul doigt, existe le Cheval muni de trois doigts, l'Hipparion. Cet Équidé fossile possédait, en effet, de chaque côté d'un doigt médian correspondant au doigt unique du Cheval actuel, un autre doigt complètement développé, mais plus petit, élevé au-dessus du sol et par suite sans aucune fonction. Ce n'est pas là une supposition complètement dénuée de fondement, car, de même que le Cheval à un doigt d'Amérique s'est éteint sous l'influence de circonstances spéciales, de même l'effet de ces dernières pouvait être de faire subsister quelque part en Europe ou en Asie la forme à trois doigts à côté des races passant peu à peu à la forme à un seul doigt. Supposons que le fait se soit produit ; il est certain que le profane songerait à peine à apprécier le temps qui fut nécessaire à la constitution du Cheval actuel. Déjà, dans le miocène supérieur, l'Hipparion disparaissait de la surface du globe, et, même immédiatement avant l'état actuel des choses, notre Cheval n'était pas encore complètement constitué, ainsi que nous le montre la race décrite sous le nom de *Equus Stenonis*, considérée autrefois comme identique à lui. Nous reviendrons plus loin sur ce point important. Le laps de temps qui a été nécessaire pour la disparition des deux doigts latéraux, ainsi que des os métatarsiens (il n'en reste que deux rudiments, les stylets métatarsiens), bien que ne nous reportant qu'à l'époque miocène, a dû certainement être d'une immense durée. Et cependant les transformations du pied du Cheval, les modifications corrélatives de sa dentition, produites pendant cette longue série de siècles, ne sont rien en comparaison des différences des animaux qui nous occupent dans ce chapitre. Il y a encore un point à considérer pour l'évaluation approximative du temps. Dans l'exemple de la série des Chevaux, il s'agit moins de formations nouvelles que de parties de l'organisme restées sans usage, et ces dernières, poids inutiles, se transmettent dans la suite des temps avec la plus grande fixité. Les transformations se produisent incontestablement plus vite lorsque ce sont, non pas de nouveaux organes qui se développent par adaptation, mais bien lorsque des organes déjà existants se modifient ultérieurement. C'est ainsi que des pieds marcheurs deviennent pieds grimpeurs, et que des ossifications insensibles de la peau s'étendent en grosses plaques et en carapaces.

S'il nous faut concevoir un laps de temps considérable, remontant certes aussi jusqu'à la période tertiaire, pour déduire l'un de l'autre le Tatou et le Chlamydophorus, il n'a pas fallu une durée moins longue pour que la branche des Glyptodontes pût surgir du tronc commun. Les mêmes latitudes de l'Amérique du Sud, où vivent les Tatous actuels, hébergeaient pendant la période diluvienne le genre *Glyptodon*, de taille colossale et différencié en plusieurs espèces. La plus riche collection des

restes fossiles, d'ailleurs très complets, de cet animal se trouve
à Buenos-Ayres. Elle a été décrite d'une manière savante par
Burmeister, autrefois professeur à Halle, établi en Amérique
depuis une trentaine d'années environ (1). Ce travail a pu être
fait aussi complètement que s'il s'était agi de la description du
squelette des animaux vivants les plus communs. Le *Glyptodon
claviceps* mesure 2^m,80 depuis la bouche jusqu'à l'extrémité de
la queue. Une carapace de 1^m,50, d'une seule pièce, couvre le

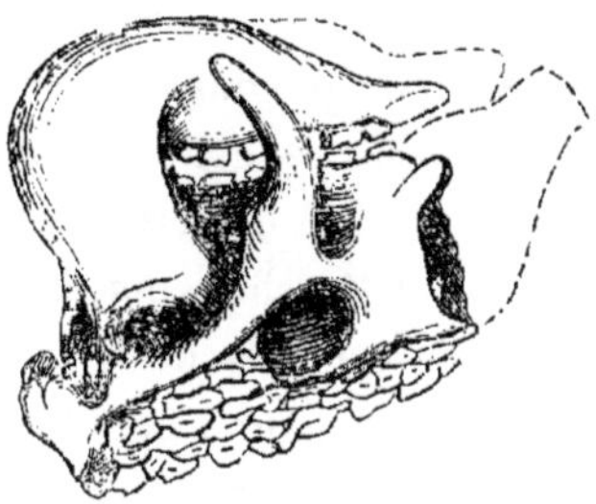

Fig. 10. — Tête de Glyptodon claviceps (1/10 *grand. nat.*). D'après Burmeister.

dos et les flancs de l'animal. Non seulement par la structure des
dents, mais par la forme toute particulière des arcades zygo-
matiques, le crâne montre une ressemblance indéniable avec
les paresseux ; au contraire, par la structure des membres, il se
rapproche des tatous. Cet animal recherchait probablement sa
nourriture en fouissant la terre, et se tenait caché dans les cavernes; sa carapace dorsale, analogue à celle d'une immense
tortue, la carapace de la tête, les vertèbres caudales soudées en
une sorte de cornet le préservaient avantageusement contre les
attaques des puissants carnassiers, si toutefois il pouvait, comme
les tatous, replier la tête sous la poitrine. Les fourmiliers ont
eu un ancêtre dans le *Glossotherium*. Une autre forme gigantesque des couches diluviennes de l'Amérique du Sud, mais sans
descendants à l'époque actuelle, est le *Toxodon;* son crâne
mesure 0^m,60; sa dentition est très nombreuse; cette forme se
rapproche cependant du type Édenté. Dans son isolement ce

(1) Burmeister, *Annales del Musco publico de Buenos-Ayres*, 1864, fig.

genre ne jette de lumière, ni sur l'existence de ses contemporains, ni sur aucun point de l'histoire de la période actuelle ; il nous laisse de plus dans l'impossibilité de concevoir d'une manière tant soit peu suffisante l'intensité de la vie tout autour de lui à son époque.

Les couches tertiaires de l'Amérique du Sud, qui, en général, ne nous ont fourni que peu de documents paléontologiques, n'ont donné jusqu'aujourd'hui aucun Édenté. Dans l'Amérique du Nord on trouve des formes isolées, par exemple le Moropus, de la taille des Tapirs, jusque dans le terrain miocène. Ce fait, ainsi que la présence très fréquente de débris de Mégathériens pendant la période de passage du tertiaire récent de Nebrasca au Diluvium, déterminèrent Marsh à combattre l'opinion généralement répandue que les Édentés diluviens avaient quitté leurs régions originaires du sud pour s'étendre vers le nord ; il considère comme beaucoup plus vraisemblable l'idée d'une migration inverse.

En Europe, les découvertes d'Édentés fossiles sont peu nombreuses. Nous connaissons dans le Miocène moyen de Sansan le *Macrotherium*, pourvu de griffes rétractiles tout à fait caractéristiques. Cet animal pouvait être grimpeur, au moins d'après les rapports d'organisation de ses membres ; mais cette idée est difficilement acceptable. D'après Gaudry, en effet, cet Édenté n'aurait pas rencontré souvent, à cette époque, des arbres assez puissants pour un pareil genre de vie. Le gisement inépuisable de Pikermi (miocène supérieur) a fourni un grand Édenté, l'*Ancylotherium*. Enfin, quelques restes de l'Éocène supérieur du Quercy justifient les conclusions auxquelles nous mènent la théorie et le bon sens. Dans l'ensemble, les documents relatifs à cet ordre de Mammifères de la faune actuelle, considérés aux divers âges géologiques, nous manquent passablement, surtout lorsqu'il s'agit de démontrer l'origine des genres, et lorsque les déductions généralement admises ne contentent pas suffisamment notre esprit.

CHAPITRE IV

La classification courante des Mammifères vivants, pourvus de
sabots, en Ongulés à quatre doigts, deux doigts et un doigt, paraît
aussi naturelle, aussi compréhensible, que facile pour un coup
d'œil d'ensemble du groupe. On s'aperçoit bien vite qu'elle ne peut
rendre aucun service et qu'elle est basée sur un mauvais critérium, dès que l'on essaye de la mettre en harmonie avec les
principes fondamentaux de la science moderne et avec les documents progressivement acquis par la paléontologie. Dans
aucun autre groupe, des individus fossiles n'ont été découverts
en aussi grand nombre ; jamais tant de séries de formes ne sont
arrivées à se développer depuis les temps, même les plus reculés
de la période tertiaire, jusqu'à l'époque actuelle ; de sorte que
cette idée d'un auteur récent : « Le genre Cheval est le véritable
Cheval de parade de la Théorie de l'évolution », peut être effectivement appliquée au groupe entier des Ongulés.

Tous les animaux actuels sont le résultat de l'évolution d'une
forme primitive ; mais il n'est pour ainsi dire point d'exemple
où le processus de l'évolution apparaisse, comme ici, d'une manière aussi évidente ; on y observe le passage de dentitions plus
complètes, moins spécialisées, ayant appartenu à des Omnivores,
à la dentition toute spécialisée de notre Cheval et de nos Rumi-

nants; en outre, la disparition progressive des doigts, depuis les formes ancestrales primitives ou Protungulés, pourvues de cinq doigts, jusqu'aux Ruminants à deux doigts et aux Équidés qui n'en possèdent plus qu'un seul.

Le principe qui doit servir de base à une systématique rigoureuse a été établi depuis longtemps déjà par Owen qui divisait l'ensemble des animaux ongulés en Ongulés à doigts impairs et à doigts pairs. Ce n'est pas le nombre absolu de doigts qu'il faut prendre comme critérium, mais la répartition de la masse du corps sur les parties terminales des membres; en d'autres termes les rapports de l'axe longitudinal de la jambe avec le doigt médian. Les Ongulés à doigts impairs ou Périssodactyles sont ceux chez lesquels le prolongement de l'axe passant par le bras et l'avant-bras, ou la cuisse et la jambe, rencontre le doigt du milieu, et cela, qu'ils aient cinq, quatre, trois doigts ou un seul doigt indistinctement; dans ce cas, il est évident que chez les formes à trois, quatre et cinq doigts, c'est le doigt du milieu qui supporte la plus grande charge. Les Ongulés à doigts pairs ou Artiodactyles sont, au contraire, ceux chez lesquels le même axe passe entre le doigt du milieu et le quatrième; par conséquent ces deux doigts de prime abord sont plus actifs que leurs voisins, et la charge principale du corps est à peu près également réparties entre eux. Ils se développent peu à peu dans l'accomplissement de cette fonction de soutien, tandis que les autres doigts, soumis à un travail moins pénible, finissent par rester sans emploi et disparaissent ensuite progressivement. Nous nous sommes expliqué plus haut sur le sens de la spécialisation de la dentition et sur la simplification graduelle des membres, déterminée par la transformation régressive et la disparition complète des doigts; nous avons vu qu'elles répondaient à un perfectionnement, opéré en vue de l'accomplissement de travaux spéciaux. Il va sans dire que, dans cette dégénérescence plus ou moins complète des doigts, le métacarpe et le métatarse, le carpe et le tarse, les os de l'avant-bras et de la jambe, prennent aussi leur part, en même temps que les muscles et les autres parties molles.

Kowalewsky a appelé l'attention sur un phénomène extrêmement intéressant, relatif aux os du carpe et du tarse, et d'après lequel il distingue, parmi les Ongulés à doigts en partie rudimentaires, ou en partie disparus complètement, des formes *adaptives* et *inadaptives*. Cette discussion de l'auteur russe a pour but de jeter quelque lumière sur l'extinction de nombreuses branches collatérales de la classe des Mammifères; car, au

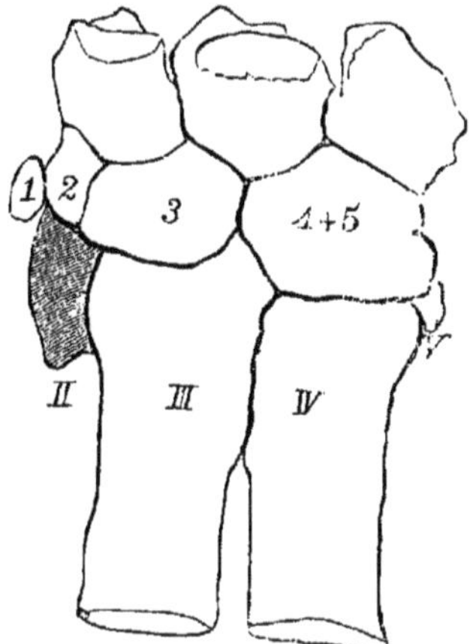

Fig. 11. — Membre ant. gauche d'Anoplothcrium. D'après Kowalcwsky.

sujet de ces dernières, nous nous contentions jusqu'alors, un peu forcément il est vrai, de l'hypothèse généralement admise que ces branches avaient succombé dans la lutte pour la vie. Voici ce dont il s'agit : le pied primitif (voyez fig. 1, p. 27), pourvu de cinq doigts, présente dans la deuxième série d'os du tarse (1) un os pour chaque doigt. Les doigts extrêmes viennent-ils à disparaître, il peut se présenter, relativement aux deux os tarsiens correspondants de la deuxième série, deux cas distincts.

(1) Sous le nom de pied, nous désignons ici le membre postérieur; pour la main, nous nous servons de l'expression de membre antérieur.

Ou bien ces os s'atrophient en même temps que les doigts ; ou bien ils subsistent pour se mettre au service des doigts non modifiés, c'est-à-dire qu'ils s'adaptent aux transformations survenues dans le pied et contribuent avantageusement à développer la puissance et la mobilité des doigts restants. A ce dernier point de vue les exemples donnés par Kowalewsky jettent un grand jour sur la question. Dans l'*Anoplotherium* du terrain éocène (fig. 11) le premier doigt manque jusqu'au carpe,

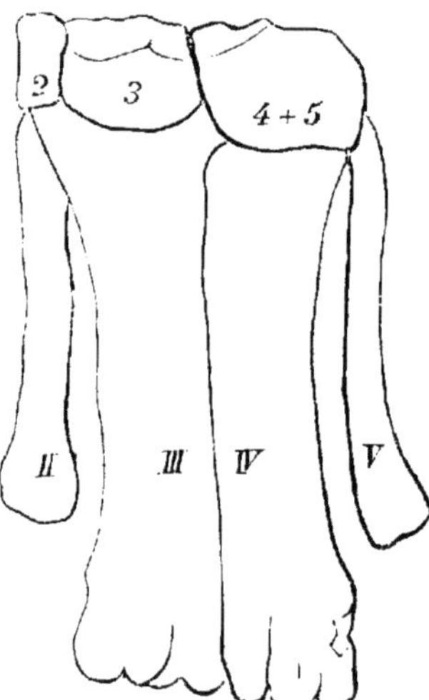

Fig. 12. — Membre ant. gauche de Pécari. D'après Kowalewsky.

mais l'os carpien correspondant (fig. 12) est resté très réduit ; il n'a plus aucun usage. Le deuxième doigt est pourvu encore de son os métacarpien, mais raccourci (II), et de son os carpien (fig. 12), tous deux sans usage. Comparons maintenant cette région du membre antérieur de l'Anoplotherium à celle du Pécari, genre américain actuel (fig. 12) ; nous verrons que le premier doigt avec son os du carpe (fig. 12) a complètement disparu. Le deuxième doigt dont le métacarpien est représenté sur la figure (II) est incontestablement en voie de dégénérescence, et a abandonné le contact du sol ; mais son os carpien (fig. 12), fait remarquable, n'est pas resté, comme chez l'Anoplotherium, un os superflu ; il s'est mis au service du troisième doigt, un des deux plus développés (III, IV) : il s'est adapté à de nouveaux rapports d'organisation, progressivement acquis. La figure montre que les deux animaux se comportent de la même manière relativement aux quatrième et cinquième os du carpe. Le cinquième doigt, qui chez le Pécari a subi une régression comme le deuxième et qui, chez l'Anoplotherium, n'est plus représenté que par un vestige de l'os métacarpien, est encore inséré sur le cinquième os du carpe (fig. 12). Mais celui-ci se trouve presque complètement en rapport et au service du quatrième doigt et s'est soudé avec l'os voisin (fig. 12).

Kowalewsky se croyait autorisé à dire que les formes inadaptives du type de l'Anoplotherium n'ont eu en général qu'une existence courte, et qu'elles n'ont éprouvé de variations que dans des limites restreintes ; au contraire, les formes adaptives portaient en elles des dispositions préalables et une organisation plus avantageuse, ainsi qu'en témoignent leur persistance et leur transformation continue jusqu'à l'époque actuelle.

Filhol a exprimé une opinion contraire, relativement au genre *Anoplotherium*, si souvent pris en considération. Ce genre aurait formé dans l'éocène supérieur un grand nombre de sous-genres et d'espèces. L'auteur laisse à penser que la brusque disparition des Anoplothériens, restés sans descendants certains, pouvait être aussi bien la conséquence d'une migration que d'une extinction générale. Néanmoins l'opinion de Kowalewsky a cet avantage qu'elle n'est pas une simple probabilité, mais qu'elle a pour base une déduction scientifique plausible.

Les origines des Ongulés sont restées, jusque dans ces dernières années, entourées des mêmes obscurités que celles de tous les autres ordres de Mammifères. Ce n'est qu'en 1884 que Cope nous a fait connaître une forme réellement primitive de ces animaux (1). Ce zoologiste, très heureux dans toutes ses découvertes, éminemment apte aux combinaisons, émit en 1874 cette hypothèse que le type primitif des Ongulés devait être pourvu de cinq doigts et de dents mamelonnées. Peu après, il découvrit que le *Coryphodon* justifiait son hypothèse par la structure terminale de ses membres, mais que les dents n'avaient pas la forme prévue par lui. Il établit d'après ces caractères l'ordre des *Amblypoda*.

Déjà en 1873 il avait décrit le genre *Phenacodon*, pourvu de dents analogues aux dents mamelonnées des Porcins, mais il ne put déterminer d'une manière précise la place de cet intéressant animal et de ses proches parents qu'après avoir étudié les précieux matériaux que lui avait fournis le gisement éocène du Wasatch dans le Wyoming et celui de Puerco dans le Nouveau-Mexique. Le Phenacodon correspond bien au type prévu autrefois par l'auteur; sa formule dentaire est i. $\frac{3}{3}$, c. $\frac{1}{1}$, pm. $\frac{4}{4}$, m. $\frac{3}{3}$. « Ces *Condylarthra,* nous dit l'auteur, sont les Ongulés primitifs; ils existaient vraisemblablement déjà pendant la période crétacée. On voit, par cet éclaircissement, quels documents importants l'on peut recueillir et mettre en lumière, dans la voie de ces incessantes recherches scientifiques.

« Avant la découverte de ce fait capital, l'histoire et les rapports de parenté de la grande subdivision des Ongulés, dans les diverses stases géologiques, n'étaient qu'une page blanche. On connaissait quelques formes faiblement spécialisées, et les rapports de parenté de ces formes avec les deux ordres des Proboscidiens et des Hyracidés et entre elles-mêmes ne permettaient de dégager aucune probabilité. Aujourd'hui la descendance est connue par le point fondamental et il n'est pas difficile d'établir le lien généalogique de la souche avec les divers ordres d'Ongulés. »

(1) *The Condylarthra. Amer. Naturalist,* 1884.

Nous aurons occasion plus loin de revenir sur les rapports des
Éléphants et des Damans avec ces formes primitives. Arrêtons-
nous encore quelques instants au Coryphodon, qui mérite une

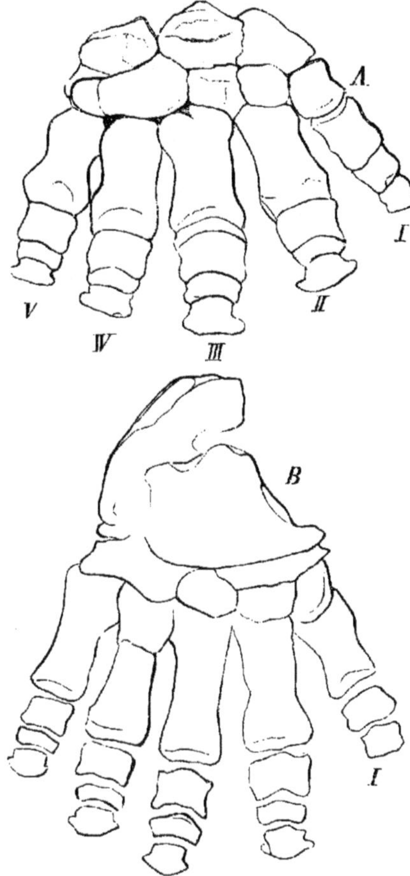

Fig. 13. — Coryphodon. Membre ant. et post. droits (1/6 *grand. nat.*).
D'après Cope.

attention toute particulière, parce que, des nombreux Ongulés
gigantesques du tertiaire des Rocky-Mountains, c'est le seul
genre qui autrefois était répandu aussi en Europe. Cet ani-

mal avait à peu près la taille du Rhinocéros. Les cinq doigts sont complets (fig. 13); mais le premier (I) et le dernier (V) sont apparemment plus faibles; le troisième (III), bien que d'habitude on n'appelle pas l'attention sur ce point, me semble le plus fort, et, d'après la disposition nettement centrale de ce dernier par rapport à l'axe de la jambe, ce serait, plutôt que le

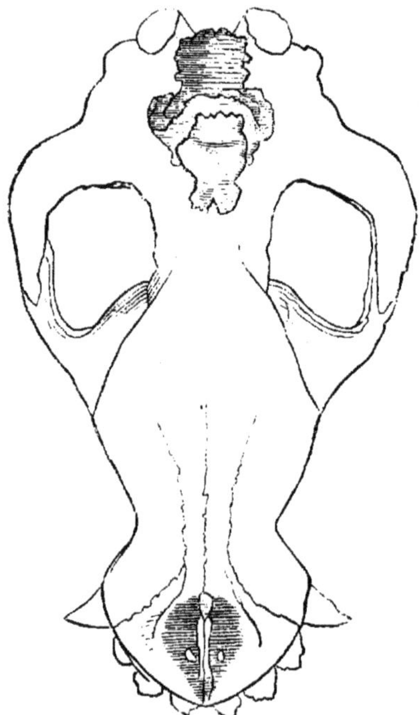

Fig. 14. — Coryphodon. Crâne avec cerveau (1/5 *grand. nat.*). D'après Marsh.

type pariongulé, le type impariongulé qui se différencierait, dans le cas d'une évolution ultérieure (non encore commencée) du genre, avec réduction correspondante des membres. La structure du pied, autant qu'on peut en préjuger, m'apparaît ainsi périssodactyle.

Comme les membres, la tête de cet Ongulé très ancien n'a dans sa forme rien de particulièrement extraordinaire. La

dentition complète (44 dents) indique un régime varié. Mais l'encéphale, dont la surface externe a pu être reproduite en moulage
d'après des échantillons de crânes bien conservés, indique un
type très inférieur, tant par son faible développement que par
la surface complètement lisse des hémisphères cérébraux. Il a
toujours été considéré comme le type le plus dégradé, par son
encéphale qui se rapproche plus qu'aucun autre de celui des
Reptiles. Le diamètre des hémisphères est à peine plus accentué
que celui de la moelle; c'est le cerveau moyen qui est la
partie la plus large. La forme et les rapports des nerfs olfactifs
rappellent aussi les Vertébrés inférieurs. La longueur des hémisphères n'est que la quinzième partie de celle d'un crâne de
Tapir de même taille; leur volume n'en atteint guère que la
vingt-septième partie. De telle sorte que cet encéphale du
Coryphodon a plutôt l'aspect de celui d'un Saurien que d'un
Mammifère quelconque actuellement vivant.

Depuis la publication de la remarquable monographie de
Marsh (1), grâce à laquelle l'ostéologie des *Dinocerata* nous
est devenue aussi familière que celle du mouton, il ne peut
plus subsister de doute sur la place que doivent occuper
ces animaux, non loin des Coryphodontes. Le crâne revêt
les formes les plus bizarres que puisse enfanter l'imagination la plus hardie (fig. 44). Il ne porte pas moins de trois
paires de prolongements en forme de cornes, la première dépend des os nasaux, la moyenne des maxillaires supérieurs,
et enfin la troisième, qui surpasse les deux autres en taille et
en puissance, se rattache aux os pariétaux. Nous pouvons
admettre que ces prolongements osseux étaient couverts d'une
peau épaisse et dure. Le formidable aspect de cette tête était
encore augmenté par la présence d'énormes canines faisant
saillie hors de la bouche. A cause de ces dents, le mouvement
de la mâchoire inférieure était étroitement limité; toutefois

(1) Marsh, *Dinocerata, United States geol. Survey*, Washington, 1884.

cette mâchoire s'est élargie d'une manière remarquable à la partie antérieure, de chaque côté, pour recevoir une prémolaire, la canine et trois incisives, tandis qu'à la mâchoire supérieure l'intermaxillaire est complètement dépourvu de dents. L'animal ne portait pas de trompe, car son cou allongé et flexible lui permettait de cueillir directement les feuilles et les herbes avec les lèvres et les incisives de la mâchoire inférieure. Les Dinocerata, parmi lesquels le *Tinoceras*, qui, vivant, mesurait environ 3 à 5 mètres de longueur et 2 de haut, montrent dans leur forme générale une certaine ressemblance avec les géants mammifères, actuellement encore vivants, les Eléphantidés, les Rhinocéridés et les Hippopotamidés; mais leur aspect devait être bien autrement imposant. Leur cerveau s'est arrêté dans cette même stase inférieure de l'évolution que déjà les Coryphodontes avaient acquise des Protungulés par voie héréditaire. C'est là probablement une des preuves de ce fait que ces animaux, bien que pourvus d'armes redoutables, ont succombé rapidement et se sont complètement éteints après être arrivés très vite à leur plus haut degré de développement. Pendant leur période florissante, ils ont vécu, à ce qu'il semble, en troupeaux considérables. Leurs ossements ont été trouvés en amas énormes de chaque côté du Green-River, particulièrement au sud du chemin de fer du Pacifique dans le Wyoming. D'après la structure du crâne, on peut conclure à une transformation directe des Coryphodontes en Dinocerata; par contre, l'hypothèse d'une troisième forme primitive comme origine de ces deux groupes a pour elle une grande vraisemblance. Aucun de ces deux groupes de Mammifères, pas plus que celui des Brontothériens, n'a laissé après lui trace de descendants.

Le paléontologiste rencontre donc, dès les couches éocènes les plus inférieures, des Ongulés à doigts pairs et impairs parfaitement différenciés déjà; dans les deux groupes, il peut suivre quelques rares branches jusqu'à l'époque actuelle et

tout au moins reconstruire, en ébauche très vraisemblable, les
séries originelles des familles actuelles. Nous avons appelé précédemment l'attention sur la spécialisation progressive, réalisée
au plus haut degré chez les Ruminants et les Équidés; il
n'est pas moins intéressant de jeter un coup d'œil sur la
prédominance et la diversité des groupes à l'époque tertiaire
supérieure et post-tertiaire. Les Pachydermes de la forme
des Tapirs et des Porcins, qui jadis pullulaient dans les
forêts humides et ombragées et près des rivages marécageux,
sont en voie de rétrogradation ; les Cerfs, les Antilopes, les
Bœufs, au contraire, constituent de plus en plus la population
des forêts plus récentes et des steppes plus sèches, aux vertes
prairies, la réalisation de ces dernières conditions devenant
possible avec la stabilité des continents de formation plus
récente. Depuis le pliocène jusqu'à l'époque actuelle, les Cervidés, les Antilopidés, les Bovidés ont accru régulièrement et
d'une manière bien frappante le nombre de leurs espèces; les
Ongulés à doigts impairs retrogradent, au contraire, graduel-
lement depuis le miocène. C'est pourquoi, en 1869 encore,
Rutimeyer, parlant plus particulièrement des Ongulés, pouvait
dire : « Bien que nous ne connaissions encore avec certitude
qu'un très petit nombre d'animaux fossiles, il est tout au moins
très vraisemblable aujourd'hui que, dans l'ensemble, il n'y a
pas seulement d'accroissement progressif dans la diversité et
dans la profonde différenciation des formes, mais aussi dans le
nombre même des espèces. » Les découvertes faites en Amérique pendant ces quinze dernières années, et que l'on peut
dans une certaine mesure comparer à celles de Filhol en
France, modifient nécessairement cette assertion. Les Ongulés
nous montrent avant tout, ainsi qu'il a déjà été dit, que nous
vivons dans un monde pauvre en formes organiques.

Nous ne considérons jamais que comme subordonnés les
genres fossiles qui n'ont pas laissé après eux de preuves vivantes
de leur antique existence; or, dans ce groupe précisément,

la plupart des genres ne sont que les formes originelles des
formes actuelles; nous pourrons donc réaliser ici au plus haut
degré notre but, qui est de présenter la série des types reliant
les Mammifères qui nous entourent, à ceux des périodes géologiques. Pour y arriver, nous partirons de nos Ongulés, bien
connus, comme d'un petit nombre de branches très élevées,
encore vertes, d'un immense arbre généalogique, et c'est vers
les racines de cet arbre de vie que nous dirigerons nos recherches.

CHAPITRE V

Les deux principaux groupes des Ongulés à doigts pairs de l'époque actuelle sont les *Porcins* et les *Ruminants*. Aux premiers se rattache l'*Hippopotame*, type d'un groupe voisin surtout par la forme des dents molaires. La différence caractéristique des deux groupes, qui existe déjà dans les formes les plus anciennes connues, réside dans la structure de la couronne des molaires ; elle nous permet de désigner les Porcins sous le nom de *Bunodontes* (dents mamelonnées) et les Ruminants sous le nom de *Sélénodontes* (dents à saillies en forme de croissant). Dans les Porcins, l'émail de la couronne se relève. Celle-ci, pourvue en général de quatre mamelons (fig. 15 à gauche), présente une paroi antérieure et une postérieure (*v, h*), une face externe et une interne, un mamelon antérieur externe et un interne (A, I), un mamelon postérieur externe et un interne (*a, i*). C'est d'après ce schéma que varie la dent. Les élévations de l'émail se trouvent aussi chez le type Ruminant ; mais ici elles ont la forme de croissants (fig. 15 à droite) et les plissements sont plus profonds.

§ 1. — LES PORCINS.

Les Porcins sont représentés dans l'Ancien Monde par le genre *Sus*, très répandu, et quelques autres d'une moindre impor-

tance; en Amérique par un genre libre, le Pécari ou Dicotyles.
En partant du genre *Sus*, on peut suivre très directement la
série des formes ancestrales jusqu'aux plus anciennes; tandis

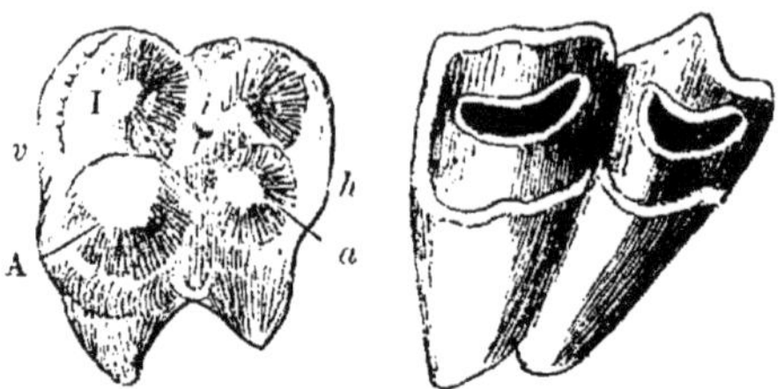

Fig. 15. — Schémas d'une dent brunodoute et sélénodonte.

que le babiroussa des Célèbes, le phacochère africain, présentent dans leur dentition des particularités qui sont le résultat
d'adaptations spéciales plus récentes et semblent devoir leur
existence à une série latérale inconnue.

La tête du porc est remarquablement longue. Le genre de vie
a pris une large part à la constitution de cette structure allongée. C'est ce que nous montre la comparaison du sanglier et du
porc, ou d'un animal vivant à l'étable et d'un autre individu, à
la rigueur de la même portée, obligé de chercher lui-même sa
subsistance au pâturage. Le travail accompli par la tête chez le
porc, notamment lorsqu'il fouille la terre, et par suite la traction
exercée par les muscles de la nuque insérés sur la face occipitale de la tête, ont une valeur telle que, chez le jeune animal,
cette partie du corps encore plastique est entraînée par l'action
mécanique et se trouve peu à peu allongée. La structure et la
longueur du groin résultent aussi en partie de la pression exercée pendant la recherche des aliments; mais elles sont surtout en
harmonie avec le grand nombre et la série complète des dents
dont la formule est i. $\frac{3}{3}$, c. $\frac{1}{1}$, pm. $\frac{3}{3}$, m. $\frac{3}{3}$ (1). Les incisives infé-

(1) La dentition de lait des Porcins présente quatre molaires. La plus antérieure n'est pas remplacée, mais elle subsiste encore quelque temps après l'apparition complète des trois prémolaires définitives.

rieures, placées presque horizontalement, comme chez beaucoup
d'Herbivores, servent à arracher l'herbe, la langue ne contri-
buant pas à son introduction dans la bouche. Les canines du
mâle se développent, particulièrement chez le sanglier, en puissantes défenses. Les prémolaires sont d'un caractère indifférent;
leur importance est secondaire aussi bien pour la préhension
que pour la mastication des aliments; les molaires au contraire,
par leur forme et leur mode d'action, tiennent le milieu entre
les molaires des Carnassiers et celles des véritables Herbivores;
cependant, malgré leur ressemblance avec ces dernières, la
structure les rapproche davantage de celles des Carnassiers.
Ces dents ne servent pas à broyer, mais simplement à écraser
les aliments. La dentition est précisément celle d'un animal
dont le régime est variable, celle d'un omnivore.

La comparaison de la dentition de notre sanglier avec celle
du pécari d'Amérique est fort intéressante. Le caractère du
genre omnivore ressort principalement de la structure des prémolaires qui diffèrent notablement des molaires par leur petitesse et leur forme comprimée. La première prémolaire existe
encore, toutefois très éloignée de la deuxième; elle est si faible,
si réduite que généralement elle tombe de bonne heure; il est
de toute évidence qu'il y a là un acheminement vers la disparition complète, définitive, de cette dent.

Le pécari, au contraire, ne possède le plus souvent que trois
prémolaires; la perte de pm_1 est un fait aujourd'hui accompli;
par contre les prémolaires sont devenues plus semblables aux
molaires, et la couronne de toutes les molaires, bien que présentant indubitablement le caractère bunodonte, permet de reconnaître, par son aspect, que le pécari a abandonné le régime
omnivore et est devenu un véritable herbivore.

Par la structure du pied, le cochon se rapproche intimement
du pécari, que nous avons cité déjà plus haut (page 100, fig. 12)
comme exemple de forme animale adaptive. Toutefois chez le
pécari l'adaptation des os du tarse aux deux principaux doigts

est opérée plus complètement que chez le porc, où le deuxième aussi bien que le cinquième doigt, sans avoir d'importance particulière pour le soutien de l'animal ou pour la course, revendi-

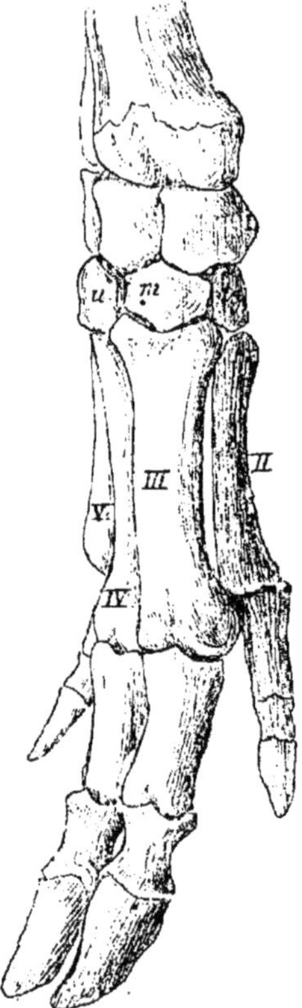

Fig. 16. — Membre antérieur droit du Cochon.

quent encore presque complètement leur part de soutien fourni par le carpe. Des rapports qui existent entre le carpe et le métacarpe, il résulte que le Dicotyles a progressé davantage que le genre *Sus*, dans cette simplification graduelle des membres éminemment favorable à la course ; de fait, il est déjà meilleur coureur que le porc ; d'ailleurs, tout porte à croire que, dans la suite, ces deux animaux accompliront dans cette voie des progrès encore plus considérables. Ils sont sans aucun doute plus agiles à la course que ne l'étaient leurs ancêtres pourvus de pieds plus complets et la réduction ultérieure de plus en plus avantageuse dépendra uniquement des circonstances. La disposition organique interne nécessaire à cet effet existe chez ces animaux ; je dois ici prier le lecteur d'éviter de confondre cette expression toute naturelle de « disposition » avec celle de « tendance », qui n'est qu'un jouet dangereux dont se servent les philosophes pour arriver à la conception des causes finales.

Si, après plusieurs milliers d'années, le pied du pécari d'Amérique et celui du porc d'Europe doivent avoir perdu complètement le deuxième et le cinquième doigt, nous aurons là un exemple très compréhensible, et de toute évidence, d'une convergence homogénétique. Mais, si le porc et le pécari de l'époque actuelle venaient à manquer aux zoologistes de l'avenir, il est éminemment vraisemblable qu'ils considéreraient les pieds à deux doigts de ces animaux comme des organes transmis par voie héréditaire. Cette structure à deux doigts sera réalisée dans l'avenir.

Cette appréciation nous conduit à la question des formes généalogiques de nos porcins actuels. Le genre Sus n'existe que dans l'ancien continent ; il se rencontre aussi à l'état fossile et s'étend jusque dans le miocène moyen. La faune si riche de Pikermi fournit un sanglier de très grande taille. Gaudry, qui l'a découvert, lui a donné le nom de Sanglier d'Erymanthe. La série des formes pourvues encore, ou, pour nous exprimer d'une manière plus exacte, pourvues déjà d'une dentition analogue à celle des porcins, et dont les pieds sont de moins en moins réduits, ou mieux sont encore plus complets, se relie aux Suidés de l'époque éocène par les genres *Palœochoerus* et *Chœrotherium*. Déjà le Palœochoerus typus du miocène inférieur de la France méridionale montre une dentition de porcin très différenciée (fig. 17) ; elle se compose, de chaque côté, de trois incisives, d'une canine plus apparente (c), de quatre prémolaires et de trois molaires.

Une forme plus ancienne encore des Bunodontes est le Chœrotherium, pourvu de quatre doigts presque également développés. La série ancestrale des Porcins des époques géologiques
est donc suffisamment bien établie, au moins pour ceux qui
veulent se rendre à l'évidence ; elle est beaucoup plus nette que
l'arbre généalogique de mainte famille humaine.

Aux plus proches parents de cette famille, dont l'existence a
été relativement courte, appartiennent le *Chœropotamus*, et le
puissant *Anthracotherium* qui avait la taille d'un Rhinocéros ;
leur place est en général douteuse.

L'Amérique, elle aussi, possède une série de Porcins que l'on
peut suivre depuis l'Éocène jusqu'à l'époque actuelle, caracté-

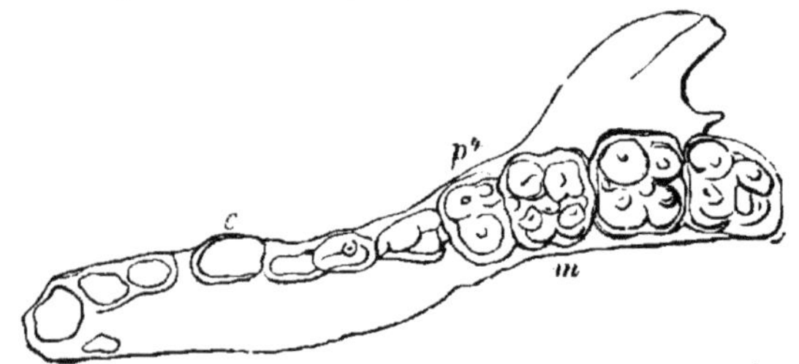

Fig. 17. — Palœochœrus typus, maxillaire sup. gauche (*grand. nat.*).
D'après Gaudry.

risée par le pécari ; cette série, à part quelques genres, est différente de celle de l'ancien continent. On y remarque la même
transformation, la même réduction que nous avons constatée
plus haut. Marsh indique depuis l'Éocène la série principale
suivante : Eohyus, Helohyus, Perchœrus, Tinohyus et Dicotyles.
Nous nous trouvons par conséquent ici en face d'une question
importante, non encore résolue : il s'agit de savoir, en effet, si
un échange a eu lieu, lié à la formation de différences de genres ;
quelle est son extension ; dans quelle direction il s'est effectué,
(est-il parti de l'ouest de l'Europe? d'Asie? ou d'Amérique?) ;
ou bien si nous sommes en présence d'un développement parallèle indépendant, du Chœropotamus au cochon d'une part, de
l'Eohyus au pécari d'autre part?

Les géologues sont suffisamment d'accord sur ce point que, depuis les âges tertiaires les plus reculés jusqu'au miocène inférieur, la continuité a toujours existé entre l'ancien et le nouveau continent, de même qu'à l'époque quaternaire. L'échange a donc pu avoir lieu et a eu lieu certainement pendant la période éocène ; nous en avons la preuve dans la présence simultanée du Coryphodon en Europe et dans l'Amérique du Nord, du Palœotherium et de l'Anoplotherium en Europe et dans l'Amérique du Sud ; mais pendant la période miocène, la communication a été interrompue durant un laps de temps considérable, aussi bien entre l'Amérique du Nord et du Sud qu'entre l'ancien et le nouveau continent. Il s'est donc produit, tout au moins pendant cette interruption et parallèlement, un progrès dans le développement ; il y a eu évolution parallèle et simultanée de ces pariongulés, pourvus de molaires mamelonnées, et qui trouvaient avantage à la réduction des doigts signalée plus haut. Ces documents scientifiques justifient l'hypothèse d'une convergence plus étendue encore.

§ 2. — L'HIPPOPOTAME.

L'hippopotame, lui aussi, peut être relié à une forme primitive analogue ; il est toutefois l'unique représentant vivant des Ongulés bunodontes qui ait conservé presque intacte l'ancienne structure des membres. La dent molaire, sans racines, encore enfermée dans la gencive (fig. 18) ressemble à peu près à une double mitre d'évêque placée sur une sorte de base qui, antérieurement et postérieurement, se relève en une saillie triangulaire, et qui, entre les deux moitiés, à l'extérieur comme à l'intérieur, porte une apophyse d'apparence verruqueuse. Chaque moitié de dent se compose de deux mamelons, irrégulièrement tétraédriques, dont les faces internes opposées sont en rapport par une surface plane. Il résulte de là que l'émail de la dent usée par la mastication (fig. 19) est limité à l'origine par quatre triangles, réunis deux à deux par la base, et ce n'est qu'à la suite d'une usure plus prononcée qu'ils se fusionnent entre eux de chaque côté.

L'hippopotame, adapté complètement à la vie amphibienne, est un animal très transformé, quant à son crâne et à sa dentition ; au contraire il reproduit fidèlement la structure du pied du type originel de l'époque éocène, dont la série généalogique ne peut malheureusement encore être établie. Ces Bunodontes éocènes, de même que les ancêtres tertiaires des Ruminants, vi-

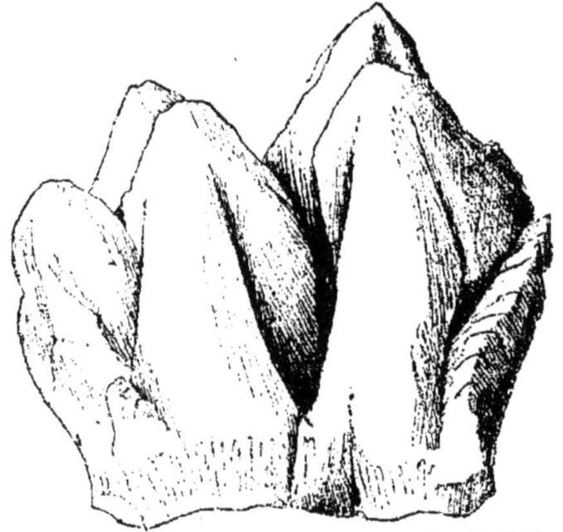

Fig. 18. — Deuxième molaire inférieure gauche de l'hippopotame (*grand. nat.*).

vaient principalement dans les cours d'eau et dans les marécages. Leurs descendants se sont peu à peu adaptés à la vie terrestre à laquelle est liée la réduction si avantageuse du nombre des doigts. L'hippopotame, lui, a réalisé la transformation inverse dans le cours de sa généalogie ; tandis qu'à l'origine, il se plaisait uniquement dans les forêts marécageuses, plus tard il est devenu complètement amphibie et a conservé par suite la structure originelle de la main et du pied ; ceux-ci restent pourvus chacun de quatre doigts pour ainsi dire également développés. La figure 20 montre le carpe et le métacarpe du membre antérieur droit pour lequel nous nous servons des désignations généralement adoptées pour le squelette de l'homme et des Vertébrés supérieurs : *s* (scaphoïde) = radial; *l* (semi-lunaire) = intermédiaire; *p* (pyramidal) = lunaire; *t* (trapézoïde) = carpien 2; *m* (magnum ou capitatum, *grand os*) = carpien 3; *u* (uncinatum, *os crochu*) = carpiens 4 et 5.

Un hippopotame à un seul doigt, qui serait le résultat d'une évolution naturelle, est impossible à concevoir. La réduction graduelle des doigts ne peut en effet être liée, comme il a été dit plus haut, qu'à la dessiccation des terrains marécageux. Et si l'on voulait admettre la création d'un Léviathan pourvu d'un

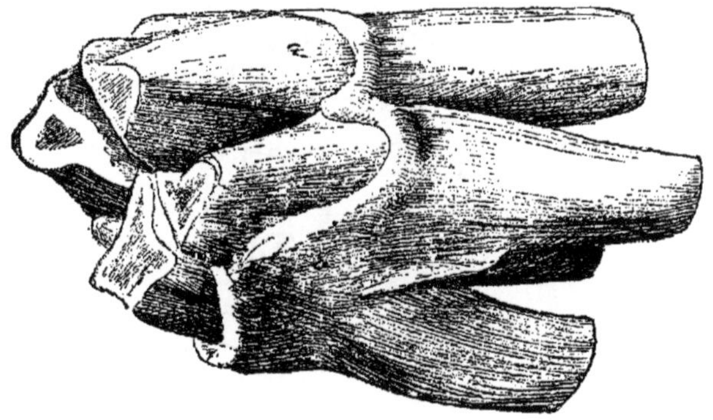

Fig. 19. — Première molaire supérieure droite de l'hippopotame.
Encore peu usée.

seul doigt, hypothèse tout à fait gratuite, il porterait en lui, dans cette constitution des membres, la cause même de sa prochaine extinction.

La dentition de l'hippopotame porte aussi la trace d'une très grande ancienneté géologique. Le crâne de cet animal si disgracieux rappelle, par sa forme, une caisse grossièrement façonnée. La largeur et la hauteur démesurées de la bouche sont occasionnées par l'énorme développement des incisives mitoyennes et des canines. Dans toutes ces dents, les racines ne s'oblitèrent pas; elles restent toujours largement ouvertes. Il n'est pas absolument impossible que ces dents se soient constituées seulement dans la série ancestrale la plus voisine de l'hippopotame actuel. Mais il est beaucoup plus probable qu'elles représentent des organes extrêmement anciens transmis jusqu'aujourd'hui par voie héréditaire, et qu'elles se sont ainsi développées en défenses, très disgracieuses il est vrai, mais d'une grande puissance, par suite de leur accommodation à un régime végétal aquatique.

Nous avons dit que l'hippopotame était le seul représentant vivant de sa famille. Cela demande quelques mots d'explication. L'espèce généralement connue, répandue dans le Nil et dans une

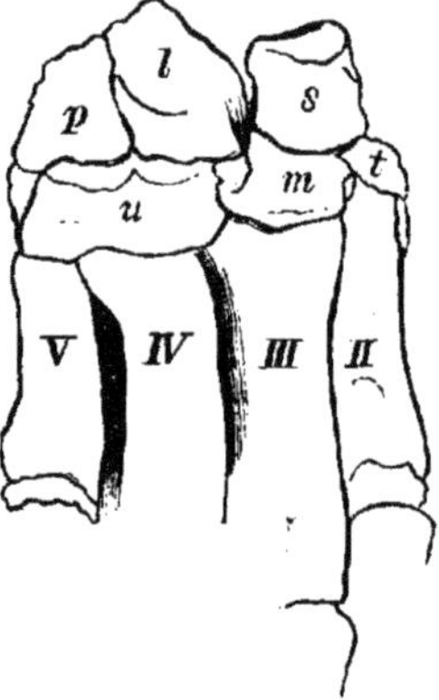

Fig. 20. — Hippopotame, membre ant. droit. D'après Kowalewsky.

grande partie du centre de l'Afrique, n'est pas la seule ; il en existe une autre qui n'a que cinq pieds de long et qui se distingue particulièrement par l'exiguïté remarquable de la face, comparée à la longueur totale du crâne. On a séparé de l'hippopotame cette forme spéciale que l'on rencontre dans le bassin de la Liberia pour en faire un genre distinct, le genre Chœropsis. Comme en outre la dentition n'est pas tout à fait la même, on peut à la rigueur admettre cette distinction en deux genres ; mais tous deux sont et restent des Mammifères amphibies ; et on peut appliquer au Chœropsis tout ce qui a été dit précédemment pour l'hippopotame proprement dit.

On a découvert, dans ces dernières années seulement, une troisième espèce, l'*Hippopotamus madagascariensis*, qui mesure environ sept pieds de long (l'Hippopotame du Nil en mesure onze) ; elle prend ainsi place dans la lacune laissée entre les deux espèces africaines et, par la forme du crâne et la dentition, se rapproche beaucoup de l'Hippopotamus amphibius. Son existence est d'un haut intérêt, bien qu'elle nous oblige à passer du continent africain à Madagascar où les restes de son squelette ont été trouvés avec ceux d'un oiseau gigantesque, l'Æpyornis, dans des dépôts lacustres. Cette association, ainsi que la nature du gisement, justifient la désignation de « subfossile » donnée à cet hippopotame (1). Il a vécu depuis le début de l'époque diluvienne jusqu'à l'époque actuelle. Or il est établi qu'autrefois il y a eu communication directe entre Madagascar et l'Afrique, et, comme la séparation de ces deux portions de terre a été effectuée bien avant dans l'époque tertiaire, nous avons là, d'après des documents géologiques, la preuve de la stabilité du genre hippopotame. Ce n'est pas seulement la structure du pied qui nous a conduit à supposer des formes ancestrales très anciennes, qu'il faudrait rechercher au delà de l'époque tertiaire, mais aussi la dentition : celle-ci était déjà profondément différenciée avant la séparation des espèces d'Afrique et de Madagascar ; depuis elle n'a varié que dans de très faibles limites.

§ 3. — LES RUMINANTS.

Si l'on fait abstraction des Porcins et des Hippopotamidés, deux groupes dont l'importance à l'époque actuelle est très subordonnée, toutes les autres formes du groupe des Ongulés à doigts pairs appartiennent aux Ruminants. Pour la plupart très agiles, très adroits, ces animaux ne prennent pas au pâturage le temps nécessaire à la mastication complète de leur nour-

(1) Goldberg, Recherches sur un hippopotame subfossile de Madagascar (*Christiania Videnskabs selskabs Forhandlingar*, 1883, Nr. 6.)

riture ; ils se bourrent l'estomac le plus vite possible d'une provision d'aliments, et alors, dans une retraite sûre, cachée, ils préparent la digestion complète par une nouvelle trituration, une nouvelle mastication des herbes et des feuilles. Les Ruminants ne coupent pas les plantes avec leurs dents ; ils les broutent et lorsque ce sont des herbes et des rameaux d'une certaine longueur, la langue intervient comme organe essentiel de préhension. Dans cette action les incisives de la mâchoire supérieure seraient superflues, et nous pouvons bien dire, pour être plus conforme à la réalité des faits, que dans le cours des âges elles sont peu à peu devenues inutiles tandis que se développaient sur le globe les prairies et les pâturages. Les Caméliens seuls possèdent encore des restes d'incisives à la mâchoire supérieure, et de plus, chez eux, ainsi que chez les Chevrotains et beaucoup de Cervidés, les canines ont aussi subsisté. La couronne des molaires présente en général deux éminences transversales, et les molaires correspondantes des deux mâchoires se juxtaposent de telle manière qu'elles peuvent glisser les unes sur les autres horizontalement de droite à gauche et de gauche à droite, comme on l'observe par exemple chez le bœuf et le mouton. Ce mouvement de la mâchoire est rendu possible par le mode d'articulation du maxillaire inférieur avec le crâne : le condyle n'est pas inséré dans une cavité articulaire transversale de l'os temporal, comme chez les Carnassiers ; ni dans une cavité en olive dans laquelle il peut se mouvoir d'avant en arrière et d'arrière en avant, parallèlement à l'axe du crâne, comme chez les Rongeurs ; il s'applique au contraire sur une surface plate du crâne, même légèrement convexe, de sorte que la mâchoire inférieure garde toute sa mobilité.

Tous les Ruminants possèdent ces molaires caractéristiques, pourvues de saillies semi-lunaires d'émail dans le sens de l'axe antéro-postérieur du crâne ; ces saillies ont naturellement, dans les limites des caractères de genres, un aspect très différent suivant leur âge et leur degré d'usure. La figure 21 montre la

quatrième molaire de droite, non encore usée, d'un veau, par
la face antérieure (*v*) et par la face intérieure (*i'*). Elle paraît for-
mée de la réunion de deux sortes de prismes irrégulièrement
quadratiques, présentant chacun sur les faces externe et interne
deux éminences arquées (A, I, *a*, *i*,). Toutes les surfaces, di-
versement contournées et plissées, qui passent insensiblement
les unes aux autres, se composent de la couche d'émail, encore
incomplète et quelque peu molle. Au-dessous d'elle, se trouve
le corps de la dent, formé d'ivoire, qui a apparu seulement lors
du développement, et tout autour dans les cavités entre A-I et
entre *a-i*, la couche de cément, encore enveloppée d'une mem-

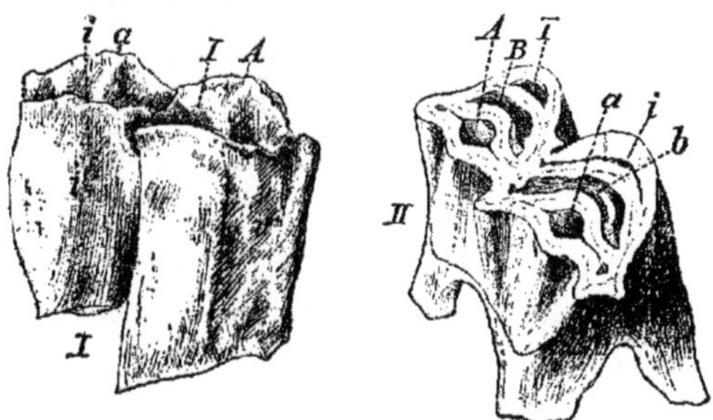

Fig. 21. — I. Molaire supérieure droite du veau, encore incluse dans la gencive :
v, face ant. ; *i*, face interne; A*a*, saillies d'émail externes; I*i*, saillies internes. II. Une molaire droite du veau, complètement développée, usée arti-
ficiellement, face postérieure et externe.

brane. Que l'on compare maintenant cette dent encore à l'état
embryonnaire, à la surface lisse, déjà usée, d'une des dents antérieures (fig. 21, II), et les rapports des plissements et des saillies
de l'émail sur la molaire s'expliqueront d'eux-mêmes très clairement. Les éminences transversales déterminées par les lignes
A I et *a i*, qui se logent dans les fossettes ou vallécules des dents
de l'autre mâchoire, subsistent pendant toute la vie, lors même
qu'avec le temps elles s'usent et s'aplanissent de plus en plus.
Les croissants A,I,*a*,*i*, qui se rempliront de cément et qui sont
limités extérieurement par l'émail, intérieurement par la dentine sont les coupes transversales des éminences semi-lunaires

désignées précédemment des mêmes lettres ; B et b sont de même les espaces arqués, qui se rempliront de cément, et qui étaient notablement plus larges dans la dent non rasée et à paroi de faible épaisseur. Si l'on considère les divers modes possibles de plissement des faces externes, la structure des croissants, la formation de plis secondaires et de saillies en formes de petites colonnettes, l'on aura la variété de formes qui permet d'établir parmi les Sélénodontes des distinctions d'autant plus nettes que la forme de la dent différenciée se conserve plus bizarre, plus caractéristique.

Les travaux classiques de Kowalewsky ne permettent pas, d'autre part, de mettre en doute ce fait que les caractères liés à la réduction des membres ne soient des indices tout au moins aussi stricts, aussi positifs, et pour le présent, et pour le passé.

Le plus grand nombre des Ruminants actuels se répartit en trois grandes familles, les *Cervidés*, les *Antilopidés* et les *Bovidés*. Les deux dernières, par la présence de cornes, se rapprochent davantage entre elles que des Cervidés. Les brebis et les moutons sont liés intimement aux antilopes.

Les Caméliens forment un groupe aberrant tout spécial auquel nous accorderons d'abord notre attention, parce que ces animaux, au milieu des autres Ruminants, ont conservé, au moins dans la dentition, un trait d'une plus haute ancienneté géologique.

Les Caméliens. — Rutimeyer appelle le lama « un rejeton des Anoplothériens éocènes, apparu à une époque tardive d'abord en Amérique ».

Cette idée fait disparaître l'incertitude qui régnait encore il y a une dizaine d'années sur la place et l'apparition historique des deux genres du groupe que depuis Buffon on considérait comme voisins. Dans le genre chameau, le chameau proprement dit, pourvu de deux bosses, appartient à l'Asie centrale ; le dromadaire, qui n'en a qu'une, a été répandu dans une grande partie de l'Afrique, comme bête de somme, pour une culture spéciale. Le lama remplace ces deux espèces, « vicarie » pour elles, en Amérique.

Les sabots sont petits, mais leur sole est large et très indurée ; le squelette du pied est celui des vrais Ruminants. Les Caméliens se distinguent de tous les Ruminants vivants, non seulement par le manque complet de cornes, mais par une dentition plus nombreuse ; ils ne possèdent pas seulement de fortes canines, mais aussi l'incisive latérale sur l'intermaxillaire. Tous les autres Ruminants sans exception ont perdu leurs incisives à la mâchoire supérieure. D'après cela, et aussi à cause d'une ressemblance superficielle de la forme du crâne des Caméliens avec celui du Cheval, on plaçait volontiers autrefois ce groupe de Ruminants entre les Equidés et les Bisulques ; c'est là une manière de voir dénuée de fondement. Les observateurs américains nous ont fait connaître, en effet, toute une série de formes géologiques d'après lesquelles les Caméliens apparaissent comme une branche très ancienne des Sélénodontes.

Marsh résume de la manière suivante les résultats de ses recherches et de celles de Leidy : « Une série très intéressante, qui conduit aux chameaux et aux lamas, s'est vraisemblablement séparée, avec le genre Parameryx, de la branche originelle des Sélénodontes à l'époque éocène ; dans le terrain miocène, le genre Pœbrotherium et quelques autres formes très voisines nous montrent d'une manière indubitable que le type Ruminant camélien avait alors subi une différenciation plus profonde, bien que le nombre d'incisives fût encore complet et les os métatarsiens encore séparés. C'est pendant la période pliocène, en Amérique, que les Caméliens, en même temps que les Equidés, s'effacèrent le plus complètement en présence de plus grands Mammifères. La série se continue ensuite par le genre Procamelus et peut-être d'autres, chez lesquels les incisives supérieures commencent à tomber et les os métatarsiens à se fusionner. A l'époque quaternaire, le véritable lama est représenté par plusieurs espèces, aussi bien dans l'Amérique du Nord que dans l'Amé-

rique du Sud où vivent encore les lamas et les alpakas. L'Amérique
du Nord a donc été la patrie de masses considérables d'animaux
ressemblant à nos Caméliens, depuis l'Éocène jusque pour ainsi
dire à l'époque actuelle, et l'on peut à peine douter que ce soit

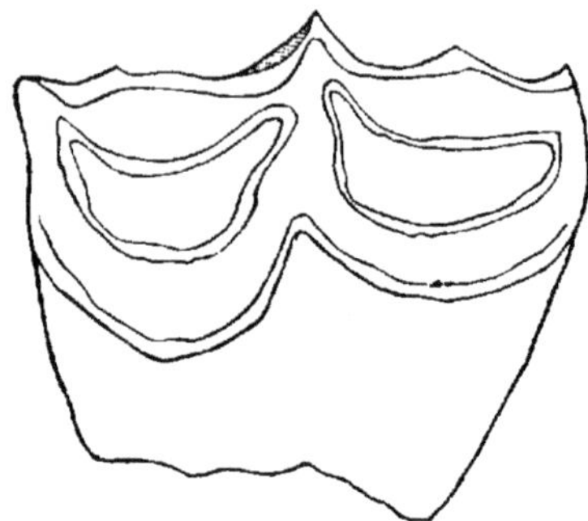

Fig. 22. — Auchenia hesterna. Deuxième molaire supérieure gauche (*grand. nat.*).
D'après Leidy.

bien là leur pays d'origine d'où ils ont ensuite émigré dans l'ancien continent (1). »

Il n'y a en vérité aucune objection à faire à ces interprétations
des faits. Notre figure montre, en grandeur naturelle, une molaire

(1) Ces idées ont été développées d'une manière plus complète par Cope
en 1877. Le Pœbrotherium du terrain miocène possède comme molaires
p 4, *m* 3. Les os métatarsiens, allongés, ne sont pas encore soudés; sept os
au tarse. Vient ensuite le *g*. Protolabos, pourvu encore de *p* 4, *m* 3 ; la dernière molaire a une forme plus prismatique. Les incisives aussi sont encore
en nombre complet, mais tombent très facilement. C'est le Procamelus qui
le premier possède les incisives des Caméliens actuels, mais toujours encore
p 4, *m* 3. Les rudiments des métatarsiens latéraux du Pœbrotherium ont
disparu et, avec eux, le trapézoïde. Les os métatarsiens sont soudés en un
seul os, le canon. Puis viennent : le genre Plianchenia avec $\frac{4-3}{3-3}$ molaires, le
g. Camelus avec $\frac{3-3}{2-3}$, le *g*. Auchenia avec $\frac{2-3}{1-3}$. On observe d'abord un ralentissement de plus en plus marqué dans le développement des dents ; plus
tard les dents ne percent plus, et finalement elles disparaissent entièrement ;
c'est là un processus général que l'on peut constater dans bien d'autres séries zoologiques. L'existence des lamas dans l'Amérique du Sud montre que
là n'agissaient pas les causes qui, dans l'Amérique du Nord, ont occasionné
l'extinction de ces animaux.

supérieure d'un lama de l'époque diluvienne, l'*Auchenia hesterna*,
un contemporain du mastodonte américain, et plus grand que le
chameau actuel.

Les Cervidés et les formes voisines. — Dans son « Histoire naturelle des Cervidés », Rutimeyer ne tient aucun compte de la présence de cornes caduques, chez le mâle seulement, à l'exception
du renne, pour la distinction des diverses formes de Cervidés.

Comme chez les autres Ruminants, ce savant zoologiste recherche de préférence la parenté de ces formes dans le crâne
de la femelle, et il trouve qu'en général, le caractère distinctif
des Cervidés, par opposition aux Antilopidés et aux Bovidés,
réside dans la forme très allongée, pour ainsi dire cylindrique
du crâne. Cette forme est déterminée par la grande extension
des fosses nasales par rapport à la faible hauteur de la portion
du maxillaire supérieur pourvue de dents. La boîte crânienne est
allongée ; comparée à la face, elle est moins volumineuse que
celle des Ruminants pourvus de cornes ; le front moins bombé,
l'axe crânien rectiligne. Il résulte de là un certain mode d'action
de la tête des cerfs, que l'auteur a cherché à mettre aussi en évidence pour les antilopes et les bœufs. On ne peut cependant
pas nier d'autre part que les bois jouent un très grand rôle et
que la présence de ces appendices dans tout le groupe des
Cervidés ne soit un caractère distinctif de la plus haute importance pour la systématique.

Le cerf et le chevreuil nous fournissent deux exemples du degré
très différent de développement que peut atteindre la ramure
chez les diverses espèces ; et nous pouvons suivre d'une manière
précise, d'année en année, dans la ramure des cerfs, les différentes phases auxquelles arrivent en général les autres espèces
pourvues de bois moins complets. Chez le veau, le premier indice
de la future corne est un épaississement et un soulèvement de l'os
frontal ; ainsi se constitue le cornillon qui est permanent. Entre
cette saillie osseuse et l'épiderme se constitue ensuite la pre-

mière ébauche de la véritable corne : la peau s'ossifie et, ainsi durcie, ne tarde pas à se souder avec le cornillon ; arrivée au terme de sa croissance, elle se dessèche, et, après la période du rut, se détache. Les bois de la première année, appelés dagues, complètement développés au mois de juin, consistent en une paire de simples éminences dans lesquelles le cornillon passe insensiblement, sans meule, à la couronne extérieure due à l'ossification de la peau. Pendant les années ultérieures se forment les fourchettes, puis des bois à trois branches, etc.

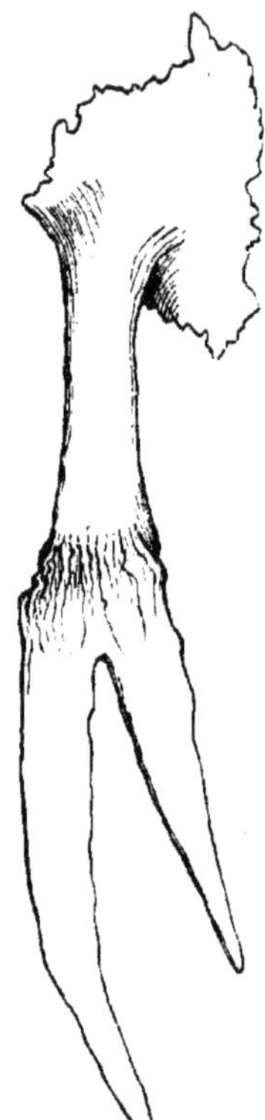

Fig. 23. — Prox furcatus, ramure gauche (1/2 *gr. nat.*).

Rutimeyer compare à ce processus du développement des bois si particuliers du cerf, la ramure de la série des formes historiques ou géologiques du même groupe. Dans le miocène inférieur, les Cervidés sont encore dépourvus de cornes ; ce n'est que dans le miocène moyen de Sansan et de Günzbourg et dans le miocène supérieur d'Eppelsheim qu'apparaît un animal ressemblant au cerf, quoique encore incomplètement. Les cornillons du crâne, très allongés, existent ; les bois ont une simple dichotomie, mais il n'y a pas de meule (fig. 23).

Le genre a été décrit sous divers noms, comme *Dicrocerus*, *Prox*, *Procervulus*. On remarque souvent que les deux branches de ses bois en fourchette sont brisées, et l'on ne peut dire avec certitude, ce qui, dans cette fracture, revient au hasard, à la chute accidentelle, et ce qui correspond à la chute régulière, périodique.

Il semble qu'à la suite de ces antécédents irréguliers, en partie la dessication de la peau et la fragilité qui en résulte, le caractère de la chute périodique se soit définitivement fixé. Rutimeyer remarque aussi que les premiers cerfs et les premières antilopes

sont très difficiles à distinguer et que l'antilope à bois fourchus
ou mazame de l'Amérique du Nord, qui se débarrasse tous les
ans de sa ramure d'une manière fort remarquable, pourrait
peut-être conduire à ces formes primitives, non encore différenciées. Cette observation a déjà été faite aussi en 1877 par
Cope; voici ce qu'il dit : « Le genre Antilocapra est proche
parent du Dicrocerus par ses cornes bifurquées et par le revêtement tégumentaire pileux qui représente une stase du développement des gaines cornées du Dicrocerus. »

Cette forme, dite Procervulus, était fort répandue pendant la
période miocène, ainsi qu'en témoignent les découvertes faites
au Nouveau-Mexique et dans le Nébrasca. Comme restes diluviens
de ce même genre, à côté des cerfs plus récents chez lesquels le
développement des bois a acquis une plus grande extension, il
faut remarquer le genre Cervulus qui, dans l'ancien et le nouveau monde, comprend environ onze espèces; son représentant
le plus connu est le Muntjak (Cervulus muntjak) des Indes et des
îles de la Sonde.

Chez les Cervidés, comme chez la plupart des Ongulés à doigts
pairs vivants, les deux os métatarsiens qui portent les deux doigts
complètement développés sont soudés en un seul os, le canon.
Leur limite est indiquée sur la face antérieure, par un sillon
longitudinal plus ou moins net, et souvent par une dépression
plus profonde à l'articulation inférieure.

Jamais on ne trouve de métatarsiens complets pour les deux
doigts externes qui ont perdu le contact du sol. Les différences
qui existent à cet égard dans l'étendue du groupe, considérées en
elles-mêmes, paraissent toutes de même importance et semblent
même n'avoir que peu d'intérêt; mais, si on les rapporte à la
distribution géographique des Cervidés, elles prennent une
haute signification. Comme exemples, nous pouvons choisir le
cerf et le chevreuil (fig. 24). Les doigts latéraux se composent
chacun de trois phalanges. De ces trois os, le premier chez le
cerf est plus petit que les deux autres, tandis que chez le che-

vreuil c'est la phalange supérieure qui est la plus importante, de même que celle des deux doigts principaux. Cette disposition résulte de ce que les doigts rudimentaires du cerf ont perdu complètement le contact de leurs os métacarpiens, dont il n'est plus resté que l'extrémité supérieure très réduite (A, *m*). Le chevreuil possède encore la partie inférieure de ces mêmes os (B, *m*) et elle est en rapport direct avec la première phalange. Le cerf est un Cervidé « *plesiométacarpien* », le chevreuil un « *télémétacarpien* ». Comme le cerf se comportent trente-six des trente-neuf espèces de Cervidés connues, réparties dans l'ancien continent; en un mot, toutes, excepté les deux espèces de chevreuils, et l'Hydropotes, espèce chinoise dépourvue de bois, connue seulement depuis une époque plus récente. Par contre, ces trois espèces se rapprochent, par cette même structure des membres, des Cervidés américains. Enfin, à côté des vingt espèces américaines à membres télémétacarpiens, une seule, le Wapiti (Cervus canadensis), s'en écarte, mais se rapproche intimement du groupe europo-asiatique.

Nous trouvons donc, d'après la structure du pied, une distinction très nette. Il en résulte tout naturellement cette conclusion que les Cervidés américains se sont développés en Amérique, et ceux d'Europe et d'Asie dans nos régions. Nous ne pouvons pas chercher dans l'ancien continent les ancêtres du chevreuil ni de l'Hydropotes; ce sont là des membres dispersés, venus des régions ultraocéaniennes; il en est de même du cerf canadien qui, alors que la communication existait encore entre les deux continents, quitta d'une manière définitive ses proches parents de l'ancien monde. Nous le connaissons en effet dans des couches quaternaires d'Europe, par exemple à Louverné, aux environs du Mans, où il constituait une race voisine du cerf; pour des causes inconnues, bientôt après, il disparut de cette région pour surgir de nouveau dans le Nouveau-Monde.

La réduction des doigts latéraux et la disparition de l'une ou l'autre extrémité des os métacarpiens ne se sont produites qu'après le développement des bois chez les Cervidés d'une plus grande ancienneté géologique et encore pourvus de quatre doigts complets. On peut admettre cette marche de l'évolution, si l'on ne partage pas cette idée que le développement des bois a été en plusieurs lieux un développement parallèle, mais qui n'a pu se produire qu'après la différenciation nette des Ruminants

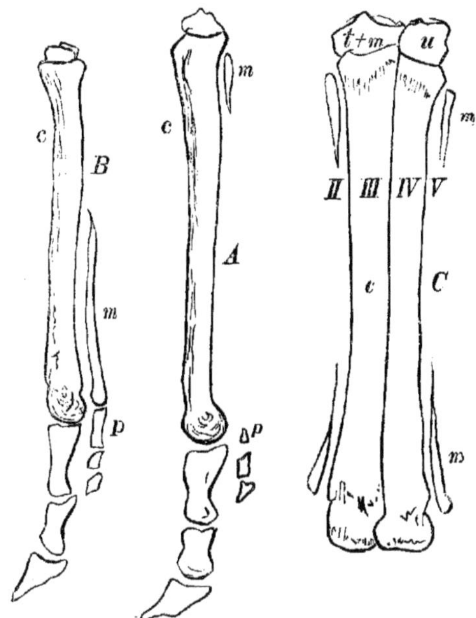

Fig. 24. — A. Membre ant. gauche du cerf. B. M. ant. g. du chevreuil; c, canon; m, métacarpien; p, première phalange. C. Deuxième série du tarse et métatarse du Gelocus. D'après Kowalewsky.

plus anciens, encore privés de cornes ou de bois, par la réduction du squelette des membres, indiquée précédemment. Ce dernier cas a été cependant très possible et il doit entrer dans le cycle de nos combinaisons, car le *Gelocus* nous fait connaître un de ces Ruminants très anciens qui a pu donner naissance, aussi bien à des formes plésiométacarpiennes qu'à des formes télémétacarpiennes. Le Gelocus est une forme adaptive des Ruminants du terrain éocène.

La tête est à peine différenciée, comme crâne de Ruminant, mais les molaires, comme chez les Ruminants modernes, sont déjà réduites à $\frac{6}{6}$, tandis que les autres genres du même âge en possèdent encore $\frac{7}{7}$. Les deux métatarsiens principaux (Fig. 24, C. III, IV) sont déjà soudés dans presque toute leur longueur, tandis que les deux métatarsiens latéraux (II. V) ont perdu leur portion médiane et ne conservent guère que l'extrémité supérieure et inférieure (*m*). Il est clair que de tels animaux pouvaient être la souche commune de deux branches, présentant l'une la structure du pied des cerfs, l'autre celle du pied des chevreuils. Quoi qu'il en soit, ces deux compagnons de nos forêts, qui nous sont si fidèles, diffèrent profondément entre eux depuis des époques très anciennes; ils sont aussi étrangers l'un par rapport à l'autre, que le cerf canadien par rapport à tous autres Cervidés américains.

L'élan et le renne prennent une place intermédiaire. Tous deux habitent les régions circumpolaires, et, par la structure du pied, tous deux se rapprochent, comme télémétacarpiens, des Cervidés du nouveau monde; le renne s'y rattache en outre par la structure des fosses nasales. Les documents nous manquent encore parfois, pour qu'il nous soit possible de nous faire une idée nette des échanges qui ont pu se produire dans deux directions opposées. Mais les observations, que nous devons en particulier aux travaux de sir Brooke (1), justifient cette remarque de Rutimeyer, que la forme et le développement des bois ne doivent être employés comme caractères distinctifs systématiques qu'avec une très grande circonspection.

On trouve déjà dans le terrain miocène des Ongulés pourvus de cornes; mais c'est surtout aux périodes géologiques les plus récentes que les Cervidés ont pris une grande extension;

(1) **Brooke**. Sur la classification des Cervidés. Proc. Zool. Soc. 1878.

celle-ci explique, dans l'ensemble, la distribution géographique de ces animaux. En dehors du renne et de l'élan, qui sont circumpolaires, Rutimeyer signale, d'accord avec Brooke, vingt espèces américaines, et trente-neuf de l'ancien continent; quelques-unes en réalité sont douteuses.

L'échange entre l'est et l'ouest paraît évident, et cependant nous l'avons vu, il est extrêmement limité. L'absence très remarquable de Cervidés en Afrique, au delà du désert, pourrait être expliquée, d'après Wallace, par cette idée que cet obstacle infranchissable pour des Cervidés existait déjà lorsque ces Ruminants commençaient à se répandre sur le globe ; au contraire les Antilopidés et même les Girafidés auraient déjà accompli précédemment ce trajet vers le sud, à moins que leur organisation ne leur eût permis de franchir le désert d'étape en étape.

Les zoologistes ont toujours réuni aux Cervidés proprement dits les Moschidés et les Tragulidés, bien que ces deux groupes de Ruminants soient dépourvus de cornes. En cela ils se sont laissé guider par l'idée généralement admise que la présence des cornes ne pouvait donner la mesure de la parenté. M. Alphonse Milne-Edwards l'avait déjà exprimée nettement en 1864, et les rapports des formes actuelles avec les formes fossiles l'ont suffisamment justifiée. A ces groupes annexes appartient l'*Hyæmoschus aquaticus*, espèce vivant sur la côte occidentale d'Afrique et de la plus haute importance comme type de raccordement entre la période actuelle et un passé très éloigné. Notre figure 25 représente en A le membre antérieur gauche de cet animal. L'Hyæmoschus apparaît nettement comme un bisulque différencié, bien que les deux os métacarpiens moyens (III, IV) soient encore complètement séparés, et les métacarpiens externes (II, V) ainsi que les doigts correspondants, encore pourvus de toutes leurs parties, et en rapport avec III et IV.

L'Hyæmoschus se montre comme une forme adaptive, en ce que les deux doigts extérieurs inactifs ont cédé la partie du carpe qui leur correspond aux deux doigts principaux et déterminé ainsi le développement plus considérable de ces derniers. Le squelette de la main de l'Hyæmoschus apparaît comme une légère modification de celui de l'*Hyopotamus* du terrain miocène

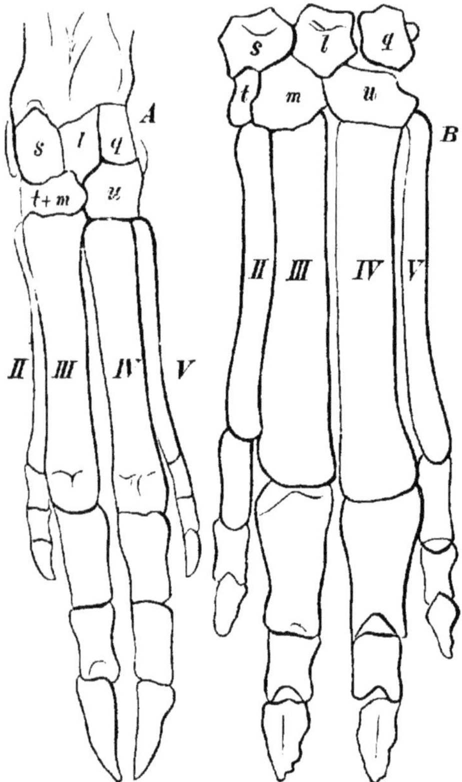

Fig. 25. — **A.** Membre ant. gauche de l'Hyæmoschus aquaticus.
B. id. de l'Hyopotamus. D'après Kowalewsky.

(fig. 25, B). Ici les deux doigts extrêmes sont encore un peu plus longs et plus forts. Le trapézoïde et le grand os ne sont pas encore soudés ; les os métacarpiens II et V sont encore complètement en rapport avec le carpe. Mais, dans l'ensemble, les différences entre l'animal vivant et ce représentant des Ongulés à doigts pairs du Miocène sont tellement faibles que l'on peut considérer l'Hyæmoschus comme une forme ancestrale primitive des Ruminants, restée intacte jusqu'aujourd'hui.

Les membres postérieurs de l'Hyæmoschus présentent des modifications plus profondes que les membres antérieurs, par suite d'une soudure presque complète des deux principaux métatarsiens. Cette réduction plus profonde du membre postérieur s'observe fréquemment; nous avons vu, par exemple, que le pécari ne possède postérieurement qu'un doigt rudimentaire, tandis qu'il y en a deux aux membres antérieurs. Cette structure différente des extrémités antérieures et postérieures trouve son explication, d'après notre manière de voir, dans le travail plus considérable accompli par les membres postérieurs, bien que nous ayons déjà présenté plus haut cette réduction comme un signe de perfectionnement dans l'adaptation. Mais si nous pouvons passer progressivement des Cervidés et des Tragulidés actuels aux Hyopotamidés anciens, pourvus de quatre doigts, cela ne veut dire en aucune façon qu'à l'époque tertiaire moyenne tous les Ruminants, privés de bois ou de cornes, possédaient encore le membre complet à quatre doigts. Au contraire, nous voyons que déjà l'Anoplotherium éocène, du calcaire grossier de Paris, resté sans descendants, ne montre plus que des traces des deuxième et cinquième doigts; et à côté de l'Hyopotamus à quatre doigts existait le Gelocus (1) à deux doigts, forme très différenciée dont les extrémités sont presque aussi réduites que chez le cerf, et tout autant que chez le Diplopus. Il serait téméraire de vouloir désigner, parmi toutes ces formes, juste les vraies formes ancestrales primitives des Cervidés ou d'un autre groupe de Ruminants actuels, mais il ne saurait nous venir à l'idée de chercher à éclaircir les rapports si frappants des êtres d'autrefois et de ceux d'aujourd'hui, autrement que par la descendance et par le principe de Darwin. Nous avons parlé plus

____

(1) Filhol, Mammifères fossiles de Ronzon, 1882 (*Gelocus, Ancodus etc.; rapports avec l'Hyopotamus*).

haut (page 129) de la part qui revient à une ressemblance homogénétique.

Les caractères tirés de la dentition conduisent aussi au même résultat que la comparaison des membres : ce n'est pas seulement le groupe des Cervidés, mais l'ordre entier des Ruminants que l'on peut comparer aux formes fossiles.

Quoi qu'il en soit, Kowalewsky a été fondé à considérer comme la forme la plus ancienne des Ongulés ruminants le *Gelocus,* découvert dans les calcaires de Ronzon (Haute-Loire). L'apparition d'une forme animale telle que le Gelocus, dit Kowalewsky (1), a été un phénomène de la plus haute importance pour l'histoire géologique des Ongulés et elle a dû exercer une influence capitale sur cette histoire elle-même. Le Gelocus se rencontre au milieu d'une faune toute éocène; il avait pour contemporains presque tous les genres d'Ongulés à doigts pairs qui nous sont connus, car on le trouve encore, en certains points, dans des dépôts de l'éocène supérieur correspondant au gypse de Paris. Cette petite créature, continue Wilckens, était certes de chétive apparence et restait même inaperçue au milieu de la grande masse des puissants pariongulés qui, à cette époque et jusque dans le miocène moyen, peuplaient la terre. Comment pouvait-elle supporter une lutte si inégale contre les grands Anoplothériens, les Hippopotamidés et les Anthracothériens, qui évidemment avaient en eux toute la puissance, tous les moyens pour anéantir cette faible créature? Les destinées furent toutes différentes de celles auxquelles on pourrait croire. Le petit être renfermait en lui le germe d'une organisation meilleure, plus avantageuse pour l'avenir. Une nouvelle idée de la réduction organique se trouvait contenue en lui, et, si inégale que se présentât la lutte pour la vie, la petite créature n'en sortit pas moins victorieuse des attaques de ces énormes et puissants Mammifères qui vivaient en même temps qu'elle. Elle

(1) Comparez Wilckens, *Die Abstammung des Rindes. Biolog. Centralblatt.* IV, 24.

représente l'origine d'une grande série d'organismes qui se sont perpétués sur le globe jusqu'à l'époque actuelle.

Parmi nos Ongulés la girafe tient une place tout à fait isolée. Abstraction faite de la forme singulière de ce Ruminant, due à l'allongement du cou et à la grande différence de taille des membres antérieurs et postérieurs, les zoologistes descripteurs s'étaient arrêtés avec raison aux appendices du front que présentent les deux sexes ; on ne voulait y reconnaître ni une corne, encore moins un bois. Les deux saillies frontales indivises, à apparence de cornes, sont recouvertes de poils ; mais ici la peau ne se dessèche pas, comme chez les cerfs, et par suite n'est pas renouvelée.

Les cornillons recouverts par la peau ne sont pas chez les Girafes, comme on pourrait le présumer, comparables à ceux des Bovidés, où les éminences de l'os frontal sont recouvertes de gaines cornées. Ils représentent à l'origine, comme les bois, des ossifications de la peau et se développent tout à fait à la manière des bois, mais ils ne se soudent jamais complètement avec l'os frontal. On peut caractériser cette structure en quelques mots :

Chez les Bovidés, — des cornillons sans bois ;

Chez les Cervidés, — des cornillons avec bois ;

Chez les Girafidés, — des bois sans cornillons.

C'est ce qui a fait dire à Rutimeyer que la girafe « est une forme particulièrement bizarre des Cervidés ».

La girafe habite l'Afrique ; elle représente sans doute, comme le lion, comme la gazelle, un immigrant venu des contrées méridionales de l'Europe. Parmi les Mammifères ensevelis à Pikermi, on en trouve aussi une espèce, le *Camelopardalis attica*, dont la taille était à peu près celle de l'espèce africaine. On n'en connaît malheureusement pas le crâne. La disproportion entre la partie antérieure et la partie postérieure du corps semble avoir été plus grande encore chez l'espèce fossile. De nombreux débris fossiles ont permis à Gaudry de restaurer complètement le squelette d'un genre voisin de la girafe, qui vivait en troupes dans l'Attique pendant la période miocène, et appelé *Helladotherium;* il est caractéristique par sa puissante extension et peut nous donner une idée de l'intensité de la vie dans cette région à l'époque tertiaire moyenne. On a trouvé encore des débris fossiles de Girafidés dans les Indes aux monts Siwa.

Aux formes précédentes on joint d'habitude le gigantesque *Siwatherium* de l'Inde, qui présentait une paire de cornes simples en avant et une deuxième paire ramifiée.

Toutefois on ne peut émettre que des conjectures fort incertaines sur ses rapports avec la girafe, et Rutimeyer pense que le Siwatherium se rapproche autant des antilopes que la girafe des cerfs. Nos connaissances relatives à deux autres genres indiens, le *Bramatherium* et l'*Hydaspitherium* sont encore si faibles qu'il est prudent de s'abstenir, au sujet de leur parenté, de toute hypothèse. La girafe tient une place voisine des Cervidés, non pas parce qu'elle représente un rameau issu de ces derniers, mais parce que, des deux côtés, les ancêtres inconnus se sont prêtés à de certaines réductions analogues et au développement de convergences.

Les Ruminants à cornes creuses ou Cavicornes : les Antilopidés et les Bovidés. — Les Ruminants pourvus de cornes, qui se groupent autour du chamois, du mouton et du bœuf, et qui présentent par conséquent des cornillons issus des os frontaux et recouverts de gaines cornées apparaissent à chacun comme un groupe naturel.

Le vulgaire n'hésite pas non plus à distinguer une gazelle comme représentant des Antilopidés, d'un bœuf, type des Bovidés. La gracilité de toutes les parties du corps, en particulier des cornes, la faible largeur de la tête, la finesse des jambes éloignent suffisamment l'antilope du bœuf; chez celui-ci les cornes sont situées sur le haut du crâne, mais le plus extérieurement possible; le crâne est de forme disgracieuse et les membres rien moins que légers. Mais si l'on groupe d'une manière rationnelle les individus des diverses séries, on trouvera, à côté des nombreux Antilopidés au corps svelte, élancé, d'autres formes se rattachant à la vache, n'ayant absolument aucun rapport avec la gazelle, ni par la tête ni par les membres, et presque toutes pourvues de cornes qui, il est vrai, diffèrent notablement de celles des Bovidés. Enfin le gnou ou cheval-cerf rejette la limite systématique au delà du groupe entier ; il reproduit en effet le Cheval par la forme de la partie postérieure du corps ; sa queue est tout à fait analogue à celles des Équidés. Il nous faudra ajouter encore tout naturellement le mouton et la chèvre à ce système. Nous pouvons les distinguer facilement entre eux dans leurs races différenciées, par exemple par les caractères du crâne. Le bélier, grâce à la forme et à la solidité des os nasaux, lacrymaux et frontaux, peut exercer des poussées extraordinairement puissantes, front contre front, qui briseraient le crâne du bouc. Mais il existe des moutons à cornes de chèvres, et l'une de ces formes, véritable mouton par la structure du crâne, a été désignée jusque dans ces derniers temps sous le nom de bœuf musqué.

Les ressemblances dont nous venons de parler ne reposent, on peut s'en convaincre avec certitude, ni sur la descendance ni sur le croisement ; elles doivent être rapportées, selon nous, sauf peut-être celles qui concernent les moutons et les chèvres, genres étroitement unis, à des développements convergents. Mais les Antilopidés, groupe le plus varié des Ruminants actuels, n'ont pas encore été étudiés avec assez de soin ; leurs rapports avec leurs ancêtres fossiles les plus proches n'ont pu être établis comme pour les Bovidés, au sujet desquels nous possédons les recherches classiques de Rutimeyer.

Le caractère distinctif du crâne des Bovidés est différencié de la manière la plus complète chez notre bœuf domestique, du genre *Bos* (fig. 26). Chez lui, l'os pariétal, cet os qui contribue à former la paroi supérieure de la boîte crânienne chez l'homme et chez la plupart des Mammifères, se trouve reporté, sauf une

petite pointe supérieure médiane, à la face postérieure abrupte
de la tête. Il est impossible de le voir, si l'on examine le crâne
par sa face antérieure ou supérieure. Au contraire, les os frontaux (fig. 26, *f*) sont développés en larges plaques recouvrant le

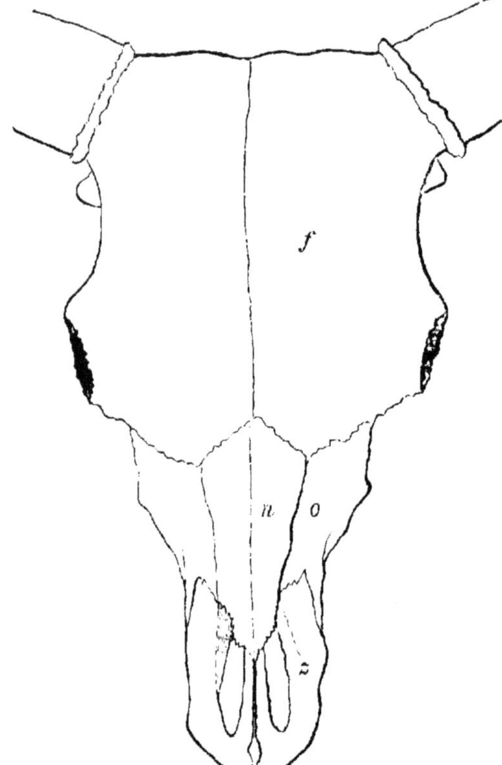

Fig. 26. — Crâne de Bovidé; *f*, os frontal; *n*, os nasal; *o*, maxill. supérieur;
z, intermaxillaire.

sommet de la tête, et les cornillons naissent à leur côté postérieur et tout à fait externe. Comparé au crâne d'un antilope
(fig. 27), celui du bœuf nous apparaît comme arrivé à une constitution extrême dont l'évolution successive est reproduite d'une
manière encore assez complète dans le développement indivi-

duel du veau. Cette évolution repose sur ce fait que, chez le veau, le crâne est encore arrondi, la partie frontale est peu développée, et l'os pariétal constitue encore à ce moment une partie de la face supérieure du crâne. Ce n'est qu'après la première apparition des cornillons et l'allongement des os frontaux que la face postérieure abrupte du crâne commence à se former. Le veau est donc Antilopidé par le crâne ; dans ce dernier groupe, en effet, ainsi que le montre la figure 27, les os pariétaux tout entiers peuvent être vus d'en haut, et les cornes n'occupent pas le coin postéro-externe des os frontaux. Les moutons et les chèvres se

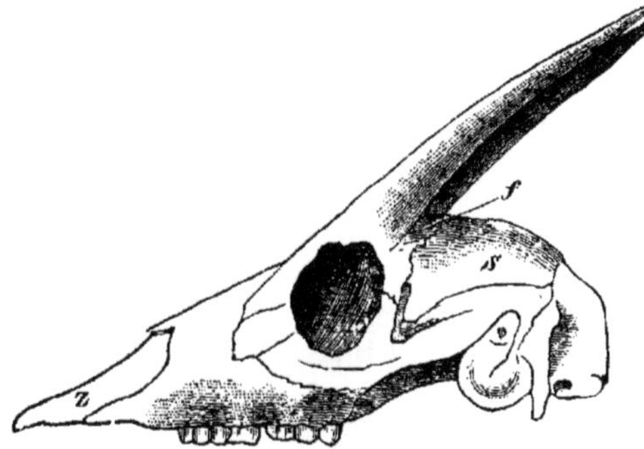

Fig. 27. — Crâne de gazelle (Antilope arabica); *s*, os pariétal ; *f*, os frontal ; *z*, intermaxillaire.

rapprochent aussi des Antilopidés par la structure du crâne. Le veau et la vache confirment donc ce principe très important de la doctrine de la Descendance, que le développement individuel n'est que la répétition, la reproduction condensée des phases successives de l'évolution géologique du genre.

Nous trouvons dans le tableau ci-joint de Rutimeyer les subdivisions de la famille des Bovidés, groupées d'après la forme du crâne. Ce tableau commence par les buffles qui, par le crâne et la situation des cornes, s'éloignent le moins des Antilopidés ; il se termine par nos Ruminants domestiques, chez lesquels les transformations sont les plus profondes.

Tableau des Bovidés fossiles et vivants. (D'après Rutimeyer.)

	Miocène (?) Pliocène	Quaternaire	Vivants
I. *Bubalina.*			
Bubalus			caffer.
			brachyceros.
Buffelus		antiquus	indicus (buffle domestique).
		sivalensis	sondaicus.
		Pallasii	
Probubalus		triquetirostris	
		antelopinus	(Anoa) celebensis.
Amphibos	acutiformis		
II. *Portacina*			
Leptobos	Falconeri		
	Strozzii	Frazeri	
III. *Bibovina*			
Bibos	etruscus	Palœogaurus	Gaurus.
			Gavæus (?)
			sondaicus.
			indicus.
			grunniens (Jack).
IV. *Bisontia*			
Bison	sivalensis	priscus	europæus.
		latifrons	americanus.
V. *Tourina*			
Bos	planifrons	namadicus	
		primigenius	taurus f. primigenius.
			f. trochocerus.

Ce tableau représente l'état actuel de la science sur ce groupe
de Ruminants. Nous en concluons que nos connaissances sont
encore assez peu étendues, bien que, pendant la période pliocène
qui a vu se constituer de véritables Bovidés, les différences si-
gnalées précédemment existaient déjà depuis le buffle jusqu'au
bœuf. Les variétés européennes de Bovidés remontent probablement toutes (1) à l'aurochs diluvien (Bos primigenius) qui, à

(I) Les trois races de Bovidés les plus importantes, qui conduisent au Bos
primigenius sont :

    1° race Brachyceros. — Bétail d'Appenzell (d'après Wilckens, ce n'est
                               pas exactement le Bos lon-
                               gifrons d'Owen.)
    2°   — primigenius — id. de Hollande.
    3°   — frontosus   — id. de Berne.

cette époque, avait déjà donné naissance à un certain nombre de races (1).

La question de savoir si l'aurochs sauvage (Bos primigenius), dont les restes fossiles ont été abondamment trouvés dans les dépôts quaternaires d'Europe, a vécu encore dans les mêmes régions, à l'époque historique, a vivement préoccupé les naturalistes depuis Conrad Gessner, Buffon et Cuvier. Ces savants et tous ceux qui se sont occupés de la question s'en rapportent à l'indication du seigneur de Herberstain, qui prétend avoir vu, en 1526, pendant son séjour en Lithuanie lors d'un voyage diplomatique à Moscou, un aurochs à la cour du roi Sigismond. Une description et une figure de cet aurochs se trouvent dans ses récits de voyage « *Rerum moscoviticarum commentarii* ». Or il résulte des recherches très minutieuses de Wilckens que le récit relatif à ce bœuf sauvage et attribué jusqu'ici à Herberstain est entièrement faux et a été ajouté par une main étrangère. Ainsi tombent du même coup tous les récits, mille fois répétés, relatifs à la chasse au Bos primigenius.

Si l'on se place aux points de vue indiqués précédemment et si l'on compare le crâne du bœuf domestique, du bison, du yack et du buffle avec celui de l'antilope, la ressemblance avec ce dernier s'accuse de plus en plus. C'est ainsi que le bison (fig. 28) est encore tellement semblable au bœuf que l'on ne saurait dire, nous le verrons plus loin, si l'une de nos races, le bétail de Dux, doit être rapportée à l'aurochs ou au bison. Au contraire, l'Anoa des Célèbes, qui est désigné par Rutimeyer sous le nom de Probubalus celebensis et qui rappelle, il est vrai, le bœuf par son aspect général — « la forme naine des Bovidés » (Brehm) — représente un véritable antilope par les rapports des os frontaux

(1) Un excellent exposé des recherches et des considérations sur l'origine du Bœuf domestique se trouve dans *Fuhling's Landwirthschaftlicher Zeitung*, Février 1878 : *Pagenstecher*, Contributions à l'étude de l'origine du Bœuf. — Récemment la question a été soumise à une nouvelle étude critique par Wilckens dans *Landwirthschaftliche Jahrbücher*, Berlin 1885, page 263. Le passage du texte ci-dessus relatif à cette question est emprunté à ce travail.

et pariétaux (fig. 29). La ressemblance externe doit être considérée ici, au point de vue scientifique, comme une convergence, et l'analogie de structure du crâne comme une homologie.

Nous avons fait observer précédemment que ce n'est qu'à

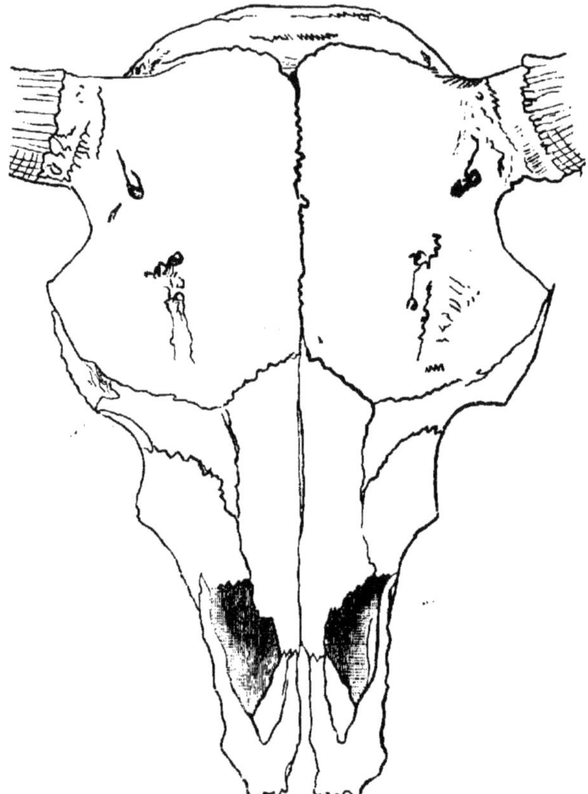

Fig. 28. — Crâne du Bison americanus. D'après Wilckens.

l'époque miocène que commence à s'effectuer la différenciation des Ruminants pourvus de cornes ou de bois; c'est donc, en d'autres termes, depuis cette époque qu'existe la difficulté de la distinction des Cervidés et des Antilopidés. Plus tard, nous trouvons la branche des Bovidés, sans qu'il soit possible d'indiquer d'une

manière plus précise son point d'origine. Dans le miocène inférieur et dans l'éocène, les Ruminants étaient représentés par des
pariongulés différenciés, avec replis semi-lunaires d'émail; ils se
distinguaient par le manque absolu de cornillons frontaux et par
une dentition très complète, sans espaces vides, et dépourvue
en général de canines proéminentes ; pour certains d'entre eux
ces dernières étaient des armes de défense. Une de ces premières
formes sélénodontes, encore vierge de toute transformation dans
aucune direction, comme l'Hyopotamus, est le genre *Cainothe-*

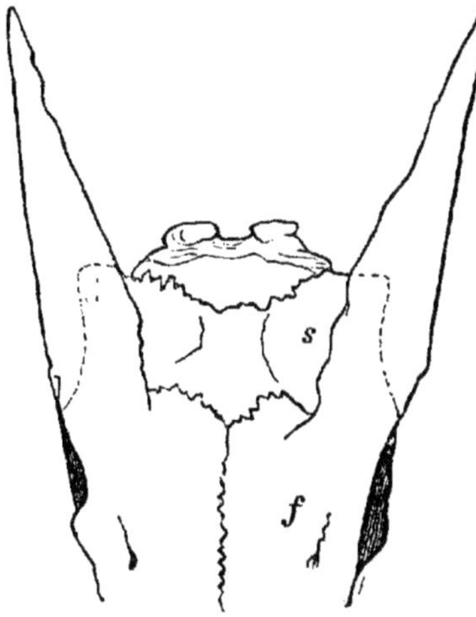

Fig. 29. — Crâne de l'Anoa ; *s*, os pariétal ; *f*, os frontal. D'après Rutimeyer.

rium, de la faune fossile des pariongulés ; la forme de cet animal
était des plus gracieuses ; les Tragulidés actuels nous en donnent
une idée très exacte (fig. 30). Le Cainotherium et les genres voisins, tels que le Xiphodon, le Xiphodontherium, étaient incontestablement des Ruminants; la situation et la structure des
sillons transversaux des molaires ne laissent à ce sujet aucun
doute, de même que la forme du condyle, dont dépend le mouvement de circumduction si caractéristique de la mâchoire infé-
rieure. La formule dentaire est $i. \frac{3}{3}$, $c. \frac{1}{1}$, $p. \frac{4}{4}$, $m. \frac{3}{3}$, et dans la

plupart des exemplaires les dents forment aux deux mâchoires une série continue.

Aujourd'hui, au contraire, nos Cavicornes manquent d'incisives à la mâchoire supérieure ; de canines aux deux mâchoires, sauf dans quelques espèces de Cervidés qui en sont pourvues à la mâchoire supérieure. Cette réduction remarquable de la dentition, fait d'ailleurs tout à fait général, a donc dû se produire dans le cours des âges. Filhol(1) a établi d'une manière très claire, pour les types indiqués précédemment, quand et comment elle s'est produite. Les Cainotheriens, à en juger par la masse considérable de leurs restes fossiles, vivaient en troupeaux, à la manière des Antilopidés, de sorte que des centaines de crânes, des milliers de mâchoires inférieures ont pu être comparés. A cet égard se manifestait une variabilité extraordinaire dans le domaine des canines (fig. 30, *r*) et des premières prémolaires. Tantôt les séries dentaires normales, c'est-à-dire les séries très anciennes transmises par voie héréditaire, se dissocient ; un petit espace vide apparaît entre la canine et la première prémolaire ; celle-ci se rapproche ensuite de la canine et est souvent suivie de la deuxième ; les deux prémolaires sont ainsi placées hors d'usage sans aucun doute et la conséquence la plus immédiate est leur disparition ultérieure complète. Dans d'autres cas on observe une corrélation intime entre l'apparition des défenses de la tête et la disparition des canines, ce qui permet à Filhol d'appeler l'attention sur le principe du « *balancement des organes* », formulé au commencement de ce siècle par Etienne Geoffroy Saint-Hilaire, mais déjà exprimé dans Aristote. En même temps que disparaissent les premières prémolaires, les molaires qui subsistent prennent une constitution de plus en plus égale, et ainsi s'est fixée progressivement la dentition si caractéristique des Ruminants actuels, qui, dans sa forme ancienne, par des séries dentaires complètes, par des canines plus apparentes, rappelle encore

(1) Comparez : page 48, note 2.

dans une certaine mesure la dentition des Omnivores et des Bunodontes.

Les observations de Filhol nous montrent que le processus de l'apparition et de la fixation de la barre dentaire des Ruminants s'est renouvelé, que d'abord des différences individuelles se sont fixées par voie héréditaire, et puis ont conduit peu à peu à des formations de races. S'il ne nous est pas possible, dans chaque cas, de reconnaître les avantages avec lesquels elles sont en rapport et qui ont occasionné la sélection, au moins avons-nous, comme il a été dit plus haut, une idée et une explication de

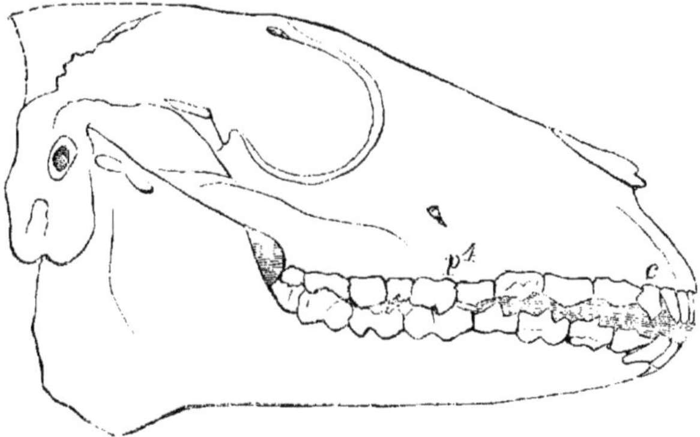

Fig. 30. — Crâne de Cainotherium metopias (*grand. nat.*). D'après Filhol.

pareils avantages ; il en résulte la disparition complète des races souches et le développement des espèces récentes.

En Amérique nous trouvons les mêmes rapports. Là, les Antilopidés et Bovidés sont, il est vrai, en voie de rétrogradation frappante dans la faune actuelle ; mais la richesse en formes fossiles spéciales est tellement considérable que nous ne pouvons en vouloir au patriotisme des observateurs américains lorsqu'ils nous présentent encore leur pays comme le véritable berceau de ces Mammifères ongulés. Parmi ces types propres à l'Amérique, nous ne citerons ici que la riche famille des *Oréodontes* qui joint aux caractères des Pachydermes de la forme des Porcins —

notamment la présence de canines très puissantes servant de défenses, — des molaires analogues à celle des Ruminants. Les représentants de cette famille étaient si nombreux à l'époque de l'éocène moyen, qu'ils ont servi à désigner toute une série de dépôts; ils nous montrent les liens qui existent entre leur apparition en nombre si considérable et cette dispersion en races et espèces qui semble être un trait caractéristique des formes originelles.

Bien que l'Amérique ait été riche en ancêtres non encore différenciés de nos Ruminants d'aujourd'hui, elle est cependant restée particulièrement inféconde en ce qui concerne le groupe des Bovidés. Car, même l'ancêtre diluvien du bison de l'Amérique du Nord pourrait lui être contesté. Nous touchons là à des circonstances anthropologiques de la plus haute importance, particulièrement liées à cet autre fait que la série de formes des Equidés, elle aussi, a été interrompue juste au moment de l'apparition de l'homme dans le nouveau monde : cet homme primitif était encore si barbare et si dépourvu de toute aptitude au perfectionnement, qu'il n'a pu réussir à s'adjoindre aucun compagnon de son berceau asiatique pour la civilisation et pour l'accomplissement de progrès ultérieurs rapides. Il s'est passé là le même phénomène, quoique à un degré beaucoup moindre, que celui que nous avons déjà signalé précédemment pour l'Australie. Au début de ce siècle, les buffles (Bison americanus) traversant les prairies par troupeaux pouvaient être évalués à plusieurs centaines de mille. Rien ne prouve que les indigènes américains aient jamais essayé de domestiquer ces animaux. Bien plus, dans presque tout le nord de l'Amérique, les Indiens étaient liés au buffle, en ce sens qu'ils se trouvaient obligés constamment de passer avec lui de pâturage en pâturage. Il était donc impossible que la vie sauvage de chasseur fit place chez eux à la pratique plus noble d'une vie sédentaire.

Seules, les peuplades du centre et en partie du sud de l'Amérique qui avaient émigré des régions du nord avaient quelque chance d'arriver à une organisation sociale relativement élevée ;

elles vivaient dans des conditions climatériques plus avantageuses et avaient déjà adapté à la vie domestique diverses formes de lamas.

L'importation du bœuf et du Cheval d'Europe fut la cause première de la disparition du bison américain. Cette forme de Ruminant a trouvé son biographe dans le professeur Allen (1), qui a établi aussi d'une manière très nette ses rapports avec les races diluviennes. Il arrive toutefois sur ce point à une manière de voir quelque peu différente de celle de Rutimeyer (comparez plus haut, page 140).

La plus ancienne forme est le gigantesque Bison latifrons des dépôts diluviens de l'Amérique du Nord, dans lesquels on a trouvé les restes fossiles du Mastodon, du Megalonyx, du Mylodon, etc.

De cette forme sont issues deux espèces (races?) peu différentes l'une de l'autre, le Bison antiquus du nouveau monde', le Bison priscus de l'ancien. Cette dernière a ˌdonné naissance à l'Aurochs européo-asiatique ; l'autre, qui vivait en compagnie de l'Elephas primigenius et du chevrotain porte-musc, a été la souche du Bison americanus.

Il est très vraisemblable, ainsi que nous le faisions observer plus haut, que les premiers habitants de l'Amérique n'avaient fait sur le buffle aucun essai de domestication. Dans tous les cas, leurs efforts sont restés stériles. Il en a été tout autrement pour les immigrants européens qui, depuis le milieu du siècle précédent, se sont constamment occupés de la pratique de la domestication. Le croisement avec nos animaux domestiques réussit assez facilement, si les animaux sauvages, capturés pendant leur jeune âge, se développent au milieu des troupeaux de bœufs, et il semble tout au moins certain qu'on ait pu obtenir une race de croisement très puissante. M. Tompson, qui, d'après les communications d'Allen, avait poursuivi pendant cinquante ans ses essais

(¹) Allen, Le Bison américain (*Cambridge, Mass.* 1876).

de domestication sur l'espèce intacte, non mélangée, a affirmé que cet animal pouvait être dressé en vue du travail, en vue de la production du lait, alors que les efforts tentés précédemment avaient eu principalement pour but l'utilisation des cornes et de la peau.

Dans ces circonstances, on arrive bien vite à se demander si l'un ou l'autre de nos Bovidés domestiques d'Europe ne doit pas être rapporté au bison de la même région. Tous les observateurs qui se sont occupés de la question nous présentent le bison comme inapte à la domestication, et rapportent toutes les races d'animaux domestiques du groupe des Bovidés, à l'exception du Yack, au genre Bos, dont le caractère réside dans la structure du front. Un seul auteur, Wilckens, a appelé l'attention sur l'analogie qui existe entre le crâne du taureau à tête courte (race brachycéphale) habitant particulièrement le Tyrol oriental (Dux) et le crâne du bison ; mais cet observateur a pu se convaincre plus tard que la race brachycéphale de l'habitation lacustre très ancienne des marais de Laibach n'est pas composée de descendants directs du bison (1).

(1) Wilckens. Sur les os crâniens du Bœuf trouvés dans les cités lacustres des marais de Laibach, 1877 (*Mittheilungen der anthropologischen Gesellschaft in Wien*).

CHAPITRE VI

Les Impariongulés sont représentés aujourd'hui par trois genres : le tapir, le rhinocéros et le cheval, tous trois pauvres en espèces. C'est dans le cheval que la réduction des membres antérieurs et postérieurs a été poussée le plus loin ; l'un des doigts, celui du milieu, par suite de la disparition complète des quatre autres, reste seul soutien de la masse du corps. Il existe encore des rudiments d'os métatarsiens, mais seulement pour le deuxième et le quatrième doigts. Le tapir est pourvu de quatre doigts en avant, de trois seulement en arrière ; le rhinocéros de trois doigts à tous les membres ; ces deux genres ont conservé par là de très anciens caractères. Malgré ses transformations si profondes, le Cheval a un arbre généalogique plus clair, plus continu qu'aucun autre Mammifère de l'époque actuelle ; on n'y observe aucune lacune. Nous nous guiderons d'après le tableau ci-joint pour essayer de résoudre notre problème général sur le groupe qui nous occupe maintenant. Les rapports sont en général si simples et si clairs que les divergences des paléontologistes dans la conception des parentés ne concernent que des points d'importance secondaire.

Tableau généalogique des Impariongulés.

```
Période actuelle   Tapir            Rhinocéros          Cheval
Diluvium ..........................Elasmotherium................Pliohippus (1).
                                                    Hipparion.........Protohippus.
                 Tapir........Rhinoceros
                            Aceratherium........Anchitherium......Miohippus.
Miocène..........................................................Mesohippus.
                                                    Palæotherium med. Orohippus.
                 Lophiodon                          Palæotherium......Eohippus
Éocène...........        Palæothériens (4 et 3 doigts).
                                   |
                        Impariongulés anté-éocènes
```

§ 1. — TAPIR ET RHINOCÉROS.

Les Tapirs sont représentés par deux ou peut-être trois espèces dans l'Amérique du Sud, et par une seule dans les Indes. Ils vivent de préférence dans les forêts marécageuses. Leur dentition est très complète, malgré l'espace vide très apparent entre les canines et les molaires. La formule dentaire est $i.\ \dfrac{3}{3},\ c.\ \dfrac{1}{1},\ m.\ \dfrac{4\ 3}{3\ 3}$. Les incisives et les canines n'ont, comme d'habitude, rien de particulier dans leur forme et leur structure ; les molaires au contraire nous montrent un type tout spécial, par suite de la formation de deux tubercules dont le bord supérieur passe extérieurement et intérieurement à une crête assez tranchante (fig. 32). Les éminences des dents de la mâchoire supérieure sont situées l'une en avant et l'autre au milieu de la couronne ; elles correspondent aux dépressions des molaires de la mâchoire inférieure ; dans ces dernières le tubercule postérieur prend naissance à la face postérieure de la dent. Les tapirs ne peuvent exécuter qu'à un faible degré le mouvement circulaire si caractéristique de la mâchoire des Ruminants ; leurs dents sont surtout aptes à écraser les matières végétales, et les crêtes tranchantes des tubercules des molaires peuvent aussi couper grossièrement les aliments. Le membre antérieur des tapirs possède encore quatre doigts complets ; mais si l'on considère le squelette, on s'aperçoit bien vite que le deuxième

(1) Série américaine des Chevaux.

doigt interne, correspondant au médian du membre à cinq doigts, est plus fort que les autres et que sa situation par rapport à l'axe de la jambe est celle que nous avons donnée comme caractéristique des Ongulés à doigts impairs. Un genre à cinq doigts, avec ces mêmes rapports du doigt médian, le *Coryphodon*, a été, nous

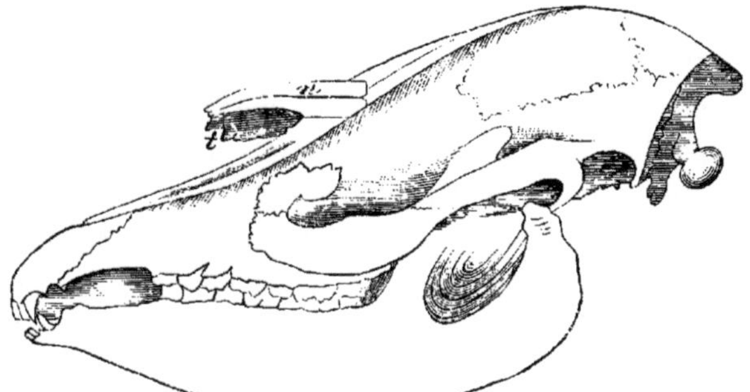

Fig. 31. — Crâne de tapir (Tapirus americanus); *n*, os nasal ; *t*, cloison nasale osseuse (1/3 *grand. nat.*).

l'avons vu, trouvé dans le terrain éocène. Comme les genres les plus anciens connus analogues aux tapirs ne possèdent au plus que quatre doigts, il est naturel de rechercher les formes primitives inconnues dans la formation secondaire. Outre le doigt interne,

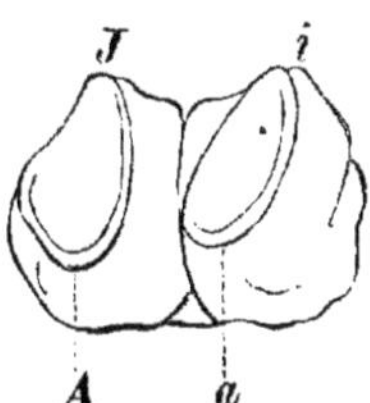

Fig. 32. — Dernière molaire gauche et inférieure du Lophodon parisiensis. A, *a*, tubercules externes ant. et post.; I, *i*, tubercules internes, ant. et post.

le tapir a perdu aussi le cinquième doigt aux membres postérieurs ; c'est là un exemple de plus en faveur de la loi que nous avons établie précédemment (page 133), à savoir, que le membre postérieur est souvent plus réduit que le membre antérieur.

Le tapir représente une forme animale maintenue presque

sans modifications depuis l'époque tertiaire la plus ancienne,
une de ces formes particulièrement nombreuses dans les rangs
inférieurs du règne animal, que l'on a qualifiées de persistantes.
Elles ne démontrent en aucune façon l'immutabilité de l'espèce;
elles nous apprennent seulement que, dans des conditions déterminées, la stabilité peut être d'une durée excessive. Le genre
est représenté dans le miocène par plusieurs espèces. A leur
place on trouve dans l'éocène moyen le *Lophiodon*, caractérisé
par la forme beaucoup plus simple des saillies dentaires transversales, mais que l'on pourrait à peine distinguer du tapir par
l'aspect général et le genre de vie. Les Lophiodontes européens
conduisent tout naturellement d'abord au tapir indien. En Amérique la série géologique des tapirs est plus complète. Deux
genres, *Helaletes* et *Hyrachyus*, très voisins du lophiodon, appartiennent au terrain éocène. On peut les appeler formes tapiroïdes.
Un peu plus tard apparaît le lophiodon, un des genres moins communs. Le *Tapiravus* du miocène ressemble encore davantage au
tapir; il est suivi lui-même à l'époque quaternaire du véritable
tapir. Ses migrations vers l'Amérique du Sud, sa demeure actuelle,
sont certaines. Il existe donc des espèces éocènes aussi bien dans
l'hémisphère oriental qu'occidental; leur origine et leur séparation sont totalement inconnues; leurs membres et leur dentition
les font ressembler au genre tapir, avec lequel ils ne présentent
que des différences de peu d'importance. Dans l'état actuel de la
science, c'est donc une simple question d'appréciation que de
considérer avec Marsh le nouveau monde comme la patrie primitive des tapirs, et de les faire émigrer de là en Asie, ou inversement, d'admettre comme plus vraisemblable, avec Carl Vogt, une
évolution parallèle.

A côté des tapirs actuels, et unis à eux d'une manière intime
par la structure du pied et de la dentition, se trouvent les rhinocéros, répartis dans le sud de l'Asie et les grandes îles voisines,
et aussi dans l'Afrique. Leurs défenses frontales se composent
d'éminences cornées, solides, fixées sur l'os nasal; cet os, aux

points correspondants, se relève en une sorte de bosse plate osseuse, à surface rugueuse. Par ce caractère du crâne, on peut reconnaître aussi, dans la plupart des cas, si des animaux fossiles de la forme des Rhinocéridés étaient pourvus de cornes.

Pendant toute la période diluvienne, et pendant la période tertiaire jusqu'aux Palæothériens et Lophiodontes, existaient des Rhinocéridés ou au moins des animaux dépourvus de cornes qui leur ressemblaient étroitement. Vers le milieu de la série se trouve l'*Aceratherium*, dépourvu complètement d'appendices frontaux. La comparaison du crâne de ce Mammifère avec celui des Palæothériens et des Tapiridés fait ressortir ses rapports de parenté avec ces derniers. Il faut remarquer cependant une réduction notable des dents antérieures. En général l'instabilité des incisives et des canines est beaucoup plus apparente dans toute la série des Rhinocéridés, jusqu'à l'époque actuelle, que dans toute autre famille. La formule dentaire de l'Aceratherium est $\frac{2.0.7}{1.1.7}$. Par la présence de quatre doigts aux membres antérieurs, il se trouve le plus rapproché des ancêtres primitifs à cinq doigts. A l'Aceratherium font suite, dans la série ascendante, les véritables rhinocéros à os nasal très développé et apte à supporter le poids de la lourde corne. Plusieurs espèces diluviennes, en particulier le Rhinocéros tichorinus qui s'étendait bien au-delà de l'Europe centrale au moment de la mer glaciaire asiatique, possédaient, au lieu de la cloison nasale d'habitude cartilagineuse, une solide cloison ossifiée constituant pour la corne un soutien efficace (1) ; cette ossification se trouve aussi fréquemment dans les tapirs, par exemple dans l'espèce Tapirus americanus que représente la figure 31.

(1) Le rhinocéros à cloison nasale osseuse a vécu en Europe avec le mammouth jusqu'à la période d'apparition de l'homme ; ses ossements, retrouvés fossiles ainsi que ceux de son compagnon, aidèrent puissamment l'imagination de nos pères à enfanter des géants et des dragons. Sur la place du marché de Klagenfurt se trouve une statue de pierre très ancienne représentant un dragon dont la tête avait été copiée sans aucun doute sur un crâne de Rhinoceros tichorinus.

L'Amérique, elle aussi, avait sa série de Rhinocéridés. Cette série semble s'être séparée des formes tapiroïdes pendant l'éocène moyen, et elle paraît nettement dans le miocène supérieur avec le genre Aceratherium. Des genres analogues appartiennent au pliocène, mais n'ont plus aucun représentant à l'époque moderne.

Les causes de leur disparition ne sont pas claires pour ce qui concerne le nouveau monde. Au contraire, pour l'extinction des espèces diluviennes, ou leur retrait des régions moyennes de l'ancien continent dans les régions tropicales, nous possédons beaucoup plus de documents. Même en admettant que quelques formes isolées, par exemple le rhinocéros à cloison nasale osseuse, aient pu supporter comme le Mammouth un climat plus rude,

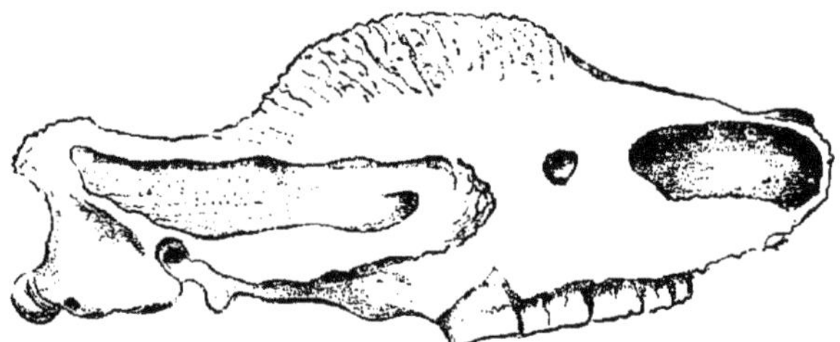

Fig. 33. — Crâne d'elasmotherium (1/12 *grand. nat.*). D'après Brandt.

elles n'auraient pu subsister en présence des glaces qui, à cette époque, envahissaient peu à peu les continents : nous ne savons pas toutefois quelle était la cause qui empêchait ces animaux de prendre la fuite ; nous pouvons en tous cas les considérer comme sacrifiés au climat, devenu insupportable pour eux. D'autres qui ont pu utiliser les communications momentanées des continents pour se retirer vers le sud ont eu la vie sauve.

Un Rhinocéridé, qui a été peut-être encore un contemporain de l'homme et qui appartient aux manifestations les plus colossales du monde géologique, est l'*Elasmotherium*. Il possédait aussi une cloison nasale osseuse et était armé, ainsi que le montre la saillie rugueuse striée de son front, d'une corne extrêmement puissante. La longueur de son crâne est de plus d'un mètre. La forme des molaires avec leurs franges d'émail ondulées toutes spéciales est un autre caractère. Ce géant lui-même de l'époque diluvienne n'a pu se perpétuer à la surface du globe. Ses restes fossiles, peu nombreux, parmi lesquels figure un crâne presque tout entier, n'ont été trouvés que dans la moitié sud du bassin de la Volga.

La taille des Rhinocéridés actuels et de la plupart des formes géologiques paraît moins surprenante si l'on met au jour les petites espèces d'autrefois, par exemple le Rhinoceros minutus.

Avant de passer au groupe le plus malléable et le plus important des Impariongulés, celui des Equidés, appelons encore l'attention sur quelques formes américaines qui se distinguent tant par leur taille que par la constitution toute particulière de leur crâne; elles n'ont pas soutenu sans transformations la lutte pour la vie et sont d'ailleurs restées sans descendants. Leur origine rappelle l'Elasmotherium, en ce sens qu'elles ne donnent aucun éclaircissement sur le présent et sortent par conséquent des limites de nos recherches; de plus elles ne peuvent évoquer en nous d'autre idée, pour la conception du monde organique, que celle de l'incroyable exubérance de formes, de l'énorme puissance de la faculté génétique du monde vivant à cette époque; elles en sont la preuve incontestable. Cette multiplication s'est ralentie pendant l'époque tertiaire supérieure et diluvienne, et pendant la période actuelle nous observons une certaine stabilité dans le monde organique et inorganique. Mais dans le monde organique, nous entrevoyons une des conditions préalables du développement morphologique et social de l'humanité.

Les couches miocènes inférieures, à l'est des Montagnes-Rocheuses, renferment les restes fossiles des *Brontothériens*, animaux de taille colossale, dont le corps atteignait le périmètre de celui des éléphants, mais avec des membres plus courts, pourvus en avant de quatre, en arrière de trois doigts. Leur crâne, allongé comme celui des Rhinocéridés (fig. 34), possédait au-dessus de la mâchoire supérieure et en avant des cavités orbitaires une paire de cornillons osseux, soutiens de cornes puissantes; très probablement les os nasaux et l'espace libre entre les cornes permettaient-ils l'insertion d'une trompe.

On connaît en outre, d'après des moulages, le rapport entre le cerveau et le crâne du Brontotherium, ainsi que des Ongulés primitifs dont il a été question précédemment, et des Corypho-

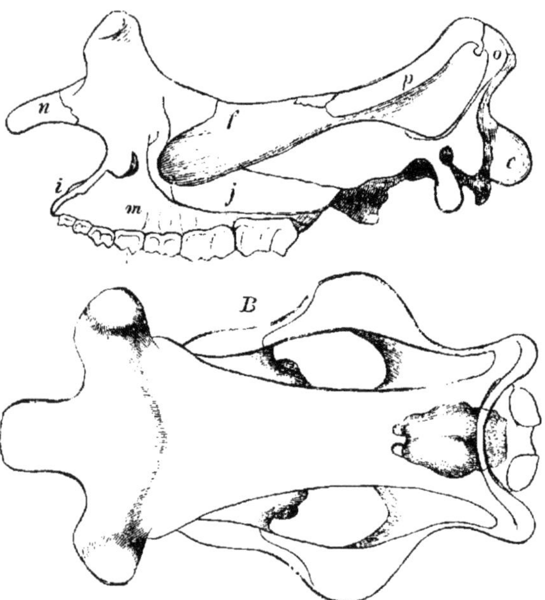

Fig. 34. — A. Crâne de Brontotherium ingens (1/10 *gr. nat.*). *n*, os nasal; *i*, intermaxillaire; *m*, maxill. sup.; *j*, arcade zygomatique; *f*, os frontal; *p*, os pariétal; *c*, condyle articulaire. — B. Le même, vu par la face sup. avec indication du cerveau. D'après Marsh.

dontes et Dinocératiens qui en dérivent. La masse du cerveau est extraordinairement petite (fig. 34, B). Son extension rappelle les proportions du cerveau des Reptiles, et ce faible développement de la masse nerveuse n'a certes pas été sans influence sur leur extinction ainsi que sur celle de série analogues.

C'est ainsi qu'ont disparu aussi les Reptiles puissants de la période secondaire, particulièrement ceux qui vivaient sur les con-

tinents. Le petit nombre des Reptiles de grande taille, mais de
faible cerveau, qui vivent encore aujourd'hui, le groupe des Cro-
codiliens, doit très certainement à son genre de vie aquatique
de s'être maintenu jusqu'à l'époque actuelle et d'avoir conservé
toute sa stabilité. Le passage progressif à la vie terrestre eût occasionné la mort de ces animaux.

On a découvert, dans des couches miocènes plus récentes de
l'Orégon, un genre peut-être parent du précédent, appelé *Chali-
cotherium ;* on a trouvé aussi ses restes fossiles dans l'ouest de
l'Amérique, en Chine, dans les Indes, en Grèce, en Allemagne et
en France. Marsh tire de cette circonstance cette conclusion que
ces divers gisements ne représentent que les étapes successives
qui; dans ce cas et dans tous les autres, auraient procuré à l'ancien monde ses formes vivantes.

<h3 align="center">§ 2. — LES ÉQUIDÉS.</h3>

La figure 35, reproduite un nombre considérable de fois par
tous les auteurs récents, est la copie du dessin publié par Owen
en 1857 et dont il se servait pour démontrer à ses auditeurs
comment le cheval actuel à un seul doigt descend d'ancêtres
géologiques qui en avaient trois. L'Ongulé à trois doigts découvert par Cuvier, qui l'a appelé *Palæotherium medium,* ressemble complètement au tapir par l'aspect extérieur; celui-ci
possède cependant quatre doigts et représente par suite une forme
plus ancienne. Les Palæothériens sont essentiellement éocènes;
leur régime, à en juger par leur dentition, était semblable à celui
des tapirs; ils peuplaient en nombre considérable les forêts marécageuses qui s'étaient constituées à la suite du relèvement des
bas fonds des mers jurassique et crétacée. Ils s'étaient répandus
aussi dans l'Amérique du Sud. Dans l'état actuel de nos connaissances géologiques, il est, nous le savons, tout à fait inutile de
chercher à établir par l'intermédiaire de quels passages ces migrations se sont effectuées; il ne reste plus qu'à séparer complè-

tement de la série parallèle d'Europe et d'Asie, la série des descendants des Palæothériens du nouveau monde. Dans l'Amérique du Sud cette série semble devoir s'éteindre bientôt complètement; mais elle se présente fort riche et développée d'une manière ininterrompue dans l'Amérique du Nord.

Le Palæotherium est un Ongulé à trois doigts bien caractéristiques. Toutefois le doigt du milieu est un peu plus fort que les deux latéraux; ceux-ci, bien qu'un peu raccourcis et par suite dans

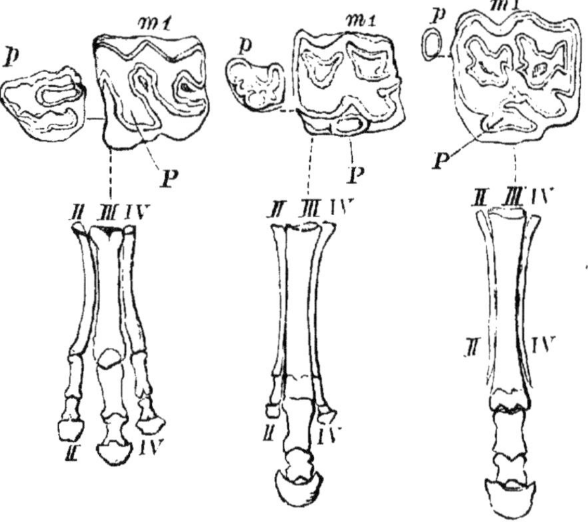

Fig. 35. — Palæotherium. Hipparion. Cheval. *p*, première prémolaire ; m_1, première molaire. D'après Owen.

une position un peu plus rapprochée de la verticale, touchent encore complètement le sol, et, comme soutien de la masse du corps, fournissent leur juste part de travail. La série successive des genres *Palæotherium, Anchitherium, Hipparion* et cheval nous permet de voir comment les deux doigts latéraux II et IV s'élèvent de plus en plus au-dessus du sol, et se réduisent progressivement, tandis que le doigt médian se fortifie et se développe ; finalement ces transformations font du cheval un animal éminemment apte à la course et propre à seconder l'homme dans ses travaux. Owen voit là une modification providentielle faite en vue de l'humanité; pour nous, au contraire, il y a simplement une adaptation progressive à la constitution du sol, à l'apparition de surfaces unies plus étendues sur la terre, telles qu'elles se sont formées, en réalité, pendant la période tertiaire.

C'est ainsi que dans l'*Anchitherium aurelianense* (fig. 36) les pointes des doigts extrêmes ont à peine quitté le sol, et peuvent encore rendre quelque service pendant la marche sur un sol peu consistant.

L'*Hipparion* de la période tertiaire moyenne possède aussi les doigts latéraux (fig. 35); mais ils ne sont là que comme indices de leur structure originelle. Ils n'ont plus aucun usage et, par suite de leur complète inactivité, leurs phalanges moyennes se sont raccourcies et sont en voie de disparition. Dans l'Hipparion se trouve de fait complètement effectuée l'adaptation d'un animal qui autrefois vivait dans les terrains marécageux, à un sol plus consistant, couvert de prairies étendues; en d'autres termes, la transformation d'un animal d'allure lente en un autre beaucoup plus agile. Il s'étendait depuis l'Europe centrale jusqu'en Asie et, çà et là, il formait des troupeaux innombrables, ainsi que nous l'apprend la description remarquable des plateaux miocènes de Pikermi, présentée par Gaudry avec beaucoup d'imagination.

Le passage de l'hipparion au cheval est un phénomène conforme aux lois de la nature. Ces deux doigts latéraux doivent disparaître peu à peu, parce qu'ils sont une surcharge qui ne rend aucun service à l'organisme et qui cependant continue à recevoir des matières nutritives. Ils n'ont pas encore complètement disparu; il en reste deux os ou « stylets métatarsiens » qui vont aboutir au doigt médian. Le cheval de l'avenir perdra — plus sûrement que la musique de l'avenir — ces restes d'une ancienne organisation, devrait-il falloir plusieurs millions d'années pour que cette transformation s'accomplît, tant il est vrai que l'organisme conserve, avec une fixité extraordinaire, les organes rudimentaires qui lui ont été transmis par voie héréditaire. L'Hipparion n'a en réalité pas encore complètement disparu du monde vivant.

On a observé de temps à autre des chevaux pourvus de doigts supplémentaires, qu'il ne faut pas considérer tout simplement comme des monstruosités; nous trouvons au contraire dans leur organisation cette répétition, ce renouvellement que dans le langage scientifique on désigne sous le nom d'*atavisme*. Ces sortes de chevaux hipparions, en lesquels le vulgaire ne voit naturellement que des êtres curieux et des monstres, ont été exposés à plusieurs reprises dans les foires, ainsi que nous l'apprend von Siebold (1). La description d'un pareil Équidé a été faite par M. Frank, directeur de l'École vétérinaire de Munich : « Les stylets métatarsiens, correspondant aux deuxième et quatrième doigts, ne sont pas réduits de la même manière à tous les membres. Au membre antérieur c'est le médian (mc 2), au membre postérieur le latéral (mc 4) qui est le plus développé, ainsi que l'a déjà montré Hensel. Or on remarque quelquefois chez le cheval — le fait n'est pas extrêmement rare — des cas d'atavisme tels que le stylet métatarsien médian du membre antérieur porte un doigt qui est plus ou moins nettement développé. Le sabot de ce deuxième doigt ne touche jamais le sol et ne remplit par conséquent aucune fonction; aussi la masse de corne qui le compose s'allonge-t-elle et devient-elle irrégulière, cas tout à fait analogue à celui que l'on observe pour les éperons (deuxième et cinquième doigts) des vaches d'un certain âge, au membre postérieur. De semblables cas d'atavisme appartiennent aux phénomènes les plus rares que l'on connaisse.

« Si nous avons dit plus haut qu'il ne restait chez le cheval aucune trace des doigts rudimentaires, cela n'est pas complètement exact; les sabots rudimentaires existent encore aujourd'hui. C'est ainsi que l'excroissance lisse en forme de verrue ou châ-

____

(1) Von Siebold, L'*Hipparion dans les foires* (Munich, 1881).

taigne, placée sur la peau à la hauteur du carpe, semble correspondre au sabot du pouce (?) qui a complètement disparu ; tout au moins la trouve-t-on encore dans les cas où il existe un deuxième doigt. Un autre appendice, dont il faut tenir compte ici, est l'ergot. Il consiste en une petite masse cornée cylindrique qui, chez le cheval actuel, se trouve cachée dans la touffe de poils du paturon. Il semble être le témoin des sabots du deuxième et du quatrième doigts (?) restés tous deux à l'état rudimentaire et soudés l'un à l'autre.

« Vers 1860, on a exposé à Munich sous le titre de cheval-cerf (Hirschpferd), un cheval qui possédait exactement des pieds d'Hipparion. Les stylets métatarsiens et métacarpiens portaient chacun un doigt. Les châtaignes du carpe existaient aux quatre membres et étaient puissamment développées ; il n'y avait au contraire aucune trace des quatre ergots (1). Aux membres antérieurs, c'est le doigt supplémentaire médian (deuxième doigt), aux membres postérieurs, le doigt latéral (quatrième doigt) qui est le plus développé. Comme les sabots de ces doigts supplémentaires ne touchaient pas le sol et restaient par conséquent sans emploi, ils avaient acquis une longueur remarquable et s'étaient recourbés à la manière d'une corne. Les exemples du même genre sont extrêmement rares ; ils ont déjà été observés aussi aux époques anciennes. Le célèbre Bucéphale d'Alexandre le Grand devait avoir une organisation semblable. Cet atavisme a été certes transmis à la race, dans des cas isolés, par voie héréditaire, et cela semble de prime abord tout à fait vraisemblable. Il est certain qu'avec un seul animal de la sorte, on pourrait peu à peu élever toute une série de chevaux hipparions. Sans doute ce ne serait pas servir les intérêts économiques que

---

(1) Cette observation ne serait, dans tous les cas, pas en faveur de l'opinion, que nous ne partageons nullement, d'après laquelle la châtaigne et les éperons seraient les rudiments du premier, du deuxième et du quatrième sabot. Et si nous restons dans le doute, au moins en ce qui concerne l'atavisme du pouce, c'est uniquement parce que le cheval nous apparaîtrait comme une exception unique dans son genre.

de rétrograde et de devenir réactionnaire en pareille matière.

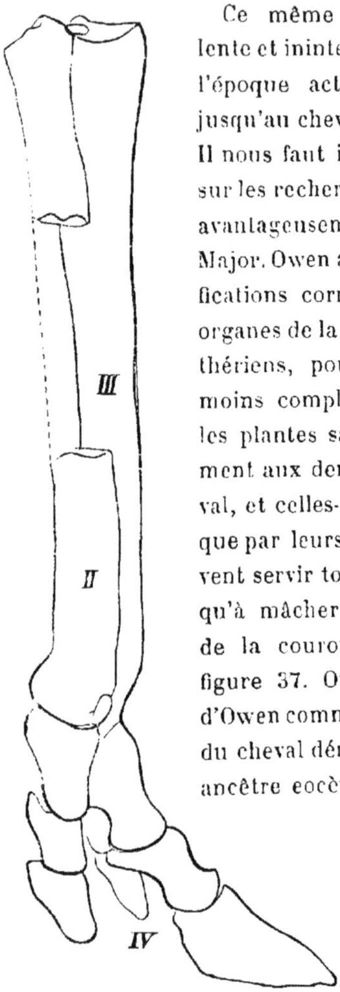

Ce même phénomène de transformation lente et ininterrompue, depuis l'éocène jusqu'à l'époque actuelle, depuis le Palæotherium jusqu'au cheval, se reproduit dans la dentition. Il nous faut ici appeler avant tout l'attention sur les recherches classiques de Rutimeyer (1), avantageusement complétées par Forsyth Major. Owen aussi avait déjà reconnu ces modifications corrélatives de la dentition et des organes de la locomotion. Les dents des Palæothériens, pourvues de plissements d'émail moins complexes, propres surtout à écraser les plantes savoureuses, passent progressivement aux dents en forme de colonnes du cheval, et celles-ci, par leur puissance de même que par leurs faibles plissements d'émail, peuvent servir tout aussi bien à broyer les graines qu'à mâcher l'herbe. Les parties essentielles de la couronne sont représentées dans la figure 37. On peut voir déjà dans la figure d'Owen comment les lignes d'émail si complexes du cheval dérivent des contours simples de son ancêtre eocène. Les comparaisons beaucoup plus spéciales des temps plus modernes ont montré les passages progressifs dans leurs plus minimes détails, et la série géologique qui se complète d'année en année éclaire du jour le plus vif cette complexité de structure des molaires du cheval;

Fig. 36. — Membre antérieur gauche d'Anchitherium (1/2 *grand. nat.*). D'après Kowalewsky.

celles-ci se trouvent ainsi rattachées aux molaires d'organisa

(1) Rutimeyer, *Contribution à l'étude des chevaux fossiles* (1863).

tion simple du Palæotherium. Rutimeyer a fourni aussi cette preuve spéciale de la transmission, chez les espèces dont il s'agit, des particularités constantes des molaires à la dentition de lait de leurs descendants, tandis que les nouveaux caractères ainsi fixés chez ces derniers se transmettaient principalement aux molaires, dans les générations ultérieures.

Ce n'est que lorsqu'on établit ainsi ses liens historiques qu'une particularité de la dentition du cheval acquiert un haut intérêt; sans ces documents de l'histoire du développement successif,

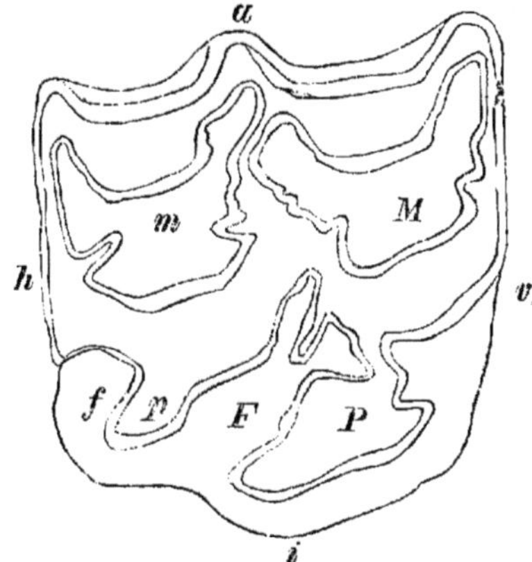

Fig. 37. — Molaire sup. droite du cheval; *a*, *i*, *v*, *h*, faces externe, interne antérieure, postérieure : M, *m*, éminences semi-lunaires antér. et postér. ; P, *p*, saillies internes, grande et petite ; F, *f*, grand et petit plissements internes. D'après Branco.

elle resterait, de même que le pied tridactyle, une simple curiosité incompréhensible, insignifiante aussi bien pour le cheval que pour l'amateur de chevaux. Le Palæotherium, l'Anchitherium et l'Hipparion possèdent, lorsqu'ils arrivent à l'âge adulte, de chaque côté et aux deux mâchoires, 7 molaires, savoir, p. $\frac{4}{4}$, m. $\frac{3}{3}$. Chez le cheval, au contraire, la formule dentaire normale est p. $\frac{3}{3}$, m. $\frac{3}{3}$; trois dents de lait seulement sont renouvelées; en outre trois molaires sont conservées; or les éleveurs et les vétérinaires savent depuis longtemps qu'il n'est pas rare de voir la série des molaires du cheval commencer par une dent supplémentaire, sorte de cheville désignée sous le nom de « dent de loup » et qui est représentée dans la figure d'Owen par la lettre *p*.

Il est ainsi démontré d'une manière complète que cette dent occupe juste la place de la première prémolaire des Palæotheriums et autres genres voisins. Mais chez le cheval, cette dent supplémentaire, lorsqu'elle paraît, n'est jamais renouvelée.

Il est bien certain que nous avons là un élément compris dans la dernière stase de la disparition progressive, un organe apparaissant irrégulièrement, datant de l'époque de la dentition complète, et la réduction de cette dernière n'est probablement pas sans rapports de causalité avec l'affermissement de la série dentaire subsistante.

Avant de passer à la série des chevaux américains, nous désirons citer un passage de W. Kowalewsky sur les liens qui unissent les différents genres cités jusqu'ici; il est aussi réservé que démonstratif : « Rien ne m'est plus étranger que la pensée de croire qu'un animal, que nous appelons Palæotherium medium, ait engendré directement un Anchitherium, celui-ci un Hipparion, etc... Mais dans la masse des individus formant le groupe des Palæothériens, il se trouve toujours quelques formes qui se rapprochent davantage que les autres de l'Anchitherium. J'ai pu établir aussi, grâce au grand nombre des pièces que je comparais, que, parmi les Anchithériens, se produisaient des modifications complètes dans les limites de l'espèce; certains individus portaient en eux des caractères, peu apparents il est vrai, mais qui les rapprochaient soit du cheval, soit du Palæotherium. Quelques surfaces osseuses peu étendues, plusieurs caractères d'articulation que l'on trouve chez certains individus manquent complètement aux autres. Sans aucun doute il s'est effectué à une époque donnée un passage graduel entre deux individus qui se ressemblaient le plus entre eux; mais, faire comme les partisans de l'invariabilité de l'espèce en ont l'habitude, demander que l'on montre tout juste le dernier Palœotherium et son descendant direct le premier Anchitherium, c'est réellement exiger l'impossible.

Un caractère, normal au début, commence par manquer quelquefois; bientôt il devient insignifiant, par le fait qu'il manque aussi souvent qu'il existe; plus tard il est rare, et enfin il disparaît complètement. C'est ainsi, par exemple, que la première prémolaire toujours petite des Palæothériens se trouve encore plus réduite chez l'Anchitherium, mais toujours régulièrement existante; chez l'hipparion elle manque à peu près aussi souvent qu'elle existe, et enfin chez le cheval elle est extrêmement rare » (1).

Cette comparaison des nuances les plus délicates a été établie d'une manière fort remarquable par Kowalewsky.

Il nous faut maintenant nous reporter une fois de plus en Amérique, vers les gisements bien connus situés à l'est et à l'ouest des Montagnes-Rocheuses; là se trouve ensevelie toute une série d'Impariongulés, se terminant au cheval sans aucune lacune, et, selon toute apparence, beaucoup plus riche en formes que celle de ce côté de l'Océan. Cette série est indiquée au tableau de la page 150.

Elle commence dès l'éocène inférieur par l'*Eohippus* de la taille du renard, qui possède, outre ses quatre doigts complètement développés des membres antérieurs, les rudiments du cinquième. D'après les observations de Marsh, cet Ongulé nous montre déjà d'une manière certaine par ses membres et sa dentition qu'avec lui a commencé la séparation des formes ancestrales du cheval des autres Ongulés à doigts impairs. « Dans les étages les plus élevés du terrain éocène apparaît, au lieu de l'Eohippus, un autre genre, l'*Orohippus* (fig. 38), plus rapproché du type cheval, bien qu'en étant encore fort distinct. Le cinquième doigt du membre

(1) W. Kowalewsky. *Sur l Anchith rium aurelianense Cuv.* (Mem. de l'Acad. impériale de Saint-Pétersbourg, 1873).

antérieur a disparu ; la dernière prémolaire a acquis la structure d'une molaire proprement dite (1). L'Orohippus n'était guère plus grand que l'Eohippus, et d'ailleurs lui ressemblait complètement.

« Dans les dépôts miocènes nous rencontrons un troisième genre, intimement uni aux deux précédents, le *Mesohippus*, à peu près de la taille du mouton et plus rapproché du cheval d'un échelon. Il ne possède que trois doigts en avant, plus un stylet métatarsien rudimentaire ; en arrière trois doigts. La troisième et la quatrième prémolaires ressemblent aux molaires ou mâ-

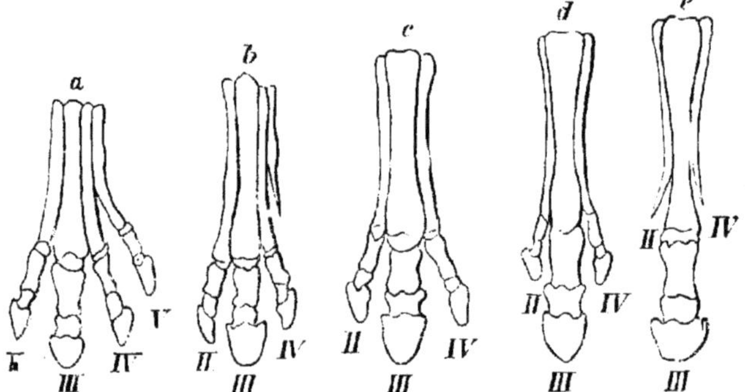

Fig. 38. — Pied des chevaux fossiles de l'Amérique du Nord. A, Orohippus : b, Mesohippus ; c, Miohippus ; d, Protohippus ; e, Equus.

chelières. Le cubitus du membre antérieur est soudé au radius ; au membre postérieur le péroné est raccourci ; plusieurs autres caractères montrent avec certitude que la transformation progresse rapidement. Le Mesohippus n'existe plus pendant le miocène supérieur ; il est remplacé par une quatrième forme, le *Miohippus,* qui perpétue la série. Ce nouveau genre est voisin de l'Anchitherium européen, mais s'en distingue cependant par plusieurs caractères importants. Les trois doigts de chaque pied se ressemblent davantage entre eux, et de plus il est resté un rudiment du cinquième os métacarpien (de la deuxième rangée).

(1) *The last premolar has gone over to the molar series.*

Toutes les espèces connues de ce genre surpassent en taille celles du genre Mesohippus. Aucune ne s'élève au-dessus du miocène.

« Le *Protohippus* du pliocène inférieur ressemble plus encore au cheval; quelques-unes de ses espèces atteignaient la taille de l'âne. Chaque pied possède toujours trois doigts, mais celui du milieu seulement, correspondant au doigt unique du cheval, touche le sol. Ce genre est très voisin de l'hipparion d'Europe.

« Dans le terrain pliocène, nous trouvons le dernier terme de cette remarquable série, celui qui a directement précédé le cheval actuel, le genre *Pliohippus* (Hippidium Owen); on n'y rencontre plus les deux petits sabots latéraux; ce genre présente plusieurs autres caractères qui le rapprochent intimement du cheval. Ce n'est que dans le pliocène supérieur qu'apparaît le véritable *Equus*, forme qui termine la série généalogique du cheval. Celui-ci s'était beaucoup répandu pendant la période quaternaire, et plus tard il a disparu.

« Cette extinction progressive s'est malheureusement accomplie beaucoup trop longtemps avant la découverte du nouveau monde par les Européens, et jusqu'aujourd'hui on ne peut en donner aucune explication satisfaisante. »

On voit, d'après ce qui précède, toute l'importance des travaux de Marsh; le nombre considérable de ses découvertes lui permet de proclamer justement l'origine américaine du cheval. Il n'est pas besoin de dire que la série américaine est beaucoup plus complète que celle de l'ancien monde dont il a été question plus haut. Mais nous sommes bien convaincu que les découvertes futures viendront les compléter toutes deux. Dans ce but, un premier résultat significatif a été déjà obtenu pendant ces dernières années. La lacune qui sépare le cheval de l'hipparion existait encore tout entière, si ce n'est en Amérique, où elle a été comblée par le Pliohippus; aujourd'hui elle a disparu aussi de la série européenne. Forsyth Major a montré (1) que les races

______

(1) Forsyth Major, *Rivista scientifica industriale.* 1376 (Kosmos, II).

quaternaires d'Italie, réunies sous le nom d'*Equus Stenonis*, présentaient toutes les formes intermédiaires tant désirées entre l'hipparion et l'espèce actuelle (Equus caballus). Il est du plus haut intérêt de pouvoir démontrer que chez l'Equus Stenonis la réduction des os métatarsiens latéraux a précédé celle des os du tarse. Tandis que les premiers ne diffèrent pas de ceux du cheval actuel, le tarse, au contraire, présente toutes les stases comprises entre l'hipparion et l'Equus caballus; les os qui le composent n'ont pas eu le temps nécessaire pour achever la série des modifications qui adaptent si bien le pied de notre cheval au fonctionnement de l'Ongulé à un doigt : l'adaptation est bien moins complète chez l'Equus Stenonis. D'une manière générale, on peut établir que chez les chevaux diluviens, la soudure des stylets métatarsiens (rudiments du 2e et du 4e) avec l'os métatarsien médian, soudure qui a lieu chez le cheval actuel vers sept ou huit ans, ne s'est pas encore produite (1).

« Les deux séries, l'européenne et l'américaine, ont eu sans doute une évolution parallèle; peut-être sont-elles restées sans échange aucun pendant cet immense laps de temps des périodes tertiaire et quaternaire. Cette manière de voir est non seulement possible, mais doit être considérée comme extrêmement probable.

« Les habitants primitifs d'Asie ont vraisemblablement commencé à coloniser l'Amérique, avant que dans leur patrie ils aient appris à domestiquer le cheval. En Amérique, ils ne rencontrèrent

(1) Nehring objecte à ce propos que, chez les chevaux actuels, la soudure des métatarsiens rudimentaires est loin d'être aussi fréquente qu'on l'admet généralement; c'est ainsi, par exemple, que dans les squelettes de la grande collection de Berlin la soudure est l'exception, et la séparation, la règle.

La différence admise entre les chevaux diluviens et modernes ne serait donc pas fondée, et l'on pourrait dire simplement que la soudure des stylets métatarsiens est plus fréquente chez le cheval de la période actuelle que chez les chevaux diluviens. Mais comme Nehring a constaté entre autres faits que les stylets métatarsiens du cheval diluvien de Westeregeln sont toujours plus forts et plus longs que ne le sont ceux du cheval domestique, les rapports développés plus haut dans le texte subsistent en ce qu'ils ont d'essentiel.

plus cet Ongulé (1). Peut-être des formations glaciaires diluviennes d'une plus grande extension l'avaient-elles contraint à quitter
les hauts plateaux habités et à gagner de nouvelles régions, où
il a succombé dans la lutte pour la vie.

« Les Espagnols les premiers dotèrent de nouveau l'Amérique de ces animaux ; ceux-ci ont pu dès lors, pour nous servir
une fois du langage des téléologiens, accomplir leur mission
comme compagnons et serviteurs de l'homme, mission en vue de
laquelle ils auraient été spécialement créés. Il faut bien ajouter
à cela que les formes américaines du genre cheval ne se sont
jamais rapprochées autant du cheval actuel que les formes diluviennes de la série européenne ; le véritable cheval d'aujourd'hui
(Equus caballus) n'a donc jamais vécu en Amérique avant l'importation. Sur ce point Branco (2) a fourni récemment à la
science un document très important. Il a montré que chez
l'Equus Andium, enseveli dans les tufs volcaniques de l'Ecuador,
et de même âge que les chevaux diluviens des pampas et les espèces des cavernes brésiliennes, l'œil est situé beaucoup plus
profondément, tandis que chez l'Equus caballus il a reculé
d'une quantité notable. Il nous faut ici rappeler encore une fois
le génie de cet admirable naturaliste, Gœthe, dont le nom ne
pourra être suffisamment cité, en dépit de l'orateur berlinois
bien connu ; il y a soixante ans déjà (3), dans des considérations artistiques, il a mis en évidence ce caractère idéal du cheval
et a devancé ainsi les travaux pénibles des paléontologistes. « La
tête du cheval d'Elgin (du Parthénon), nous dit Gœthe, une des
œuvres les plus remarquables de la plus haute antiquité artis-
tique, nous montre des yeux libres et saillants, mais reculés
jusque vers l'oreille ; les deux sens de la vue et de l'ouïe sem-

(1) Récemment a été exprimée cette idée que les poneys utilisés par plusieurs
tribus indiennes, ne représentent que des descendants des chevaux américains
quaternaires.

(2) Branco, *Faune des Mammifères fossiles de Punin et Riobamba en Ecuador*,
de Reiss et Branco (Berlin, 1883).

(3) Gœthe, *Sur les conséquences de certains caractères historiques* (1823).

blent donc avoir agi de concert, ce qui rendait cette singulière créature apte à entendre aussi bien qu'à voir en arrière d'elle. Elle apparaît aussi puissante, aussi semblable à un spectre que si elle avait été créée contre nature, et cependant l'artiste a, en réalité, reproduit un cheval primitif, qu'il l'ait vu de ses propres yeux ou qu'il n'ait représenté qu'une conception de son esprit; il nous semble toutefois qu'à cette œuvre se rattache l'esprit de la plus haute poésie et de la plus grande réalité. »

Depuis l'époque où nous trouvons le cheval au service de l'homme, nous le considérons, ainsi que ses différentes formes, depuis le poney de petite taille jusqu'au percheron et au puissant cheval de trait anglais, comme ne constituant qu'une seule espèce. Nous ne parlons que de races de l'Equus caballus. La domestication et l'élevage du cheval n'ont certes pu avoir lieu que des milliers d'années après l'époque à laquelle l'homme s'est d'abord trouvé en contact avec cet animal. Il fut un temps où l'homme préhistorique européen se nourrissait principalement de chair de cheval; c'est l'époque qui favorisa une puissante extension du renne et que, précisément pour cela, l'on désigne du nom de ce dernier Ruminant.

L'époque du renne fait suite à celle du mammouth, et, en bien des points, par exemple dans le centre de la France, malgré un climat très rude, elle a été particulièrement favorable à l'extension du cheval. On ne rencontre en aucun point du globe des restes fossiles aussi considérables qu'à Solutré, dans les environs de Mâcon.

La zone inférieure de ce remarquable dépôt renferme toute une faune de Mammifères de diverses tailles, le mammouth, le tigre des cavernes, l'ours des cavernes, l'ours brun, l'hyène des cavernes, le loup, le renard, le putois, la marte, le blaireau, la marmotte, le renne, le cerf canadien, l'aurochs, le cheval, le lièvre, le saïga. Tous les ossements sont brisés et forment des amas mélangés; en outre les outils primitifs en silex montrent que les Herbivores n'étaient pas seulement la proie des animaux carnassiers : ils succombaient aussi sous les coups du chasseur. Dans les couches supérieures disparaissent, avec le mammouth, les grands Carnassiers qui étaient ses contemporains.

L'homme primitif a passé de l'époque du mammouth à celle du renne, et alors des milliers de chevaux ont été détruits.

On croit généralement en France que le cheval de Solutré avait été dompté et élevé par l'homme ; cette manière de voir ne peut guère être défendue ; Piétrement (1), embrassant toute l'histoire des chevaux fossiles, l'a montré encore tout récemment. Cela n'enlève au cheval de Solutré rien de son haut intérêt, puisque très vraisemblablement il représente une des races qui ont été domestiquées plus tard et dont les restes existent encore aujourd'hui. Les parties de squelette trouvées à Solutré se raprochent du cheval ardennais, une des races à têtes allongées du cheval domestique. On est naturellement tenté d'examiner si parmi les races chevalines actuelles quelques-unes ne sont pas plus voisines encore de celle de Solutré. L'attention se porte tout d'abord sur le petit cheval de la Camargue, du delta du Rhône, vivant dans un état de demi-liberté. En Alsace aussi continuent à se maintenir les derniers représentants d'une aussi ancienne branche. Par leur stature et les proportions de leur corps, on prendrait ces animaux pour de gros poneys. La tête, chez les individus qui paraissent représenter la race le plus purement, est grosse, disgracieuse ; le corps au contraire est bien conformé, bien qu'ayant manqué de tout soin effectif en vue du perfectionnement de la race ; les membres sont vigoureux. Ces animaux, qui sont d'une nature douce et docile, rendent des services extraordinaires comme bêtes de somme. Aux époques de chômage, on les garde au pâturage, à l'est de Schlestadt, pendant des semaines entières ; on les rencontre aussi dans tous les villages depuis Schlestadt jusqu'au Rhin.

Pour éclaircir ce lien de parenté possible, il nous faut entre-

(1) Piétrement. *Les chevaux dans les temps historiques et préhistoriques* (Paris, Félix Alcan, 1883).

prendre les comparaisons et les mesures les plus minutieuses de chaque partie du squelette. A ce sujet, le professeur Nehring, de Berlin, qui connaît admirablement la faune des Mammifères diluviens de l'Europe centrale, nous a récemment donné des indications dans ses recherches fort intéressantes sur les « Chevaux fossiles des couches diluviennes allemandes et leurs rapports avec les chevaux actuels »(1). Un peu avant lui, le paléontologiste italien Forsyth Major avait comparé avec beaucoup de tact les chevaux diluviens de son pays avec l'animal moderne. Afin d'établir quelques points de repère, il nous faut d'abord définir deux formes fondamentales du cheval domestique; à ces deux formes se rattachent à peu près toutes les races, au nombre de huit, en lesquelles se divise le genre Equus actuel, d'après les auteurs français. Chez les chevaux de la *race orientale* le crâne est très développé; la face plus réduite; ce dernier caractère trouve surtout son expression dans la largeur du front. La face interne des éminences semi lunaires des molaires de la mâchoire supérieure (voyez pour la comparaison, fig. 37) présente de légers plissements d'émail à son bord; les os creux sont délicats, mais d'une texture très solide. Ces caractères sont nettement représentés dans le cheval arabe.

« Le *cheval occidental* », continue Nehring, d'accord avec Franck de Munich qui le premier a distingué ces races fondamentales, » présente quant aux points indiqués précédemment, juste l'opposé du cheval oriental : il est caractérisé par le développement prépondérant de la face aux dépens du squelette du crâne. Le crâne paraît relativement long et mince; la largeur du front est faible, les bords des cavités orbitaires ne sont que peu saillants. Les plissements d'émail des croissants des molaires supérieures sont fortement ondulés. Les os des membres chez le cheval occidental sont lourds, massifs; leur structure, au contraire, est moins dure, moins compacte que chez le cheval oriental. »

(1) Nehring, Edition distincte, tirée de *Landwirtschaftlichen Jahrbüchern* (Berlin, 1884).

A cette race occidentale appartient en Allemagne le cheval commun, de taille moyenne, qui à notre époque disparaît de plus en plus pour faire place à une race métisse ; ce fait se produit depuis que l'État et les particuliers ont entrepris l'élevage de ces animaux avec le concours de formes étrangères, particulièrement des chevaux d'Orient.

C'est ainsi que, pour ne citer qu'un exemple, le célèbre haras de Graditz, près Torgau, a préconisé systématiquement pendant une vingtaine d'années, pour la série chevaline de la région d'Elb (province de Saxe), le croisement avec le sang arabe.

Ce cheval allemand, moyen, aux formes lourdes, a été désigné par Sanson et plus tard par Piétrement sous le nom d'Equus caballus germanicus. On n'avait que des probabilités fort incertaines sur son origine ; cependant l'opinion générale était en faveur de l'origine asiatique, de même que pour toutes les races européennes de moyenne et de grande taille. Après leur introduction en Europe, ces chevaux auraient été domestiqués par les diverses peuplades émigrantes des temps préhistoriques (1).

Aujourd'hui cette question, qui est pour nous d'un intérêt capital, puisqu'il s'agit de l'histoire du plus noble compagnon de l'homme, a accompli un progrès dans la voie de la vérité. Nehring a montré d'une manière irréfutable la ressemblance qui existe entre un cheval diluvien allemand dont les ossements les plus nombreux ont été découverts à Westeregeln près de Magdebourg, et aux environs de Thiede dans le Brunswick et le lourd cheval occidental ; tous les caractères se retrouvent. Ce dernier

---

(1) « Les auteurs romains, particulièrement César, distinguent nettement chez les Gaulois et les Germains la race chevaline originaire du pays, qui est petite, de peu d'apparence, bien que très résistante, des races étrangères, plus grandes et plus nobles. Beaucoup d'autres auteurs anciens et même modernes nous parlent de chevaux étrangers par opposition à des chevaux n'ayant habité qu'une seule région, de sorte qu'à cette époque, l'existence de deux races très différentes sur le sol allemand, quant à l'aspect extérieur, ne peut être mise en doute. Il est d'autre part presque certain que la petite race originaire du pays n'est pas autre chose que le cheval sauvage d'Europe domestiqué ; il ne reste plus qu'à résoudre la question de l'origine du cheval étranger et à déterminer le chemin qu'il a suivi pour arriver jusqu'à nous. » (Al. Ecker).

n'a pas été introduit en Europe ; ce sont nos ancêtres qui l'ont domestiqué et élevé, en utilisant la race sauvage qui vivait à cette époque. Auprès du Rhin, dans la région de Remagen, vivait aussi cette forme chevaline à front étroit, qui, « par la forme du crâne et des orbites de l'œil, se rapproche de nos anciennes races moyennes. »

Les opinions de Nehring sur le cheval diluvien allemand et ses rapports avec les races actuelles domestiques ou sauvages sont résumées, dans les lignes très intéressantes qui suivent, par l'auteur lui-même : « Le cheval diluvien de nos régions était, de même que celui des contrées voisines d'Europe, un animal sauvage, vivant en troupeaux, menant une vie vagabonde ; il semble s'être fixé surtout aux environs des montagnes du Harz, où il était particulièrement répandu ; toute la région du Harz était couverte pendant une partie déterminée, de très longue durée, de l'époque diluvienne, d'une végétation analogue à celle des steppes et possédait un climat correspondant.

« Les bois avaient été fortement réduits pendant l'époque glaciaire (pendant la première de ces époques, la plus considérable, si nous en distinguons deux). Dans ces districts couverts de steppes vivaient des chevaux sauvages en troupeaux considérables, et en même temps l'écureuil des steppes, le bobaque, le lagomys, de nombreux rats et autres habitants caractéristiques des steppes actuelles de l'ouest de la Volga (Voyez plus haut, page 57).

« Leur existence a été souvent çà et là inquiétée par des lions isolés, de même que par les loups ; les hyènes, au contraire, dont les restes ne sont pas rares près de Westeregeln, ne recherchaient probablement que les cadavres et ne s'attaquaient directement au cheval vivant que très rarement.

« Le plus terrible ennemi du cheval diluvien était l'homme. Nous savons par de nombreuses recherches, que les habitants de cette époque, dans l'Europe centrale et occidentale, vivaient principalement de la chasse du cheval ; ils utilisaient vraisemblablement aussi la peau, les poils dans toutes les circonstances possibles. »

L'éminent auteur nous retrace ensuite le tableau des faits qui se passaient à cette époque ; il nous donne des preuves de visites fréquentes faites à certaines localités par ces hommes primitifs, et nous démontre comment des essais de domestication isolés ont été peu à peu suivis d'un élevage régulier, généralisé ; il continue en ces termes :

« Pour ceux qui sont accessibles aux démonstrations scientifiques, les comparaisons que j'ai faites seront suffisantes, j'espère, pour les convaincre de ce fait qu'une notable partie de nos chevaux communs dérive directement de notre cheval diluvien à squelette massif. »

Le cheval de Solutré et le cheval diluvien allemand sont deux races locales certes très voisines l'une de l'autre, mais présentant quelques traits distincts. A elles se joint une troisième race qui a été trouvée le plus complètement auprès de Schussenried dans le sud-ouest du Wurtemberg ; elle a été décrite, ainsi que beaucoup d'autres habitants diluviens de cette région, par le savant Fraas. Elle se distingue par un crâne relativement large, par la gracilité des membres, et ressemble aussi, par des caractères importants, au cheval domestique oriental. On a trouvé dans beaucoup d'habitations préhistoriques de l'âge du bronze les restes d'un cheval domestiqué à squelette moins lourd ; on admet en général qu'il est d'origine asiatique. On ne peut certes mettre en doute la réalité de cette importation par ces flots de peuplades qui, venues des régions orientales, se répandaient dans toute l'Europe ; mais il est tout aussi possible, tout aussi vraisemblable qu'une partie de ces chevaux domestiqués plus gracieux de l'âge du bronze ait été le résultat de la domestication des chevaux diluviens à front large du sud de l'Allemagne.

CHAPITRE VII

LES ÉLÉPHANTS.

Les rapports de nutrition, les caractères essentiels de la dentition et des membres justifient bien le groupement des éléphants, admis depuis longtemps, dans la sous-classe des Ongulés proprement dits ; mais pour peu que l'on essaye d'étudier de plus près l'ancienne systématique avec ses Multiongulés et ses Pachydermes, on arrive toujours à isoler complètement l'ordre des Proboscidiens. La dentition de ces animaux à l'époque actuelle ne présente aucun point de raccordement avec ces groupes. A cela il faut ajouter la structure étrange du crâne, qui est en rapport intime avec la dentition; le développement de la trompe, également lié à la dentition. La trompe supplée d'une manière admirable la lourdeur et la faible mobilité de la tête et du cou. Cet organe se rencontre aussi chez d'autres Mammifères; ainsi chez les rhinocéros, c'est un appendice labial; chez les tapirs, les saïgas, c'est le nez qui se prolonge avec la lèvre supérieure. D'autre part, l'éminent Burmeister nous présente le *Macrauchenia* du pliocène de Patagonie comme pourvu d'un appendice comparable à une trompe d'éléphant (fig. 39); je n'ose me prononcer ici sur la place exacte de ce genre, mais il est possible qu'il se rapporte en réalité au groupe des Équidés.

Quoi qu'il en soit, l'éléphant de l'époque actuelle n'en est pas

moins une des créatures les plus singulières, les plus énigmatiques, et il devait en imposer tout particulièrement aux peuplades non encore civilisées. Il n'est pas besoin de dire que nous
n'ajoutons aucune foi à cette croyance indienne, d'après laquelle
les monstres foudroyés par l'Esprit tout-puissant n'étaient autres que les mastodontes, qui se sont complètement éteints en
Amérique, mais qui avaient existé là en compagnie de l'homme
primitif; cependant, déjà en 1823, A.-W. Schlegel (1) nous a

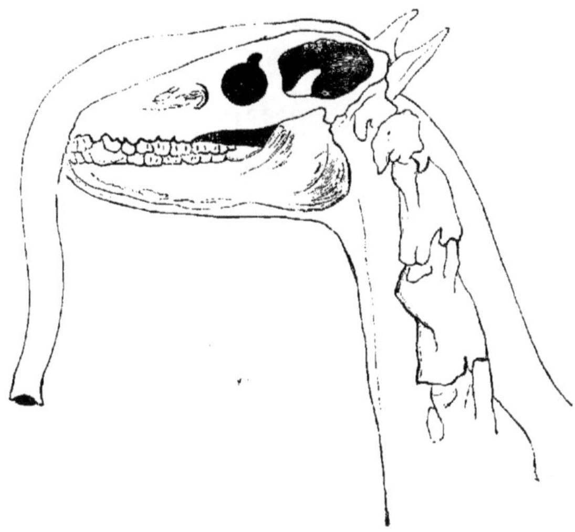

Fig. 39. — Macrauchenia patagonica. D'après Burmeister.

montré dans ses recherches classiques, que l'éléphant exerce une
action considérable sur l'imagination des Hindous. Ils admirent
tout en lui, non seulement sa docilité, sa sagesse qui le leur fait
apparaître comme l'incarnation du dieu Ganesa, mais encore la
gracilité de ses membres.

Les caractères spéciaux qui zoologiquement distinguent l'éléphant résident particulièrement, nous l'avons dit, dans la tête.
La face est remarquablement courte, mais la tête présente une

(1) A. W. Schlegel. Indische Bibliothek, 1823.

SCHMIDT. — Mammifères.   12

hauteur considérable. Le premier de ces caractères est déterminé par le nombre très limité des dents. A la mâchoire supérieure, on ne trouve que les deux incisives et une molaire apparente ; à la mâchoire inférieure, seulement les dernières molaires, puissamment développées, mais loin de présenter le développement proportionnel en longueur que comporte une dentition complète d'Herbivore. Par contre, les racines des incisives aussi bien que des molaires sont d'autant plus fortes et plus profondes.

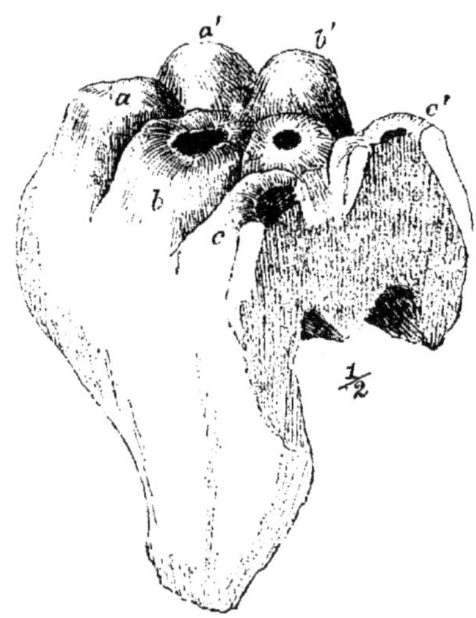

Fig. 40. — Molaire en partie usée de Mastodon angustidens. *aa'*, *bb'*, *cc'*, mamelons transversaux (1/2 *grand. nat.*).

Les molaires sont renouvelées six fois ; aussi trouve-t-on jusqu'à un âge très avancé des dents en voie de développement dans la partie profonde de la mâchoire.

La structure des molaires, même lorsqu'elles sont usées déjà par un long travail, leur assigne le caractère d'un appareil de trituration parfait pour les feuilles et les herbes. Les zoologistes désignent ces dents sous le nom de « dents composées. » Chaque molaire semble résulter de l'association d'un grand nombre de petites boîtes d'émail hautes et étroites, remplies d'ivoire

et soudées en un tout unique par le cément. Cette manière de
voir, généralement admise en zoologie descriptive, n'est cependant pas exacte, ainsi que nous allons le voir ; elle n'a d'autre
but que de nous faire paraître plus grande encore, ce qui est
tout à fait inutile, la lacune qui existe actuellement entre les
éléphants et les autres Herbivores.

Cuvier déjà avait distingué des éléphants proprement dits un
groupe de Proboscidiens fossiles, particulièrement semblables

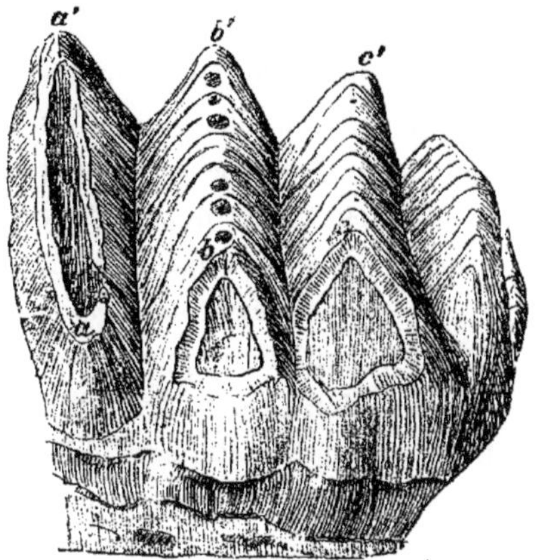

Fig. 41. — Partie d'une molaire de Mastodon elephantoïdes (1/2 *grand. nat.*).
D'après Clift.

aux éléphants ; mais leur dentition était plus complète et leurs
molaires, plus petites que celles de l'éléphant, étaient caractérisées par des mamelons très distincts, se réunissant à leur base
pour former la couronne commune. Les mamelons sont disposés
la plupart du temps par paires et transversalement. Cuvier fit de
ces animaux le genre *Mastodon* (1). Les dents de mastodontes
(fig. 40), abstraction faite de leur taille souvent considérable,
n'ont rien de particulièrement frappant. La couronne cependant

(1) Les travaux les plus importants sont de Vacek : Sur les mastodontes autrichiens et leurs rapports avec les mastodontes d'Europe (*Abhandlungen der
geologischen Reichanstalt, VII*). — Dans les *Mammifères tertiaires*, de Gaudry,
le chapitre relatif aux Éléphantoïdes est tout à fait remarquable.

se distingue par un développement tout à fait inusité de la couche continue d'émail. De telles molaires fortement mamelonnées existent quelquefois au nombre de trois, en une série simultanée, comme par exemple chez le *Mastodon angustidens*, fort répandu : elles se succèdent comme dentition de lait et dentition permanente ; d'autre part plusieurs autres mastodontes typiques possèdent, outre les incisives de la mâchoire supérieure, les dents correspondantes de la mâchoire inférieure, et entre elles encore deux incisives plus petites ; cette dentition varie donc, nous le voyons, tout à fait dans les limites et les formes habituelles. Ces derniers types sont les mastodontes du miocène moyen et supérieur qui se sont perpétués plus longtemps en Amérique que dans l'ancien monde, et dont une race a persisté jusqu'à la période des dépôts diluviens et des dépôts de tourbières, très vraisemblablement même jusqu'aux âges préhistoriques de l'espèce humaine. Cette race est le *Mastodon giganteum* de l'Ohio.

Déjà dans le miocène supérieur apparaissent des Proboscidiens de la forme des mastodontes dont les saillies transversales des molaires sont beaucoup plus nettement différenciées et ressemblent à des sortes de toits très allongés (fig. 41), formés chacun de la réunion d'un grand nombre de mamelons plus petits, pour ainsi dire complètement soudés entre eux. Les sommets de ces toits s'usent de plus en plus avec l'âge. Ce n'est que dans quelques cas isolés qu'il se dépose dans les sillons de la couronne une certaine quantité de cément. Ces variétés incertaines, ces formes de passage proviennent évidemment de mastodontes plus anciens, et ce n'est que pour faciliter une vue d'ensemble qu'on les a réunies dans le genre *Stegodon*. Elles habitaient surtout les Indes, mais de là s'étendaient jusqu'au Japon (1). Leurs restes dans l'archipel japonais sont un argument de plus en faveur de cette idée que ces îles n'ont été séparées du continent qu'à une époque relativement récente. Cette époque nous conduit à la

----

(1) Naumann. Sur les éléphants japonais des temps géologiques (*Palæontographica*, *VI*, 1882).

dent molaire des véritables Elephas, les formes les plus récentes
du groupe. Cette dent passe peu à peu à celles des deux espèces
actuellement vivantes. Ce n'est pas là une idée théorique; il y
a de nombreuses formes de passage, nous montrant les saillies
de la couronne de plus en plus abruptes, de plus en plus rapprochées, et se prolongeant presque jusqu'à la face inférieure de
la dent, tandis que le cément remplit les dépressions et s'étend
sur toute la surface externe de la dent. Les parties de la dent

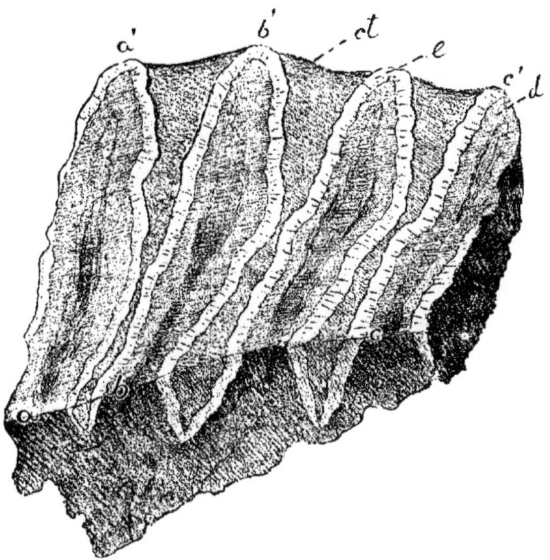

Fig. 42. — Partie de molaire de mammouth usée (*grand. nat.*). *e*, émail ;
d, ivoire ; *c'*, cément ; *abc*, comme figure 40.

encore intacte recouvertes d'émail, bien que modifiées d'une manière considérable dans leur forme et leur extension, présentent
encore les mêmes rapports que dans l'espèce qui nous a servi de
point de départ. La comparaison des figures 40, 41 et 42 montre
nettement l'homologie des parties *aa'*, *bb'*, *cc'*.

Avant le début de la période glaciaire, l'Europe possédait
plusieurs éléphants; ainsi l'Angleterre, qui à cette époque faisait
encore partie du continent, avait l'Elephas antiquus; l'Italie,

l'Elephas meridionalis. L'Elephas primigenius ou mammouth,
si souvent cité, qui s'étendait dans les régions les plus éloignées,
était venu d'Asie occuper aussi l'Europe centrale; on ne sait pas
au juste s'il a existé en Angleterre. Il vivait en compagnie de
l'Elephas antiquus; toutefois le mammouth survécut à son contemporain jusqu'à l'époque de l'apparition de l'homme. Or, à
l'époque à laquelle l'Homme émigrait en Europe et prenait pos-
session de ce continent, la lutte des races domptées contre les
races sauvages devenait de plus en plus rude — celle de l'homme
contre le loup en Angleterre, contre le lion en Thessalie; — on
peut donc se demander si le mammouth a été, lui aussi, exter-
miné de la sorte, ou s'il a simplement succombé à des conditions
climatériques, c'est-à-dire à des circonstances naturelles, qui
nous sont encore inconnues. On peut difficilement se prononcer
sur ce point (1).

Il nous importait avant tout de dégager l'existence des éléphants actuels de ce qu'elle semble avoir d'énigmatique; c'est
ce que nous avons pu faire, grâce à la série parfaitement établie
des mastodontes miocènes. A partir de ces derniers, nous pouvons
encore reculer d'un échelon dans le passé pour éclaircir un
point nouveau, par l'étude d'un autre pachyderme colossal, le
Dinotherium. Jusqu'à une époque toute récente, on ne connaissait
de lui que le crâne (fig. 43); l'on pensait avoir, d'après ces ossements, les restes d'un Mammifère aquatique, dépourvu de membres, qui, à l'aide de ses deux défenses saillantes, dirigées en bas
par suite du recourbement de la mâchoire inférieure, pouvait se
fixer au rivage pour se reposer et dormir. On n'a encore trouvé
aucun squelette en rapport avec le crâne; mais d'après des restes
variés de membres qui très vraisemblablement appartenaient au
Dinotherium, il semble certain que la structure de cet animal

(1) Dawkins. Les Mammifères britanniques pléistocènes (*Palæontographical
Society*, 1878, XXXII).

Adams, Monographie des éléphants fossiles d'Angleterre (*Palæontographical
Society*, 1877).

se rapprochait de celle des éléphants et que les os nasaux, notablement allongés, permettaient l'insertion d'une trompe, quoique
peut-être faiblement développée. C'est ainsi que l'on trouve le
Dinotherium restauré, dans les ouvrages de paléontologie les
plus recommandables, et l'exactitude de cette manière de le concevoir est pleinement justifiée par la comparaison de ses molaires avec celles des premiers mastodontes.

La forme et la succession de ces dents, dont cinq peuvent, à un
moment donné, se trouver simultanément en activité, conduisent
à cette conclusion que les séries des molaires des plus anciens

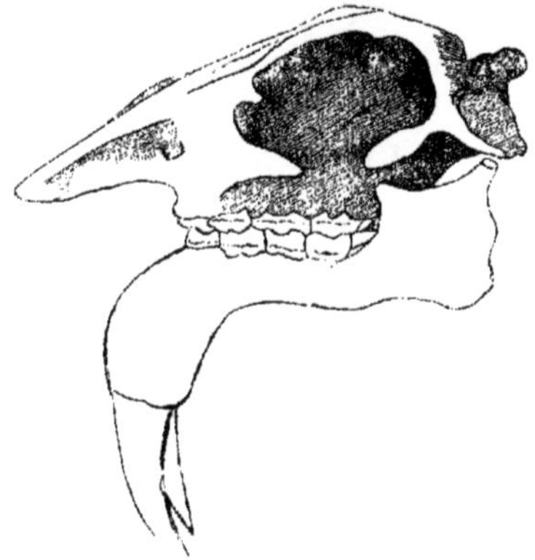

Fig. 43. — Crâne de Dinotherium giganteum (1/24 *grand. nat.*).

mastodontes proviennent de celles des Dinothériens, par perte de
la première ou d'un certain nombre de dents de lait, avec affermissement des molaires proprement dites postérieures. Remarquons toutefois que les Dinothériens connus jusqu'alors et les
premiers mastodontes se montrent à peu de chose près dans
les mêmes horizons géologiques ; de sorte que la transformation
dont il vient d'être question ne veut naturellement pas dire que
le Dinotherium giganteum se soit métamorphosé en Mastodon
angustidens : elle nous montre simplement où et comment les
mastodontes sont provenus de la transformation d'ancêtres de
la forme des Dinothériens.

Ainsi qu'il résulte du travail d'ensemble de Weinsheimer, dont la monographie est la plus récente (1), les restes fossiles de Dinotherium, particulièrement des molaires et des mâchoires inférieures, se trouvent répandus dans diverses régions de l'ancien continent, en général seulement dans des dépôts tertiaires et jamais plus haut que le miocène supérieur; le Dinotherium s'étendait depuis la France jusqu'aux Indes. En Angleterre, on n'en a trouvé aucune trace; au sud, la limite, en Europe, est constituée par la Grèce (Pikermi).

Malgré la variabilité de forme et de taille des dents, d'après laquelle on n'a pas distingué moins de quinze espèces, nous n'admettrons cependant, avec Weinsheimer, qu'une seule espèce, le Dinotherium giganteum, à cause des passages nombreux entre les diverses formes, et il est bon de rappeler ici ce passage de Süss, cité par lui :

« Nous pouvons aisément nous convaincre de ce fait que des modifications physiques peuvent survenir, sans que les Mammifères des continents en soient nécessairement très affectés; mais nous ne voyons se produire aucune transformation dans la nature vivante, sans une modification des circonstances extérieures, sans un épisode toujours reconnaissable. »

Les modifications de la dentition depuis les Dinothériens, qui ont apparu quelque peu avant les mastodontes, jusqu'aux véritables éléphants, sont conformes à l'idée d'un changement complet du genre de vie et du régime. Les Dinothériens et les plus anciens mastodontes se nourrissaient particulièrement de racines charnues, succulentes et de tiges de plantes aquatiques qu'ils déterraient avec leurs incisives inférieures dans les marécages des régions tropicales, à la manière des hippopotames. Des plantes plus dures exigèrent et occasionnèrent la transformation des dents à saillies transversales régulières et des molaires mamelonnées des mastodontes, la chute des premières dents de lait, et finale-

<hr>

(1) Weinsheimer, Sur le *Dinotherium giganteum* K. (Berlin, 1883).

ment la concentration d'une grande puissance dans la molaire
des éléphants plus récents et actuels (1). Ces derniers se sont
éloignés bien plus de leur point d'origine que les autres Herbivores; mais chez ceux-ci on observe aussi la même marche générale de la forme généralisée à la forme spécialisée actuelle. Et c'est
ainsi qu'au bout de ce court chapitre, nos éléphants ne nous apparaissent plus comme des merveilles incompréhensibles de la
création.

Aux Ongulés se rattachent encore deux petits groupes d'animaux vivants. L'un est celui des Hyracidés (genre Hyrax); on ne
peut en dire aujourd'hui rien de plus que ce que savait déjà
Cuvier.

Ces animaux joignent à l'aspect extérieur et au genre de vie
d'un Rongeur pourvu de sabots en forme de griffes, une dentition
qui, dans la région des molaires, se rapproche le plus de celle
des Rhinocéridés. Nous manquons de tout document pour pouvoir établir la généalogie de ces Mammifères, si nous ne les
plaçons en rapport intime avec les Ongulés primitifs, comme
l'ont fait Cope et aussi aujourd'hui Marsh.

Cope pense avoir entrevu un indice d'une très grande ancienneté paléontologique dans la disposition relative des os du carpe
de l'Hyrax. Il se base essentiellement sur ce fait que les parties
appartenant à chacun des rayons de la main sont encore semblables et régulièrement placées les unes derrière les autres,
comme c'est le cas chez les Vertébrés inférieurs, tandis que chez
les autres Mammifères — sauf toutefois l'éléphant, — les deux

______

(1) « Toutes les modifications de l'organisme que nous avons pu observer
dans les formes récentes de mastodontes, par comparaison avec les formes les
plus anciennes, notamment les différences de forme des incisives, la réduction de
la symphyse articulaire (c'est-à-dire de la partie unissant les deux moitiés de la
mâchoire inférieure), le ralentissement dans le développement des séries dentaires et l'augmentation corrélative du nombre des saillies transverses ou, si
l'on veut, de la quantité de substance dentaire qui, peu à peu, se trouve mise
en usage et usée, montrent que les mastodontes les plus récents ont abandonné
le genre de vie de leurs ancêtres fouisseurs et se sont peu à peu adaptés à la
vie sur la terre ferme. » Vacek, a. a. O.

séries carpiennes se sont disloquées et mélangées sur les côtés.
La cause de ce dérangement doit être sans aucun doute rapportée en partie à la perte du pouce, à laquelle sont liés les cas de
transformations adaptives et inadaptives du carpe, examinés par
W. Kowalewsky. Mais comme chez l'éléphant il n'y a aucun
dérangement dans les séries des os du carpe, et que chez le Coryphodon, d'autre part, malgré la présence du pouce, on a observé
une très grande dislocation, il me semble que la tentative de

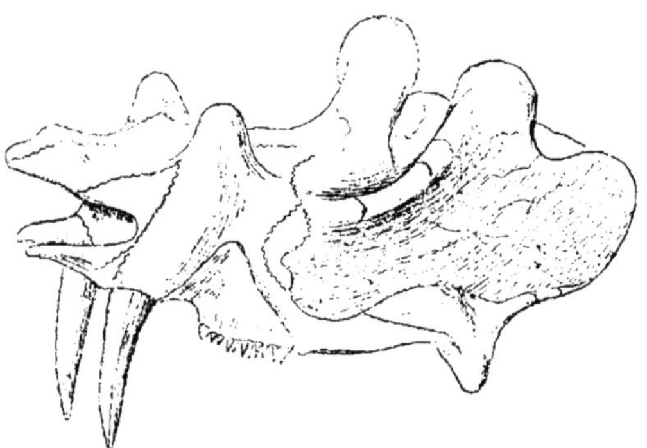

Fig. 44. — Crâne de Dinoceras mirabile (1/10 *grand. nat.*). D'après Marsh.

Cope de vouloir établir, d'après ces documents, les rapports de
parenté des Ongulés et particulièrement de la faune éocène la
plus ancienne, est tout à fait irréalisable.

On peut se faire une idée du groupement généalogique des
Ongulés, en jetant un coup d'œil sur le tableau ci-joint emprunté
à Marsh (voyez à la page suivante). Nous considérons naturellement aussi cet arbre généalogique comme un simple stimu-
lant appelant de nouvelles améliorations.

Tableau généalogique des ongulés (d'après Marsh, 1885).

	Éléphant	Hyrax	Pariongulés	Impariongulés
E POQUE ACTUELLE				
DiLUVIUM				
PLIOCÈNE	Mastodon — Dinotherium			
MIOCÈNE		Oresdon	Brontotherium	
EOCÈNE		Diplacodon — Dinoceras — Coryphodon		
		Amblydactyla — Holodactyla		
	Protungulata (Condylarthra)			

Nous serons un peu plus heureux, en ce qui concerne les ancêtres géologiques, pour l'ordre des Sirénides, encore représenté
aujourd'hui par plusieurs genres.

CHAPITRE VIII

LES SIRÉNIDES (1).

Les représentants vivants de ce groupe sont le dugong (Halicore Dugong), de la mer Rouge, une espèce du genre Manatus sur le littoral occidental de l'Afrique, une autre sur la côte orientale d'Amérique. Une quatrième espèce, particulièrement intéressante, la rhytine (Rhytina Stelleri), appartenait à la période actuelle de la création; elle était confinée dans la région avoisinant l'île de Behring et par suite de cette faible extension géographique, elle a succombé et disparu complètement dans le cours des années 1741 à 1748.

L'ancienne systématique considérait comme un caractère d'ordre l'absence des membres postérieurs, commune aux Sirénides et aux Cétacés, la structure pinniforme des membres antérieurs et la différenciation de la partie postérieure du corps en une large nageoire horizontale; les différences, d'ailleurs très grandes, dans la dentition et le crâne, semblaient n'avoir qu'une importance secondaire. Mais nous sommes aujourd'hui bien familiarisés avec cette disparition des membres antérieurs ou postérieurs ou des deux à la fois, dans les diverses subdivisions de la classe des Reptiles; nous sommes simplement en présence de

(1) Lepsius, *Halitherium Schinzii* (Darmstadt, 1881).

phénomènes de convergence, qui ne permettent en aucune façon
de conclure à une parenté plus intime des individus qui les présentent. Nous ne pensons donc plus à rapprocher les Sirénides
des Cétacés, par le fait du manque de membres postérieurs.
Les Cétacés sont carnassiers, les Sirénides sont herbivores ; les
premiers, par l'intermédiaire des Amphibiens ou Pinnipèdes, se
rapprochent de l'ordre des Carnassiers proprement dits (Ferae) ;
les Sirénides au contraire sont une branche très ancienne des
Ongulés.

Parmi les Sirénides actuellement vivants, c'est le Manatus qui
possède la dentition la plus complète, avec renouvellement des
dents. Il remonte à une forme fossile du tertiaire ancien, que
l'on a trouvée dans la Jamaïque, la *Prorastomus sirenoides*, véritable Zeuglodonte par ses molaires.

L'autre série, plus complète, se termine à l'époque actuelle
par la Rhytina Stelleri, aujourd'hui complètement disparue.
Cette espèce est dépourvue de dents ; elle ne possède guère,
comme appareil de mastication, que des plaques cornées au pa-
lais et à la partie antérieure de la mâchoire inférieure ; on les
trouve aussi, dans les deux autres genres vivants, mais beaucoup
moins développées. Déjà le dugong nous montre une perte notable de dents ; mais par leur présence partielle, il se rapproche
cependant davantage des Sirénides fossiles plus anciens qui conduisent en droite ligne au genre éocène *Halitherium*. La formule
dentaire de ce dernier est i. $\frac{1}{4}$?, c. $\frac{1}{1}$?, p. $\frac{3}{3}$, m. $\frac{4}{4}$.

Nous avons vu, par la comparaison des Ongulés proprement
dits avec leurs ancêtres, que la perte d'un ou de deux doigts était
un fait déjà accompli aux âges tertiaires les plus reculés. Seuls
des genres isolés, comme le Coryphodon, possédaient encore les
extrémités typiques à cinq doigts, qu'ils avaient héritées de leurs
ancêtres de la période secondaire. Tous les Sirénides actuels
possèdent une main à cinq doigts. Donc quand l'on dit que les
molaires du Prorastomus sont de vraies dents sillonnées, cela

n'implique pas qu'elles conduisent aux véritables Lophiodontes,
et aux tapirs, dont la main est déjà réduite, mais à des ancêtres
plus anciens faisant partie de lignes collatérales.

La rhytine, elle aussi, indique une origine fort ancienne,
beaucoup plus reculée que celle à laquelle nous avons pu étendre nos observations. Déjà chez l'Halitherium, le membre postérieur est réduit à une partie de l'os de la cuisse; toutefois cet os
est encore intimement uni au bassin, qui est notablement réduit,
mais cependant possède encore une cavité articulaire. Ces Sirénides très anciens avaient certes un crâne de structure moins
remarquable que les Sirénides actuellement vivants, mais par
leur aspect général leur ressemblaient déjà complètement. Il
résulte de là que le passage du séjour terrestre au séjour aquatique, ainsi que la perte des membres postérieurs chez des Mammifères qui à l'origine en avaient quatre, étaient déjà des faits
accomplis avant la période tertiaire.

Chez les Sirénides vivants, le bassin a subi une réduction encore plus considérable; il a abandonné le contact de la colonne
vertébrale, et même les derniers restes du membre postérieur,
c'est-à-dire les rudiments du fémur, ont complètement disparu.

CHAPITRE IX

Jusque vers 1840, la connaissance scientifique des plus grands de ces monstres marins reposait presque exclusivement sur la structure toute superficielle de quelques individus échoués sur la plage. Toutefois on pouvait facilement s'approprier leur squelette; quelques-uns furent montés complètement dans divers musées. On collectionnait de préférence les côtes, les mâchoires inférieures, les vertèbres; il n'est même pas rare de voir ces ossements, de même que ceux des éléphants fossiles, fixés aux mairies et aux églises, et là on les admire avec étonnement, comme des restes de géants antiques; quelquefois même ils sont l'objet d'un culte spécial; c'est le cas, par exemple, en Espagne, pour le fémur d'un mammouth, considéré comme une relique d'un saint gigantesque.

Cette manière de réunir les documents scientifiques fut la cause du désordre funeste qui régna dans la nomenclature. Eschricht, autrefois professeur de physiologie à Copenhague, put appliquer aussi au groupe des Cétacés, ces paroles : « Si tu veux comprendre le poète, va dans le pays du poète. » Il n'alla certes pas lui-même à la recherche de ces animaux; mais son ami Holböll, qui fut pendant de longues années inspecteur des colonies danoises au Grœnland, poursuivit activement, sous la direction d'Eschricht, la pêche et l'observation de ces monstres marins, sur les côtes de la mer Glaciale. Il dota le musée de Copenhague d'une collection remarquable de squelettes, de parties molles et d'animaux entiers d'âges les plus divers. Toutes les précieuses observations biologiques qu'il a eu l'occasion de faire, Eschricht les a consignées dans un travail classique (1).

Il a suivi, chez un fœtus long de quelques pieds seulement, la transformation progressive du crâne jeune en celui de l'animal adulte; la transformation du crâne de Mammifère pour ainsi dire normal en cet appareil étrange de l'adulte qui désoriente au premier abord l'observateur; il a mis en lumière les rapports de

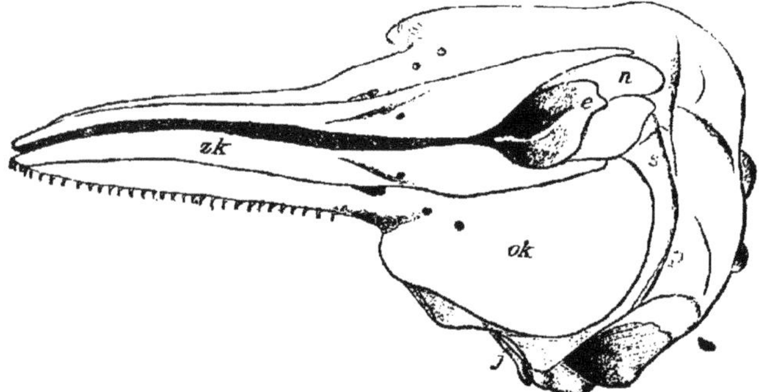

Fig. 45. — Crâne du Delphinus lagenorhynchus Gray. *zk*, intermaxillaire; *ok*, maxill. supér.; *j*, zygoma; *p*, os pariétal; *s*, os frontal; *n*, os nasal; *e*, ethmoïde (1/5 *grand. nat.*).

la baleine avec les Cétacés pourvus de dents, et, établissant ainsi avec plus de rigueur la découverte de Geoffroy, a montré que le fœtus des baleines possède une série de petites dents qui jamais ne percent la gencive; plus tard elles se résorbent complètement en même temps que se développe sur l'épithélium de la voûte palatine l'immense crible formé par les fanons. Ces dents embryonnaires de la baleine, qui n'entrent jamais en fonction,

(1) Eschricht, *Recherches zoologiques, anatomiques et physiologiques sur les Cétacés du Nord* (Leipzig, 1849). — Voir aussi, Brandt, Recherches sur les Cétacés fossiles et subfossiles d'Europe (*Mém. Acad. Pétersbourg*, 1873). — Van Beneden et Gervais, *Ostéographie des Cétacés* (Paris, 1868-80).

ferment le cycle des preuves relatives à l'origine de ces Cétacés :
ces derniers représentent le terme ultime d'une série de transformations qui se sont produites d'abord sur des Mammifères

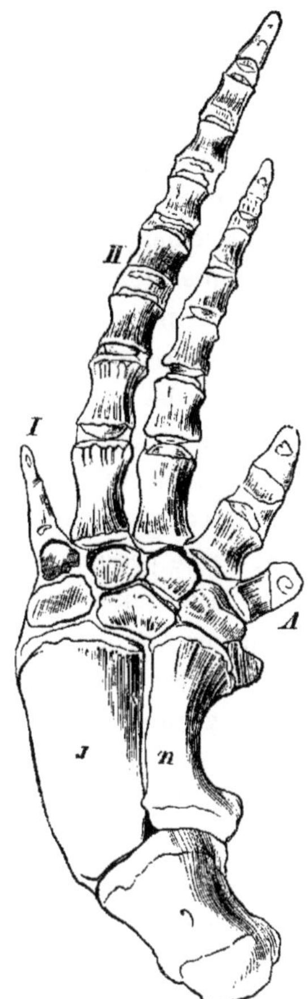

Fig. 46. — Membre antérieur droit du Delphinus Delphis.
D'après van Beneden et Gervais.

pourvus de quatre membres et de nombreuses dents, et qui, par
suite d'un appauvrissement complet de la dentition, ont conduit
aux baleines actuelles.

SCHMIDT. — Mammifères.   13

D'autre part, le crâne des baleines ressemble tellement à celui des dauphins et des autres Cétacés dentés que, même sans cette découverte des dents fœtales, il serait impossible de mettre en doute l'unité des deux groupes. La tête d'un dauphin de quelques pieds de longueur permet d'étudier les transformations caractéristiques qu'elle éprouve, tout aussi bien que celle d'une baleine du Grœnland.

Les intermaxillaires (fig. 45) n'apparaissent pas comme une simple intercalation entre les os maxillaires supérieurs; ils sont au contraire extraordinairement allongés et souvent se placent d'une manière asymétrique le long des maxillaires supérieurs. Les modifications les plus remarquables se rapportent à la partie moyenne de la tête; elles consistent partout dans le redressement des fosses nasales qui, chez les autres Mammifères, sont disposées horizontalement ou sont légèrement inclinées en avant, et qui, ici, deviennent des évents verticaux rapprochés du vertex. Ce n'est pas seulement l'os ethmoïde qui est redressé; les os propres du nez aussi ont quitté presque complètement leur place habituelle pour former la muraille postérieure verticale du nez. Il n'est pas besoin d'être un ostéologue consommé pour pouvoir s'orienter rapidement dans le crâne de la baleine, si l'on part d'un os bien determiné. On n'y trouve rien qui, même de loin, puisse conduire à un lien avec les Sirénides (page 189). Mais, comme chez ces derniers, les membres postérieurs n'ont laissé aucune trace; on ne rencontre que des restes rudimentaires du bassin, cachés dans les chairs, et quelquefois les dernières traces de l'os de la cuisse, très rarement de la jambe; ces caractères montrent les rapports des Cétacés avec des ancêtres primitivement pourvus de quatre membres (1).

Les membres antérieurs se tiennent complètement dans les limites connues du membre des Mammifères, comme le montre

(1) Les modifications qu'ont subies les Cétacés comme Mammifères aquatiques ont été exposées d'une manière remarquable par Flower, Les Cétacés dans le passé et dans la période actuelle, etc. (*Kosmos*, VII, 1883).

notre figure 46 du dauphin. C'est presque toujours cinq doigts
que l'on trouve chez les Cétacés pourvus de dents; chez la plupart
de ces animaux, il est vrai, le pouce et le petit doigt sont fort
réduits. Cela indique un âge géologique plus grand que pour les
Balénides. Car parmi ces derniers le genre Balæna seul possède
cinq doigts; tous les autres manquent complètement de pouce.
L'âge plus récent de ces derniers par rapport aux premiers résulte aussi de leurs caractères génériques, à savoir, les sillons qui
s'étendent depuis le cou jusqu'à la région abdominale inférieure,
et l'appendice dorsal en forme de bosse ou de nageoire. Nous ne
devons donc pas, par la simple inspection du crâne du *Cetotherium*, un des Balénides fossiles les plus importants, considérer
cet animal comme un Balæna ou Baleine à corps lisse; mais,
d'après ce caractère et par suite de l'âge géologique, il nous est
permis de conclure que ces Cétacés ne possédaient ni sillons
ventraux ni nageoires dorsales.

C'est pendant le miocène que les Cétacés ont atteint leur plus
haut degré de développement; à cette époque florissante vivaient à
côté de grandes espèces de Balénides, beaucoup de petites espèces, notamment celles du genre Cetotherium dont il vient d'être
question; ce genre est voisin des Baleines actuelles; certaines de
ces espèces mesuraient de 2 à 10 pieds de long : toutes ces formes, indépendamment des Delphinides et des Zeuglodontes. Les
Zeuglodontes sont représentés par deux genres complètement
éteints, le Zeuglodon et le Squalodon.

Brandt a exposé longuement combien il est invraisemblable de
considérer le Zeuglodon, comme on le fait souvent, comme une
forme intermédiaire entre les Pinnipèdes et les Cétacés, ce qui
semblerait résulter de la structure de la boîte crânienne et des
orifices des narines recouverts de forts os nasaux. Leur longueur
variait de 12 à 70 pieds. Ils appartiennent en Amérique à
l'éocène, en Europe au miocène.

Plus voisin des Delphinides se trouve le Squalodon, particulièrement par la situation des os nasaux et les déplacements cor-

rélatifs d'autres os. Les dents (fig. 47) comme celles des Zeuglodontes rappellent les Pinnipèdes. La formule dentaire est $i.\frac{3}{3}$, $c.\frac{1}{1}$, $p.\ m.\ \frac{4}{4}$, $m.\ \frac{7}{7}$. Les molaires serrées les unes contre les autres, pourvues de pointes sur leur crête tranchante, ont une certaine ressemblance extérieure avec celles des Squales.

Comme les Zeuglodontes, en y comprenant les Squalodontes, n'ont pas encore, dans la transformation du crâne, progressé autant que les Delphinides, il est tout naturel de ne pas considérer les dauphins comme les ancêtres des Zeuglodontes. L'opinion

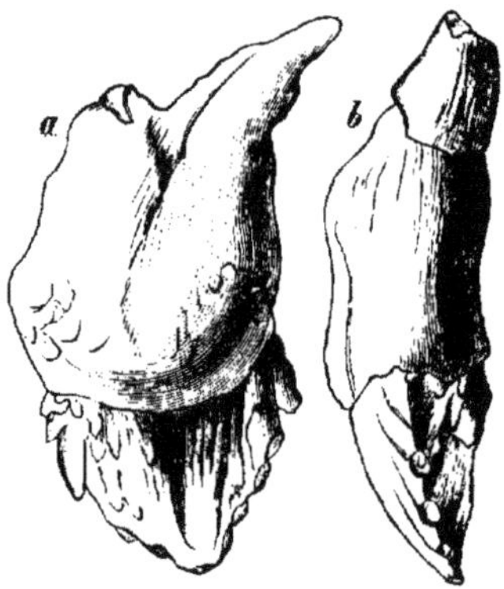

Fig. 47. — Dent de Squalodon ; *a*, face externe ; *b*, face latérale. D'après Süss.

inverse serait aussi insensée que celle qui ferait dériver les Antilopidés des Bovidés. D'autre part, une difficulté non moins grande s'élève si l'on admet que des animaux de la forme des Squalodons ont laissé des descendants de la forme des dauphins.

Nous ne parlons pas des Cétacés delphinides à dentition réduite, par exemple du narval ; ce sont là des branches latérales d'un tronc principal dont les membres sont caractérisés par une dentition nombreuse et homogène. Les dents sont à croissance continue, à racine toujours ouverte ; elles ressemblent par ces caractères à celles de beaucoup de Reptiles. Or Baume a appuyé d'un grand nombre d'arguments sérieux cette idée que les dents à croissance continue des Mammifères sont d'anciens organes transmis par voie héréditaire; les autres, au contraire, seraient de formation plus récente. Si cette manière de voir est bien l'expression de la vérité, il nous manque pour les dauphins et naturellement aussi pour les baleines tout point de raccordement pour l'explication de leur descendance. Les trois sous-ordres, les Zeuglodontes, les Delphinides, les Balénides, vivent déjà côte à côte dès le début de la période tertiaire ; on a même décrit des vertèbres de baleines du terrain jurassique. Il est bien certain que nous n'avons aucune indication, aucune conjecture relative à l'époque à laquelle les Cétacés se sont constitués et aux circonstances qui ont présidé à leur développement. Il est invraisemblable de séparer leur origine de celle des autres Mammifères et de les faire dériver d'ancêtres du groupe des Reptiles. Car aucune de leurs particularités ne conduit directement aux Reptiles : toutes doivent être considérées comme des modifications survenues par adaptation chez des Mammifères primitivement terrestres, lors de leur passage à la vie aquatique.

Mais de quelle nature étaient ces ancêtres? La première pensée se porte vers les Pinnipèdes, qui, eux aussi, se sont adaptés complètement à la vie aquatique. Seulement, chez ces Amphibiens, les membres postérieurs n'ont subi aucune réduction ; leur situation par rapport au bassin est seule modifiée; la cuisse et la jambe sont raccourcies ; les pieds se sont développés en larges rames, notablement allongées. On ne peut donc rationnellement penser que ces animaux, si bien organisés pour la nage, aient pu s'engager dans une voie nouvelle de l'adaptation. Il ne pouvait y avoir pour cette nouvelle évolution aucune circonstance, aucune nécessité. Dès lors la ressemblance observée dans les dents peut reposer simplement sur une convergence, et Flower rappelle ce fait, depuis longtemps signalé déjà par Hunter, « que, dans la structure interne des Cétacés, de nombreux points rapprochent ces animaux plutôt des Ongulés que des animaux carnassiers; par exemple, l'estomac multiple, le foie simple, les

organes de la respiration et particulièrement les organes de la
reproduction, enfin les productions relatives au développement
du fœtus. Même le crâne du Zeuglodon, auquel nous avons reconnu une certaine ressemblance avec celui du phoque, montre
tout autant de points de rapprochements avec les Ongulés les
plus anciens de la forme des Porcins, indépendamment du caractère d'adaptation très nette, tiré de la forme des dents. »

On a objecté que les Cétacés étaient carnassiers, les Ongulés
pour la plupart nettement herbivores; Flower écarte avec raison
cet argument, en montrant qu'autrefois les Omnivores étaient les
animaux les plus nombreux. De même que les uns, à l'exception
des Porcins qui sont restés les plus fidèles à l'ancien type, ont
recherché de plus en plus, sur le continent, une nourriture exclusivement herbacée, les autres, au contraire, développaient leur
goût dans une direction diamétralement opposée. Des Carnassiers très nettement différenciés ne peuvent se concevoir qu'en
l'absence complète de toute nourriture végétale; nous pouvons
observer ce fait journellement sur le chien et le chat. Le cas
inverse est peu fréquent. Ainsi, il est bien reconnu que dans les
régions du Nord, pendant l'hiver, le Bœuf mange avec beaucoup
d'appétit les poissons desséchés.

Et c'est ainsi, dans ce sens très général, que les Cétacés peuvent
être rapprochés des Ongulés, des Ongulés primitifs pourvus encore de cinq doigts, et qui différaient autant de ceux actuellement
vivants que les ancêtres des Équidés différaient du cheval lui-
même.

Comme nous l'avons dit précédemment, les Cétacés commencent à décroître dans le tertiaire moyen, après avoir acquis une
puissante extension. A cette époque le continent européen et asiatique actuel était en grande partie recouvert par la mer. Brandt a
montré d'une manière très satisfaisante comment, lors du retrait
de cette mer, les Cétacés de ces latitudes moyennes ont pu
trouver la mort; nous reproduisons ici sa propre description
à ce sujet, surtout à cause de sa signification générale : « L'ex-

tinction d'animaux marins a au premier abord quelque chose de
plus étrange que celle de Mammifères terrestres. On se trouve
particulièrement porté à croire que les habitants des mers, au
milieu d'un élément d'une immense étendue, partout plus ou
moins peuplé d'animaux, pouvaient, par des migrations, se
soustraire à des influences extérieures dont l'effet était nuisible
à leur organisme, sans avoir à souffrir du manque de nourriture, surtout lorsque les causes agissantes n'étaient pas subites.
Comme exemple d'un de ces anciens bassins marins très étendus,
occupant toutes les régions comprises entre l'ouest et le sud de
l'Europe et le centre de l'Asie, nous pouvons citer l'immense
Océan de l'époque miocène qui a d'ailleurs subsisté encore plus
tard ; au moment de sa plus grande extension il touchait à la
mer Glaciale ; au sud, au contraire, il communiquait avec les
mers tropicales. Un tel océan ne devait pas seulement favoriser
une élévation de température des latitudes moyennes ; il con-
tribuait aussi à échauffer les régions du nord et communiquait
à leurs faunes aussi bien qu'à leurs flores un caractère de pros-
périté tout différent de celui que l'on observe à l'époque actuelle.
Mais cet état de choses ne fut nullement durable. Un soulèvement
général du sol occasionna la séparation des mers tropicales et sub-
tropicales du sud et diminua l'extension générale de l'Océan,
en même temps que sa température baissait. C'était là, bien plus
encore, ce qui s'était produit pour la grande mer du Nord en
communication directe avec l'Océan, notamment lors de sa séparation en bassins plus ou moins isolés qui peu à peu ont disparu complètement. La faune et la flore anciennes du continent,
qui étaient devenues riches et luxuriantes sous l'action bienfaisante
d'un climat chaud et humide, changèrent de caractère et entrè-
rent dans une période de décroissance. La mer elle-même re-
cevait en moindre abondance les éléments organiques développés
en moindre quantité sur les continents ; ces éléments pouvaient
suffire à la nutrition de nombreux petits animaux marins ; en
même temps l'accès d'eau douce, au milieu de cette eau de mer

dont la masse était notablement réduite, exerçait une action de
haute importance. A ces événements qui entravaient la nutrition
des grands habitants de la mer, qui mettaient inévitablement
leur existence en péril, s'ajoutait encore le morcellement de
l'immense Océan dont nous avons parlé précédemment, en de
nombreux bassins, sous l'influence d'un soulèvement du continent; ce bouleversement a empêché toute migration, et montre
que les conditions d'existence nouvelles dues à cet isolement
n'ont fait que s'aggraver.

« Comme preuve de ce qui précède, nous pouvons citer, la mer
Noire, la mer Caspienne, la mer d'Aral, qui sont restées le plus
longtemps, quoique en dernier lieu à un faible degré, en communication directe; il en est de même de plusieurs grands lacs de
l'Asie centrale. Toutes les espèces d'Invertébrés et de Poissons
qui, par suite de leur organisation spéciale, ne pouvaient vivre
que dans des eaux marines libres, illimitées, et non dans une
mer intérieure n'ayant qu'une moindre proportion de substances
salines; toutes celles qui ne pouvaient s'adapter aux nouvelles
conditions physiques, thermiques et biologiques, ont forcément
succombé, de même que les Cétacés. Tous les survivants, tous
ceux qui ont pu s'adapter à ces circonstances, comme bon
nombre de Mollusques, par exemple, ont diminué de taille. »

CHAPITRE X

Parmi les Mammifères carnassiers actuels, le groupe qui a été soumis aux recherches les plus nombreuses quant aux particularités de la dentition et dont le développement géologique a peut-être laissé le plus de traces et de points de raccordements est celui des chiens, le groupe des Canidés. Nous le prendrons comme point de départ pour nos considérations de morphologie comparée.

Dans cet ordre de Mammifères les martes et les ours possèdent cinq doigts, aussi bien aux membres antérieurs qu'aux postérieurs.

Le chien, comme tout le reste de l'ordre des Carnassiers, est pourvu de cinq doigts aux membres antérieurs, de quatre seulement aux membres postérieurs, tous munis de griffes non rétractiles. Quiconque veut connaître dans une certaine mesure les rapports de parenté du genre fondamental *Canis*, répandu dans toutes les parties du globe, ainsi que de quelques genres secondaires et de différentes formes voisines, leur répartition géographique etc., dans l'espoir d'arriver par cette étude à des indications sur les phénomènes qui se sont déroulés pendant l'époque préhistorique (phénomènes restés en partie sans résultat, mais souvent aussi en rapport intime avec des faits paléontologiques déterminés), celui-là, dis-je, doit se familiariser avant tout avec la structure de la dentition. Une dent de plus ou de moins correspond infailliblement, dans l'évaluation de l'âge, à une différence d'une ou plusieurs périodes géologiques. La situation, la taille, la disparition des dents, conduisent à une certitude presque aussi grande pour reconnaître la parenté d'espèces qui vivent en des régions opposées de la terre ou, au contraire, l'origine multiple de celles qui ont à peu près la même extension géographique.

Celui-là seul peut concevoir la certitude propre aux travaux du paléontologiste, qui a acquis une connaissance au moins superficielle du moyen employé par ce dernier, bien que ce moyen paraisse futile au profane. Il verra très nettement par là ce qu'il faut penser de cette assertion sans cesse reproduite par les ignorants, que les partisans de la doctrine de la Descendance sont incapables de démontrer les transformations de l'espèce.

Chacun sait que la dentition du renard (*Canis vulpes*) comprend des dents de structure très différente (fig. 48), qui cependant ont ce caractère commun de présenter sur leur couronne une couche ininterrompue d'émail ; ce qui éloigne notablement ces dents, les molaires en particulier, des dents à plissements d'émail des Ongulés et de beaucoup de Rongeurs. La formule dentaire est

$i. \dfrac{3}{3}, c. \dfrac{1}{1}, p. m. \dfrac{4}{4}, m. \dfrac{2}{3}.$ Pour les questions qui nous occupent ici, il n'y aura guère que les molaires qui entreront en considération, par conséquent $\dfrac{4.\ 2}{4.\ 3}.$

Le genre Canis est donc pourvu supérieurement de quatre prémolaires ou dents de remplacement des dents de lait, et de deux molaires proprement dites ou mâchelières. Parmi les prémolaires, la quatrième, p^4, se distingue par sa grande taille, par sa forme resserrée et sa crête tranchante, et de plus par la présence d'une saillie antéro-interne ; c'est la dent *carnassière*. A la mâchoire inférieure, ce n'est pas p^4 qui lui correspond, mais m^1, la première des trois mâchelières. Ce sont les nuances en partie presque insensibles des mamelons et des crêtes tranchantes, la distance comprise

entre les pointes, la longueur et la largeur de ces dents, mesurées
à un dixième de millimètre près, qui permettent de caractériser
la parenté et l'origine des espèces canines ; nous connaissons à
l'époque actuelle une seule espèce du genre Canis pourvue, non
pas de $\frac{2}{3}$, mais de $\frac{4}{4}$ mâchelières ; elle nous permettra de tirer une
conclusion des plus vraisemblables, relative aux ancêtres éocènes
des Canidés actuels. Nous nous conformerons particulièrement
dans cet exposé aux recherches fort nettes de Huxley (1).

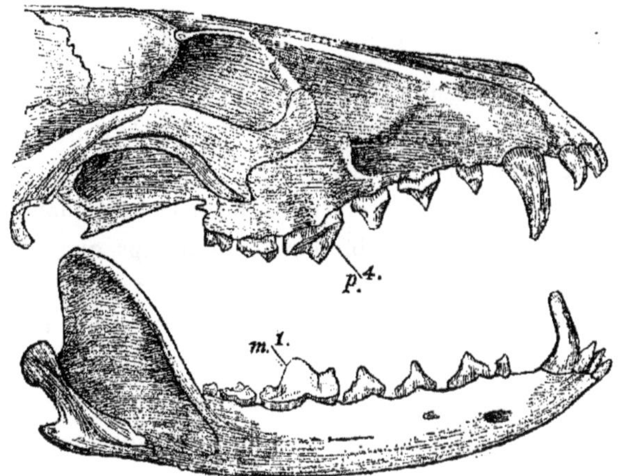

Fig. 48. — Dentition du renard. D'après Huxley.

Si l'on envisage un certain nombre de différences secondaires,
on arrive à séparer les espèces du genre Canis en deux groupes
dont l'un peut être représenté par le renard ordinaire, l'autre
par le renard brésilien (Canis Azaræ). Cette distinction repose
sur l'existence ou l'absence de sinus frontaux ; ils manquent chez
le renard proprement dit ; ils sont au contraire très développés
dans les représentants de l'autre groupe ; elle repose en outre sur
la forme de la partie antérieure du cerveau. Du côté du renard

(1) Huxley, Caractères crâniens et dentaires des Canidés. *Proc. zool.
Soc.*, 1880.

se rangent le Canis fulvus, argentatus, littoralis, zerda, lagopus et d'autres encore ; dans l'autre groupe, les chacals et les loups, toutes les variétés du chien domestique, Canis anthus, latrans, antarcticus, magellanicus, cancrivorus. Dans les deux groupes, il y a lieu d'établir encore des subdivisions d'après la forme et la puissance de la dent carnassière. Cependant, même lorsqu'on a une idée convenable du type Renard et du type Loup, les différences passent en définitive l'une à l'autre, ce qui a lieu toujours dans les dernières divisions de toute systématique.

Tous les Canidés que nous venons d'indiquer ont pour les mâchelières la formule $\frac{2}{3}$. La concordance des saillies, des crêtes des dents est telle que si l'on examine l'alternative d'une convergence ou d'un phénomène d'hérédité, c'est la consanguinité qui apparaît comme certaine.

Nous devons ici aborder la question de la descendance du chien domestique (1). Il est établi depuis longtemps que la série tout entière du renard n'a avec le chien aucun rapport. Darwin avait à cet effet essayé de démontrer que, dans les points les plus différents du globe, les peuplades sauvages avaient domestiqué des animaux de la forme des loups et originaires de ces pays ; par suite du croisement de ces espèces et de leur élevage de différentes manières, elles auraient donné naissance au chien domestique de l'époque actuelle. Cette manière de voir a été quelque peu modifiée par L.H. Jeitteles, qui a étudié d'une manière très approfondie tous les animaux domestiques. D'après lui, le loup (Canis lupus) n'a pas contribué à la production des races canines européennes et orientales ; ce serait principalement le chacal et le loup indien (Canis pallipes). Ces races nous reportent en partie aux époques préhistoriques de l'espèce humaine.

Le type le plus voisin du chacal est le chien des tourbières, trouvé dans les cités lacustres, et dont provient très probable-

---

(1) Darwin, *Les variations des plantes et des animaux dans l'état de domesti cation.* — Jeitteles, *Les ancêtres primitfs de nos races canines* (Vienne, 1877).

ment le spitz ou chien-loup. Autour de lui se rangent les ratiers, les épagneuls, les bassets, les griffons. Le Canis pallipes a été la souche du chien bronzé, très probablement venu en Europe avec des immigrants asiatiques, puis du chien de berger du centre de l'Europe, du chien courant, du barbet, du mâtin ou chien de boucher, du boule-dogue. On doit peut-être considérer comme type originel d'un troisième groupe le grand chacal (Canis lupaster) du nord de l'Afrique ; à ce type se rapporteraient le chien d'Egypte, le chien vagabond d'Orient et le lévrier africain. Cela ne nous indique pas toutefois quelles sont les formes fossiles cachées dans la masse de ces races. A cet égard, plusieurs hypothèses ont été émises ; mais aucune n'a pu être établie par de sérieux arguments. De Blainville pensait que la souche du chien domestique était une espèce diluvienne d'une nature très douce, très sociable, qui n'existe plus aujourd'hui à l'état sauvage ; dans ce sens général, cette idée, ainsi que nous le montrent les documents précédents, doit être considérée comme une opinion sans fondement de la question de l'origine du chien. Woldrich (1) a repris récemment cette idée que nos races canines proviennent de plusieurs races sauvages du diluvium ; combinée avec les résultats de Darwin et de Huxley sur les rapports du chien domestique avec les chacals et les loups actuels, cette manière de voir a pour elle un beaucoup plus haut degré de vraisemblance.

Il faut ajouter à cela que l'opinion de Jeitteles est combattue de la manière la plus catégorique par Nehring (2). Ce dernier savant a montré tout d'abord que la captivité amène chez les loups, déjà dans la première génération, des modifications étonnantes de taille et de proportion dans tout le crâne et aussi, en particulier, des changements dans la forme, la grandeur et la situation des dents.

Jeitteles et d'autres auteurs ont pensé qu'il fallait exclure de

(1) Woldrich. Canidés sauvages du Diluvium (*Wiener Denkschriften*, 1879).
(2) Nehring, *Sitzungsberichte der Gesellschaft Naturforschender Freunde in Berlin*, v. 18, *November* 1884.

la série ancestrale en particulier le loup commun, parce que sa
dentition est plus puissante, et que le rapport de la longueur de la
carnassière supérieure à celle des deux tuberculeuses de la même
la mâchoire est tout différent de celui que l'on observe chez le
chien domestique. Ce caractère s'observe même quand ce dernier, par sa taille et sa puissance, est entièrement comparable
au loup. Or Nehring montre que ces différences ne sont que
la conséquence de la domestication.

« Quel que soit le point que nous examinions dans le crâne du
loup, dit Nehring, nous observons partout la tendance à la va-
riation. De plus, la distance de l'arcade zygomatique au crâne
varie notablement ; ces variations sont en rapport avec un plus

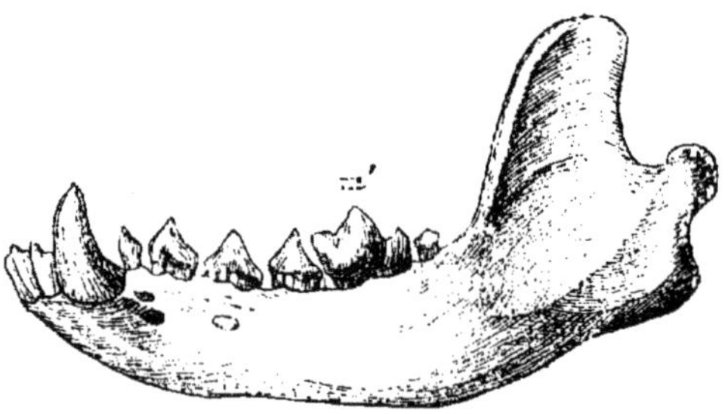

Fig. 49. — Mâchoire inf. d'Icticyon. D'après Huxley.

ou moins grand développement des muscles masticateurs. A cet
égard, il est naturel que les chiens domestiques aient une arcade
zygomatique beaucoup moins développée que leurs congénères
sauvages, puisque ceux-là ont généralement moins d'occasions
de développer leurs muscles que ces derniers. La structure de
l'atlas et de l'axis présente aussi des variations remarquables chez
les loups et les chiens domestiques, suivant le développement du
crâne (surtout de la région occipitale) et des muscles et liga-
ments qui s'y rattachent, etc.... » Ainsi, d'après Nehring, c'est le
loup (Canis lupus) avec ses nombreuses variétés (c'est-à-dire ses
races locales) qui doit être considéré essentiellement comme la
souche de nos grandes races canines. En ce qui concerne l'ori-

gine des petites races canines, ce sont les différentes espèces et races de chacals qui entrent en considération.

C'est dans le diluvium que l'on doit certainement trouver les ancêtres directs du loup européen. On a distingué autrefois sous le nom de loup des cavernes une espèce de plus grande taille, sans que l'on puisse donner des caractères distinctifs nets des deux formes. Une troisième forme du loup, *Canis Suessii*, de la Lœss de Vienne, a été décrite comme un animal élancé, mais vigoureux, assez fort pour faire la chasse à des Herbivores plus grands que lui et s'en rendre maître. On a émis l'idée que cette espèce était encore représentée aujourd'hui par une des races à cou très développé du mâtin; elle n'a pas encore été confirmée. C'est là précisément une des huit espèces ou races de loups que l'on peut distinguer dans l'Europe centrale pour le diluvium, à l'époque très reculée de l'apparition de l'homme. Il faut y ajouter environ cinq espèces de renards.

Si maintenant nous revenons aux Canidés vivants, nous accorderons tout d'abord notre attention à un certain nombre d'espèces, dont l'une décrite sous le nom d'*Icticyon venaticus*, habite le Brésil; les autres, groupées sous le nom générique de *Cyon*, vivent au nord et au nord-est des monts Altaï. Ces chiens manquent tous de la troisième mâchelière au maxillaire inférieur, et m^2 à la mâchoire supérieure est tellement petite que l'on doit considérer cette dent comme un indice d'une réduction prochaine de la dentition de cette mâchoire. Il est dans la marche naturelle des choses qu'une ou les deux premières prémolaires ou la dernière molaire, se trouvent mises hors d'usage et condamnées à disparaître par suite du développement des dents voisines, sans que nous puissions définir d'une manière plus exacte la cause de ce phénomène (1).

---

(1) Les lecteurs qui auront occasion d'examiner un squelette de blaireau pourront s'assurer de ce fait que la première prémolaire aux deux mâchoires n'a pour ainsi dire plus aucun usage pour cet animal; c'est une sorte de cheville qui n'atteint jamais la série dentaire opposée et manque souvent. Si l'on

Les autres rapports de structure de ce groupe ne permettent pas d'espérer une conséquence de bien grande importance, relativement à cette concentration de la dentition. Mais il fut une époque, comme nous le verrons bientôt, pendant laquelle des animaux de la forme des Canidés, en perdant ces mêmes dents, occasionnèrent un développement varié de genres nouveaux d'animaux carnassiers.

Une espèce plus intéressante pour le but direct de nos recherches est le chien mégalote (*Otocyon Lalandii*), vivant dans le sud de l'Afrique. Voisin de la série du renard par son aspect général, il s'en éloigne nettement par la dentition, car il possède $\frac{4}{4}$ mâchelières et présente les plus grandes divergences dans le rapport de grandeur des dents, considérées isolément. Comme nous l'avons dit, le chien mégalote ressemble au type chien, par l'ensemble du corps et par sa dentition d'une manière telle, qu'il est presque impossible de l'en séparer, de sorte qu'on doit le considérer comme une forme primitive des Canidés, maintenue jusqu'à nos jours. Toute la paléontologie des Vertébrés montre que les dentitions polyodontes des Mammifères représentent des appareils héréditaires, transmis par des ancêtres d'organisation inférieure et que l'augmentation du nombre de dents, dans la classe même, n'a vraisemblablement jamais eu lieu.

Puisque nos chiens avec les molaires au nombre de $\frac{2.\ 2}{3.\ 3}$ proviennent sans aucun doute d'ancêtres à dentition plus nombreuse, nous devons considérer l'Otocyon comme un représentant encore vivant d'un type ancien de Canidés, qui, par ses autres caractères, se rapproche davantage de la série du renard que de celle du loup. Mais comme il existe aussi des espèces du groupe du Canis Azaræ avec de très faibles sinus frontaux, il est très difficile, ainsi que nous le fait remarquer Huxley, de ne pas

ne fait pas, dans la suite, disparaître le blaireau de vive force, sa dentition sera inévitablement réduite un jour de la première prémolaire, p^1.

penser que lui aussi ne conduise à des ancêtres de la forme de l'Otocyon. Celui-ci aura donc donné naissance aux deux séries qui se terminent l'une par le renard, l'autre par le loup. Nous sommes confirmés dans cette manière de voir par cette observation que le *Canis cancrivorus* de l'Amérique du Sud possède souvent la molaire m^4, et se présente par conséquent comme un autre représentant de la forme primitive. Cette quatrième molaire, supplémentaire, n'est pas une monstruosité ou une formation pathologique ; elle représente un cas d'atavisme ou d'arrêt dans l'évolution, de même nature que celui des crochets du cheval ; et ceux-ci trouvent leur explication dans les prémolaires du genre primitif Anchitherium.

C'est ainsi que la clef de l'origine de tous les Canidés repose essentiellement sur la détermination de la parenté du chien mégalote. Huxley nous a donné des détails très dignes d'attention sur la ressemblance de la dentition de cette espèce avec celle des genres ursidés inférieurs, le bradype ursin (*Bradipus ursinus*) et le raton laveur (*Ursus lotor*) ; mais ils ne sont que d'une importance secondaire, si on les compare aux conséquences d'une découverte faite par ce même savant anglais. Chez plusieurs espèces de Canidés, on observe des formations tendineuses qui correspondent, paraît-il, aux os marsupiaux (ossa epipubica), si caractéristiques de l'ordre du même nom. D'après l'opinion d'un de nos premiers savants en anatomie comparée, si une nouvelle observation venait à confirmer ce point important,' la descendance directe des chiens, aux dépens des Marsupiaux, aurait du même coup pour elle le plus haut degré de vraisemblance. Et ce n'est pas sur les Marsupiaux carnassiers actuels (*Thylacinus, Dasyurus*) qu'il faudrait tout d'abord porter son attention ; la série de leurs molaires est plus pauvre d'une dent que celle de l'Otocyon, généralement décrite $p. \dfrac{3}{3}, m. \dfrac{4}{4}$. Ce seraient bien plutôt les Marsupiaux rongeurs qui entreraient en considération. Ce sont les seuls animaux que l'on connaisse dans le terrain éocène avec quatre molaires. Bien qu'ils soient plantigrades et que leurs molaires soient pourvues de crêtes tranchantes, ils ne sont pas sans rapports avec les Insectivores. Car il faut tenir compte de cette circonstance que différentes particularités dentaires des Canidés inférieurs doivent être rapportées à la dentition des Insectivores ; en outre, que la présence de clavicules très réduites et du moignon du cinquième doigt aux membres postérieurs indique naturellement des ancêtres pourvus de clavicules complètement développées et de cinq doigts normalement constitués. Tous ces caractères sont réunis chez les Insectivores : et c'est ainsi que, des Canidés actuels, nous sommes conduits à des Insectivores éocènes et antéocènes, mais présentant certaines particularités des Marsupiaux.

Cette déduction, basée essentiellement sur des conséquences de l'organisation actuelle et de la répartition des Canidés, nous a ainsi conduit à cette époque fort obscure, fort reculée, à laquelle, d'après l'opinion de Cuvier et de ses successeurs, devait seulement faire suite la véritable aurore de l'apparition de la faune mammalogique. Il nous faut nous arrêter longtemps à cette époque éocène, telle que la délimite la paléontologie, pour pouvoir nous orienter quelque peu dans cette masse incroyable de formes de Mammifères, qui revivent en quelque sorte dans les remarquables travaux de Filhol (voyez page 48) et nous dévoilent tous leurs enchaînements. Nous pouvons nous faire une idée approchée de la puissance de la vie à cette époque, si, à la place des quelques Carnassiers que l'on rencontre aujourd'hui dans toute la France, et en général dans le sud et le centre de l'Europe, nous mettons, pour le seul bassin du sud de la France, quarante formes distinctes dont la taille variait depuis celle de la marte jusqu'à celle des loups et des ours les plus forts. Ces animaux, ainsi qu'en témoigne la masse de leurs restes fossiles, vivaient en partie en troupeaux ; leur nutrition était largement assurée par un développement correspondant d'Herbivores aux formes très variées.

Signalons tout d'abord le *Cynodictis* ou chien civette dont la formule dentaire est celle du chien, $i.\ \dfrac{3}{3},\ c.\ \dfrac{1}{1},\ p.m.\ \dfrac{4}{4},\ m.\ \dfrac{2}{3}$ (la quatrième prémolaire supérieure et la première molaire inférieure constituent les carnassières) ; le crâne est fort allongé, l'arcade zygomatique large et forte ; c'étaient des animaux franchement carnassiers de la taille du renard jusqu'à celle du loup. « Ce sont, dit Filhol, des formes spéciales, particulièrement caractéristiques, dans lesquelles on arrive, par une étude minutieuse, à découvrir certains points de ressemblance avec les Carnassiers actuels. Mais tous les efforts deviennent inutiles si l'on essaye de les placer dans un groupe déterminé. Il faut donc reconnaître à ces formes un caractère essentiellement distinctif, spécial, justifiant de la place qu'elles doivent occuper en dehors de la classification généralement admise, basée seulement sur les familles vivantes. » Le savant français veut dire que nous avons là des animaux se rapprochant des chiens, mais qui ne sont pas des chiens ; que, d'une manière générale, ils ne peuvent être rattachés à aucune des familles actuelles de Carnassiers ; au contraire, diverses parties du crâne, suffisamment connues aujourd'hui, l'intermaxillaire, la voûte palatine, les apophyses ptérygoïdes, de même que sa forme générale, montrent des caractères tout particuliers. Nous ne voulons pas dire qu'ils restent tout à fait en dehors de notre système, mais qu'ils complètent les lacunes existantes. C'est ce que nous montre avec la dernière évidence la dentition de ces animaux. Chez la plupart des formes de ces Cynodictis qui sont désignées comme espèces et que l'on peut continuer à distinguer ainsi, les dents sont toutes bien caractérisées et développées suivant la place qu'elles occupent. Mais chez le *Cynodictis intermedius* la dernière mâchelière inférieure, m^3, est si petite que certainement elle ne peut rendre que des services très restreints, et on est naturellement porté à concevoir sa disparition complète prochaine. Admettons que cette réduction s'opère, et la formule dentaire des Viverridés se trouve constituée. Cette réduction s'opère en réalité : la race du *C. intermedius*, désignée sous le nom de *Cynodictis intermedius viverroides*, s'est effectivement transformée en civette.

La disparition de cette molaire est liée à une autre petite transformation, relative à p^4, liée par conséquent à la dent carnassière si importante de la mâchoire inférieure, et, chose fort remarquable, chez deux autres espèces (*C. crassirostris*, *C. leptorhynchus*) on observe la même perte et aussi la même transformation de la dent carnassière. On ne sait rien jusqu'alors des modifications du genre de vie qui ont occasionné les transformations de la dentition, reconnues semblables dans un grand nombre d'espèces. Nous nous contentons de savoir comment, d'une manière générale, apparaissent sur la terre de nouvelles espèces et de nouveaux genres ; leur évolution s'accomplit toujours fort lentement : elle commence par des nuances insensibles qui s'accentuent peu à peu dans des milliers de générations, et finalement ce qui au début était considéré comme une exception est devenu la règle générale.

Mais, dira-t-on, ces transformations « accidentelles » devaient toujours se fusionner de nouveau et disparaître par le croisement avec les individus restés intacts de l'espèce, à moins toutefois que l'isolement géographique ne leur fût venu en aide (M. Wagner) ; cette objection, si souvent mise en avant, tombe d'elle-même. La science paléontologique démontre, en effet, le contraire. Que l'on veuille bien toutefois considérer que ces mots « accident, hasard » ne conviennent qu'en tant qu'ils cachent notre ignorance des causes et des circonstances. Dans bien des cas, par exemple dans la transformation des mastodontes en éléphants, nous pouvons indiquer avec quelque certitude les modifications survenues dans le régime et auxquelles s'est adaptée la dentition.

C'est donc un fait bien établi que les Cynodictis sont devenus les civettes. Il n'y a à ce sujet aucune discussion possible. Maintenant commence une nouvelle série de transformations des Viverridés, donnant naissance aux martes.

Nous passons des phosphorites du Quercy de l'éocène supérieur à une époque un peu plus récente, le miocène inférieur, à laquelle appartiennent les dépôts de Saint-Gérard le Puy dans l'Allier. Nous trouvons ici le genre carnassier *Plesictis*, qui se distingue particulièrement des civettes par la forme de la tête. Filhol montre que l'on est tout à fait en droit d'admettre la transformation progressive de petites espèces de Cynodictis en la forme Plesictis, sous l'action de causes naturelles, en se basant pour cela sur le développement de soudures dans le crâne.

Dans ces races issues directement du Cynodictis se modifie notablement la structure des dents ; le caractère de la dentition des martes s'accentue de plus en plus, tandis que disparaissent les traits distinctifs des Viverridés, et ainsi la série Plesictis-Stenoplesictis-Palæoprionodon nous conduit à petits pas, par des modifications progressives, au genre Mustela. A partir de ce moment, on trouve des martes.

Tout aussi claires se présentent les formes intermédiaires par lesquelles s'accomplit peu à peu la transformation de la dentition des martes en celle des Félins. Le genre *Proælurus* est pourvu, à la mâchoire supérieure, de deux dents tuberculeuses derrière la carnassière. Mais déjà certaines espèces de ce genre perdent la dernière molaire et par là se rapprochent des chats ; de plus, au bord postérieur de leur dent carnassière disparaît un appendice tuberculeux. A la suite de cette transformation peu importante suivie d'une stabilité assez prolongée, le Proælurus est devenu le Pseudælurus. Comparons les unes aux autres ces réductions de molaires à la mâchoire inférieure, constatées actuellement :

PRÉMOLAIRES.	DENT CARNASSIÈRE.	DENTS TUBERCULEUSES.	
4	1	1	$= p^4\ m^2$
4	1	0	$= p^4\ m^1$
3	1	0	$= p^3\ m^1$

La prémolaire la plus antérieure p^2 est aussi condamnée à l'atrophie. On s'aperçoit que le genre *Pseudælurus*, par exemple le *Ps. Edwarsii* ne diffère des Félins actuels que par la présence d'une prémolaire, d'ailleurs extrêmement minime. Ces réductions très importantes dans le nombre des dents, mises en évidence chez ces animaux par Filhol, justifient cette hypothèse que plus tard cette petite dent disparaîtra complètement, de même qu'avant elle s'est atrophiée la prémolaire p^1 et, plus tôt encore, la dent tuberculeuse m^3. Le genre *Felis* était donc près d'être constitué.

La concentration de la dentition n'est pas restée stationnaire au point où nous la remarquons chez les chats, $p. \frac{3}{2}, m. \frac{1}{1}$; sa localisation est arrivée à son terme extrême dans le *Machairodus*, dont la formule dentaire est $i. \frac{3}{3}, c. \frac{1}{1}, p. \frac{2}{2}, m. \frac{0}{1}$: soit 26 dents, au lieu de 30 que possèdent les chats. De la taille du tigre, cet animal possédait à la mâchoire supérieure une puissante canine ensiforme, faisant saillie hors de la bouche et s'étendant inférieurement contre la mâchoire inférieure. Celle-ci présente de chaque côté une dépression, qui provient apparemment de la pression exercée par les deux défenses pendant leur développement. On a attribué l'extinction de cette forme, la plus différenciée des Carnassiers, à cet énorme développement des défenses ; leur longueur aurait été telle que la bouche n'aurait plus pu s'ouvrir assez pour permettre leur fonctionnement. A cela on peut répondre simplement qu'une mauvaise hypothèse est encore meilleure qu'une abstention complète en pareille matière. Le Machairodus apparaît et disparaît des deux côtés de l'Océan à l'époque miocène.

Le Pseudælurus nous a apparu plus haut comme une forme de passage entre les martes et les chats. Cela n'exclut pas d'autres formes intermédiaires de ces deux groupes. L'une d'elles est l'*Ælurogale*, de la taille d'une panthère, très richement représentée dans les phosphorites du Quercy. La mâchoire supérieure est celle des chats, la mâchoire inférieure a les dents d'un Mustélidé. Les races se groupent de telle manière qu'à côté de changements extraordinaires dans la taille des dents, la mâchoire inférieure, chez la variété la plus éloignée de la forme fondamentale, a aussi conservé la formule dentaire des chats (1).

En résumant ce qui vient d'être dit, nous trouvons le rameau généalogique suivant :

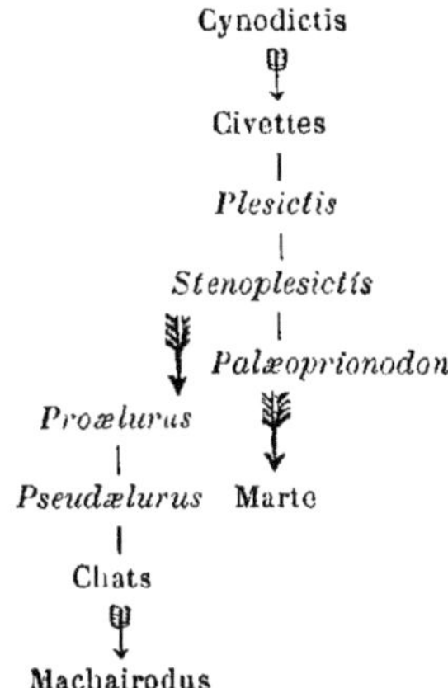

C'est là l'expression la plus simple d'une longue série de comparaisons fort minutieuses des faits ; elle a pour elle tout autant de droits, elle est aussi digne de foi que toute recherche scientifique dans un autre domaine, basée sur les faits et donnant des conclusions de ces faits. Tous ceux qui admettent que le philologue critique puisse ordonner, à la manière d'un tableau

(1) Nous ne voulons pas omettre de signaler ici une difficulté qui s'oppose à cet exposé, en apparence si net. Parmi les Carnassiers actuels les chats possèdent les restes les plus complets des clavicules ; chez les autres une partie n'a que des traces plus faibles de ces os, l'autre en est privée complètement. Tous les ancêtres des chats doivent évidemment avoir été pourvus de clavicules, puisqu'elles existent encore chez les chats actuels. Nous pouvons alors concevoir comment elles se sont maintenues chez les chats qui ont conservé et développé leurs habitudes de grimpeurs, tandis que chez les autres Carnassiers elles ont subi une atrophie plus complète. Nous manquons bien entendu de documents à ce sujet. Toutefois, si pour l'un quelconque des membres de la série précédente, basée sur l'évolution de la dentition et ayant pour elle toute apparence de vérité, on arrivait à démontrer l'absence de clavicules, ou leur très grande réduction, tout l'arbre généalogique que nous venons d'établir tomberait de lui-même.

généalogique, l'âge, les rapports et la succession des manuscrits qu'il étudie, d'après les caractères de l'écriture, d'après les expressions employées, etc.; que l'historien littéraire, d'après le caractère du style d'une pièce, arrive à conclure à un auteur déterminé; que le jurisconsulte, par la combinaison de situations qui, considérées séparément, sont toutes obscures, arrive à mettre en lumière un cas déterminé de droit romain : ceux-là, dis-je, doivent trouver toute naturelle notre manière de procéder, notre méthode paléonto-zoologique des recherches et des conclusions.

L'apparition des martes et des chats, aux dépens de ces formes si variables de Cynodictis, a pour elle un haut degré de vraisemblance, mais non une certitude absolue, puisque des animaux différents, apparus à peu près aux mêmes époques géologiques, peuvent présenter côte à côte, par suite d'un développement parallèle, des formules dentaires et des réductions de dents toutes semblables. Nous avons acquis toutefois cette conviction que la transformation a eu lieu réellement et que c'est par la même voie naturelle que nos espèces actuelles ont pu et ont dû se développer. Comme nous avons été surtout préoccupé de préparer le terrain pour l'examen de cette question, il serait presque superflu d'indiquer encore d'autres formes primitives, d'autres formes de passage entre les Carnassiers actuels et ceux des temps géologiques.

Remarquons cependant que nos Ursidés ont eu leurs ancêtres pendant la période miocène. A cette époque vivait l'*Amphycion* de la taille du loup, pourvu de p^4 et m^3 comme les chiens; les couronnes larges des deux premières molaires montrent le début de la formation de tubercules, liée au régime varié de ces animaux. Ce développement est plus accentué encore dans une des formes ultérieures de ces ours à caractère de chien, l'*Hyænarctos* (p^3, m^3); il est complètement effectué, chez l'ours (Ursus) depuis le pliocène jusqu'à l'époque actuelle. Mais le nombre restreint des dents de l'Hyænarctos empêche de le placer dans la série ancestrale proprement dite des Ursidés, $p.\ \dfrac{4}{4},\ m.\ \dfrac{3}{3}$. Les ours, avec leurs molaires à mamelons plats, indiquant un régime varié, avec leur carnassière passablement émoussée, représentent donc une modification relativement tardive, et, dans une certaine mesure, une rétrogradation du type Carnassier. Ce dernier type se trouve maintenu chez l'ours blanc ou maritime, revenu au régime exclusivement carnassier et piscivore.

Pour les hyènes, Gaudry a découvert un ancêtre dans le genre *Ictitherium* de la faune de Pikermi. Dans ce genre, il suffit de la disparition complète de la deuxième molaire supérieure et inférieure, d'ailleurs déjà en voie d'atrophie, et d'un changement extrêmement faible de la carnassière, pour arriver à la forme et à la structure de la dentition des Hyénidés.

Le grand développement des prémolaires des hyènes actuelles, qui rongent et brisent de préférence des os, est aussi déjà préparé dans l'Ictitherium. Les Viverridés semblent avoir été les ancêtres de cette branche.

On a découvert dans les couches éocènes les plus inférieures d'Europe et plus encore dans les dépôts correspondants de l'Amérique du Nord, de nombreux Carnassiers qui s'éloignent davantage des familles actuelles que la plupart des genres fossiles précédents, dont nous avons d'ailleurs indiqué les rapports de parenté avec ces dernières. On peut cependant les rapporter aux Carnassiers actuels ; mais, dans leur ensemble, ils doivent être considérés seulement comme les précurseurs des Carnassiers déjà si puissamment développés dans l'éocène supérieur. Le caractère qui fait ressortir le plus clairement la place inférieure de ces Carnassiers de l'éocène inférieur consiste dans le faible développement de l'encéphale, ainsi que nous le montrent la forme de la cavité crânienne et les moulages naturels.

Les lobes olfactifs nous apparaissent ici comme de larges protubérances de la partie antérieure des hémisphères cérébraux ; ceux-ci couvrent à peine le cerveau moyen et pas du tout le cer-

velet. En Europe on connaît depuis longtemps l'*Arctocyon*
(Palæocyon Blainville) (1), comme un animal voisin des précédents
et se rapprochant des Marsupiaux par son cerveau ; par la dentition il nous reporte aux plus anciens types fossiles de la forme
des Porcins, *Enteledon*, de régime omnivore ; par conséquent,
comme Carnassier, il porte déjà en lui quelque chose de l'organisation des ours. Il faut mentionner aussi l'Hyænodon et le
Ptérodon, un peu plus récents, qualifiés généralement de « formes
mixtes » ; elles montrent encore complètement leurs ressemblances avec les Marsupiaux, par exemple par la forme des
dents, — mais non par leur remplacement — ; ces formes fossiles
se rapprochent étroitement des Thylacines.

Ces formes ont été en partie trouvées aussi en Amérique ;
Cope les réunit à une longue série de genres américains, la
plupart éocènes, et de situation douteuse, sous le nom de
Créodontes.

CRÉODONTES. — Cope les considère comme les précurseurs des
Carnassiers proprement dits. Dans toutes ces formes, la différenciation d'une molaire en carnassière est nulle ou incomplète ;
les maxillaires sont allongés, les muscles masticateurs insérés de
telle manière qu'ils ne peuvent déployer qu'une puissance bien
inférieure à celle des véritables Carnassiers, venus après eux ;
ceux-ci, avec leurs mâchoires raccourcies, avec leur dentition
réduite, apparaissaient à leurs ennemis comme des adversaires
d'autant plus redoutables.

Une des formes les plus importantes de ces Créodontes est
l'*Oxyæna ;* elle est extrêmement abondante dans le Nouveau-
Mexique, et représentée par trois espèces dans les phosphorites
du Quercy. La taille de ces espèces varie entre celle du blaireau
et du jaguar. Là formule dentaire est $i. \frac{3}{?}, c. \frac{1}{1}, p.\,m. \frac{4}{4}, m. \frac{2}{2}.$

(1) Lemoine, Recherches sur les ossements fossiles des environs de Reims
(*Annales de Sc. nat.*, 1879).

Ainsi se trouvent liées une fois de plus les faunes éocènes de l'ancien et du nouveau monde.

Nous ne voulons pas entrer ici dans la description des cinq familles des Créodontes (1), d'autant plus que le groupement et l'enchaînement adoptés, et avant tout le mode de dérivation des deux groupes fondamentaux des Carnassiers actuels, les Chiens et les Chats, semblent souvent ne pas tenir compte des bases fondamentales certaines, dont on peut reconnaître l'exactitude d'exemple à exemple, de genre à genre, et que les recherches de Filhol et leurs conséquences ont mises en pleine évidence.

Pour donner à tel ou tel de nos lecteurs une indication en vue d'une étude plus approfondie, nous devons citer encore ici le travail de systématique spéciale, dans lequel Cope (2) traite des Créodontes.

Les Mammifères des dépôts argileux de l'Utah et ceux du Nouveau-Mexique ont pu être répartis en cinquante-quatre espèces ; la plupart se distinguent par l'extrême petitesse de leur cerveau dont la forme et les rapports des parties indiquent nettement une organisation inférieure. Ainsi par son aspect l'encéphale du Coryphodon (fig. 14) rappelle tout à fait celui des Reptiles, et ce caractère est analogue chez les Ongulés et les Onguiculés. Ces diverses formes concordent aussi par la structure des articulations du squelette des membres, de même que par le nombre des doigts ; quarante et une des cinquante-quatre espèces possèdent en effet, d'après des observations plus ou moins exactes, cinq doigts.

Parmi les Carnassiers, on n'observe pas de dents carnassières ; parmi les Herbivores, point de dents à croissants ; toutes les molaires appartiennent au type des dents tuberculeuses, soit dans sa simplicité primitive, soit avec des tubercules comprimés latéralement et soudés en crêtes transversales incomplètes. C'est ce caractère qui a servi à désigner les Bunothériens.

(1) Arctocyonidæ, Miacidæ, Oxyænidæ, Amblyctonidæ, Mesonychidæ.
(2) Comparez, page 53, note.

Bunothériens. — Ces animaux se groupent de la manière suivante :

Insectivores, Tæniodontes, Tillodontes, Créodontes, Mésodontes.

Il est bien certain que ces Mammifères des premiers temps éocènes manifestent dans les caractères indiqués précédemment

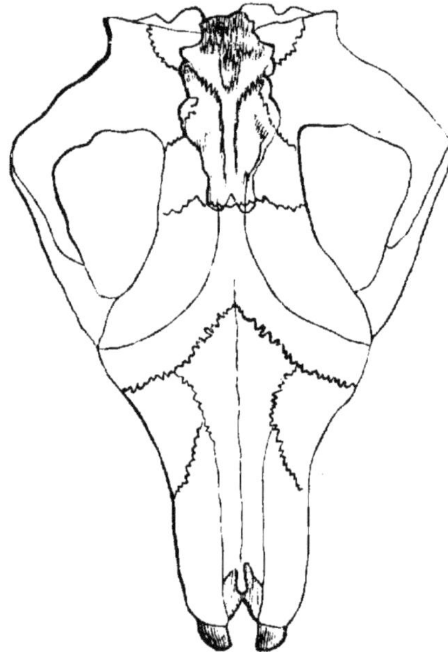

Fig. 50. — Crâne de Tillotherium fodiens, vu d'en haut (1/4 *grand. nat.*).
D'après Marsh.

une certaine homogénéité; il est d'ailleurs facile de comprendre que, par suite du laps du temps relativement court qui s'est écoulé depuis leur séparation du tronc commun, dont on doit supposer l'existence, ils sont restés d'autant plus voisins les uns des autres. Mais il ne nous semble pas qu'en dehors de cette conclusion très générale, on puisse en tirer une autre d'après les caractères précédemment indiqués.

Le savant américain pense que les différents groupes de Bunothériens ont entre eux les mêmes rapports que les subdivisions de l'ordre des Marsupiaux; cette opinion, selon nous, peut à peine être soutenue. Pour ne citer qu'un exemple : qu'y a-t-il de commun entre le *Tillotherium*, des dépôts éocènes du Wyoming, dont le crâne est représenté dans notre figure 50 par sa face supérieure, et les genres carnassiers Arctocyon et Oxyæna? Le crâne, de peu d'apparence dans les deux cas, n'établit pas d'analogie, pas plus que les cinq doigts, ni cette circonstance que les pieds touchent le sol par toute leur face inférieure. Les ressemblances des molaires ne sont pas frappantes, tandis que les incisives, tout à fait semblables à des dents de Rongeurs, indiquent simplement l'étrangeté de l'animal. Un caractère commun, comme la poche marsupiale, comme les os marsupiaux, comme la disposition des canaux excréteurs des organes génitaux et urinaires des Marsupiaux, manque pour tous ces animaux, autant qu'on peut en juger par leurs restes souvent très peu abondants. Un seul point se dégage de ces recherches, qui nous permette de mettre en lumière les rapports de parenté de cette faune fort ancienne de Mammifères, c'est le rapprochement de cette dernière du type Insectivore; ce type s'est maintenu assez fidèlement jusqu'à nos jours depuis les âges triasiques les plus anciens qui nous ont laissé des traces rappelant les Marsupiaux ou d'autres Mammifères à régime insectivore; en même temps il semble s'être différencié peu à peu dans les directions les plus variées et avoir produit ainsi des rejetons transformés au point d'être complètement méconnaissables.

CHAPITRE XI

Par la forme du crâne, par la dentition et le genre de vie, les Pinnipèdes sont des animaux carnassiers, « des Carnassiers adaptés à la vie aquatique, » comme on les désigne généralement. Pour justifier cette opinion, on nous rappelle volontiers nos loutres qui sont devenues de véritables piscivores, tandis que leurs plus proches parents ne sont avides que de sang chaud ; par la nage, leurs membres postérieurs se sont peu à peu conformés à la manière de ceux des phoques ; leur crâne a subi cette même dépression que, chez les phoques, nous reconnaissons comme très avantageuse. C'est ainsi, dit-on, que l'on doit se figurer les ancêtres des Pinnipèdes dans le cours de leur évolution, s'éloignant toujours davantage de leur souche primitive, transformant complètement leurs membres en nageoires en forme de rames, par suite du maintien du bassin et du squelette entier des membres, et amenant leur crâne à ne plus être qu'une sorte de légère capsule à parois minces, nullement chargée de dents puissantes. Seul le morse (*Trichechus rosmarus*) possède une paire de fortes et lourdes défenses, correspondant à son genre de vie tout à fait aberrant ; il fouille en effet les sols argileux pour découvrir certains Mollusques dont il fait sa nourriture. Tous les autres Pinnipèdes font une chasse active aux

Poissons qu'ils déchiquètent facilement avec leurs canines acérées et avec leurs molaires crénelées, comprimées latéralement.

Les formes fossiles qui pourraient nous mettre sous les yeux la marche de l'évolution des Pinnipèdes manquent complètement. Nous en concluons que cette évolution a eu autrefois pour point de départ des animaux terrestres de la forme des Carnassiers. La pensée d'une voie inverse de l'évolution, de la mer vers la terre, qui aurait été suivie par ces animaux, est tout aussi peu fondée que pour les Cétacés, qui sont des Mammifères et n'ont jamais été autre chose que des Mammifères.

L'époque à laquelle ils changèrent d'élément remonte elle-même à une immense antiquité géologique; elle est cependant beaucoup plus rapprochée de la période actuelle que celle à laquelle les ancêtres des Cétacés passèrent à la vie aquatique, par suite de la diminution progressive de leurs membres postérieurs.

Il ne peut en aucune façon être question de considérer les Cétacés, naturellement les groupes pourvus de dents seulement, comme la souche primitive des Pinnipèdes. Si on établit des comparaisons générales, on arrive à prendre exclusivement en considération les Zeuglodontes eocènes. Mais ces derniers aussi manquent de points de raccordements directs; leur crâne devrait avoir subi une métamorphose régressive pour donner celui des Pinnipèdes; leur dentition devrait être plus riche; l'analogie se limite ainsi, abstraction faite de la différence probablement complète des membres postérieurs, à une ressemblance superficielle des couronnes des molaires.

Comme nous manquons complètement d'indices pour reconnaître l'origine exacte des Pinnipèdes, nous désirons rapporter ici encore un fait qui, à ce qu'il nous semble, témoigne de la haute antiquité de cette branche de Carnassiers primitifs.

Ce que l'on sait aujourd'hui sur le renouvellement des dents chez les Pinnipèdes (1) montre que ce phénomène s'accomplit de

(1) J. Steenstrup, *Mœlketandsættet hos Remmesælen. Naturhistorisk Foreningens Vidensk. Meddelelser* (1880).

très bonne heure. Chez la plupart de ces animaux, il a lieu avant la naissance; les dents de lait n'entrent jamais en activité, et les dents permanentes ont percé lorsque les jeunes, âgés seulement de quelques semaines, essayent pour la première fois de prendre part aux repas de leurs parents. La figure 51 montre la dentition d'un Phoque (*Phoca groenlandica*) probablement encore à l'état de fœtus. La partie ombrée montre les limites de la gencive. On voit que les dents de lait sont résorbées au point de ne laisser que des restes insignifiants ; elles auront disparu complètement

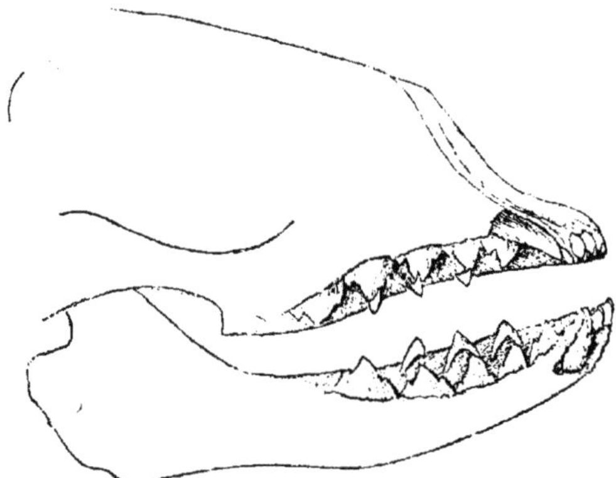

Fig. 51. — Dentition fœtale du phoque du Groënland. D'après Steenstrup.

lorsque la première (unique) mâchelière de la mâchoire inférieure se sera fait jour.

Des dents analogues à ces dents de lait, qui n'ont plus aucune signification comme organes nécessaires à la vie de l'individu, mais qui sont du plus haut intérêt au point de vue généalogique, nous sont connues depuis notre étude sur les Cétacés (voy. p. 194). Les dents embryonnaires de la baleine nous donnent la preuve indéniable de ce fait que cet animal a eu pour ancêtres des animaux dentés, et cela, même s'il n'existait actuellement ni dauphins ni cachalots.

En outre, le cas actuellement considéré nous apprend que si la dentition de lait des Pinnipèdes est sans signification, sans usage à l'époque actuelle, elle rendait à l'organisme de leurs ancêtres de réels services, de même que la dentition transitoire de la plupart des Mammifères actuels reste en action pendant plusieurs années. Aucune de ces dents de lait ne tend à se conserver comme l'unique dent de lait persistante des Marsupiaux (page 74); nous pouvons donc affirmer avec la plus grande certitude qu'à une époque géologique à venir les Pinnipèdes ne présenteront plus aucune trace de leur dentition de lait.

Les Pinnipèdes appartiennent aux groupes physiquement les plus faibles des Mammifères; il est certes fort remarquable de constater que les autres Mammifères déjà étudiés précédemment, qui se relient à eux par le caractère de la disparition progressive du renouvellement des dents, comptent aussi parmi les ordres les moins favorisés dans l'ensemble et les moins puissamment développés; on ne peut encore aujourd'hui expliquer ce fait. Car le trait caractéristique de la faune des Mammifères, comme nous l'avons plusieurs fois répété, consiste dans la concentration de la puissance sur une mâchoire de plus en plus courte, aux dépens de la disparition d'un certain nombre de dents. Ce phénomène s'observe de la manière la plus évidente chez les vrais Carnassiers; mais chez eux les dents de lait jouent encore un rôle très important.

CHAPITRE XII

LES INSECTIVORES. — LES RONGEURS. — LES CHÉIROPTÈRES.

Dans ce qui précède, nous avons déjà eu occasion de mentionner l'un de ces trois ordres, celui des Insectivores. Ces animaux existaient à des âges fort reculés et se trouvaient, au début de la période tertiaire, dans une stase de l'évolution qui s'est transmise, presque sans changement, aux membres actuels du groupe (1), tandis que, vraisemblablement, les transformations de formes semblables en Ongulés et en Carnassiers avaient déjà commencé dans la période dite mésozoïque. On nous demandera pourquoi l'ensemble de ces formes n'a pas été englobé dans cette dernière transformation ; la réponse, dans ce cas comme dans tous les autres, s'impose d'elle-même : pour ces animaux, les conditions d'existence n'ont jamais été interrompues, et de plus leur aptitude à l'adaptation était très développée.

C'est ainsi que nos Insectivores, faiblement représentés dans l'Europe centrale par le hérisson, la taupe, la musaraigne, ailleurs richement répandus, se montrent adaptés aux conditions d'existence les plus diverses, d'une manière aussi variée que les Rongeurs.

(1) Le genre *Centetes*, qui vit aujourd'hui à Madagascar, existait déjà dans l'éocène inférieur eu compagnie des Mesonychidés, des Oxyænidés et Miacidés, trois familles de Créodontes qui s'éteignent dans l'éocène supérieur.

C'est en cette plasticité organique qui existait déjà chez eux aux époques primitives que se trouve la raison même de leur transformation en des formes organiques toutes nouvelles, parmi lesquelles les Ongulés et les Carnassiers, que Huxley fait remonter à cette cause.

On trouve les mêmes caractères dans l'ordre des Rongeurs, sauf qu'à toutes les époques dont nous possédons des types fossiles ils étaient beaucoup plus nombreux et plus variés. Le type Rongeur, lui aussi, est déjà complètement constitué au début de la période tertiaire. On peut bien dire qu'alors il était moins spécialisé, que la plupart des Rongeurs de cette époque étaient plus carnassiers que les Rongeurs actuels ou tout au moins plus omnivores; mais cela ne nous indique que peu de chose pour le but spécial de notre travail.

On rencontre déjà des Rongeurs (1) dès le début de la période tertiaire, organisés de telle manière que leur aspect général ne semble pas essentiellement différent de celui des représentants actuels de l'ordre. Le nom de cet ordre désigne le mode particulier du mouvement de la mâchoire inférieure pendant la mastication des aliments; ce mouvement de râpe est connu de tous ceux qui se sont donné la peine d'observer une seule fois un lapin ou une souris pendant leur travail quotidien. Les Rongeurs possèdent à chaque mâchoire deux dents rongeuses que l'on considérait jusque dans ces derniers temps comme des dents incisives modifiées, tandis que Schlosser se livre actuellement à de sérieuses appréciations et recherches sur le point de savoir si, inversement, ce n'est pas la dent rongeuse qui est primitive, et l'incisive le résultat d'une série de transformations de la première. Les Rongeurs manquent tous de canines; les molaires ont un aspect très différent chez les divers genres : on peut cependant, ainsi que l'a montré Schlosser, les déduire les unes des autres. Cet auteur dit: « Les dents des formes les plus

____

(1) Schlosser, *Die Nager des europäischen Tertiärs*. Palæontographica. 31. 1885. Coues and Allen, *Monogr. of Nord. Amer. Rodentia*. 1877.

anciennes rappellent dans une certaine mesure celles des
Omnivores. Les modifications qui peuvent survenir dans les
molaires consistent en la transformation des collines en saillies
transversales d'émail qui, par suite de l'usure de l'émail et du
rétrécissement des sillons, déterminent l'apparition de fortes
bandes d'ivoire ; en outre, en la production de plis par le rétrécissement progressif des sillons. Puis survient l'aplanissement
de la surface de mastication et la réduction du nombre des îlots,
en même temps que s'élève progressivement la couronne de la
dent, ce qui retarde de plus en plus la formation des racines.
En définitive, il résulte de là une dent sans racines qui se
compose essentiellement de dentine, tandis que l'émail ne
forme plus qu'une mince enveloppe. »

Je pense qu'il est juste de s'associer à cette manière de voir
et non à l'opinion de Baume, signalée dans l'édition anglaise et
allemande du présent ouvrage.

Parmi les Rongeurs, les Léporiens ($Lagomorpha$) prennent
une place toute particulière. Par leur formule dentaire $(i. \frac{2}{1},$
molaires $\frac{5-6}{4-5})$, ils diffèrent nettement des trois autres groupes
de Rongeurs $(i. \frac{1}{1},$ molaires $\frac{2-5}{2-4})$. Outre le grand nombre de
molaires, ils possèdent, en arrière des deux vraies dents ron-
geuses du maxillaire supérieur, deux petites incisives en forme
de chevilles. Il résulte de cette circonstance et de l'époque de
leur apparition géologique, avec la plus grande vraisemblance
pour ne pas dire avec certitude, que les lièvres et les types
voisins représentent une branche de Marsupiaux relativement
plus récente et indépendante de tous les autres Rongeurs.
Comme dans l'une des subdivisions des Marsupiaux, la dentition
s'est maintenue jusqu'à l'époque actuelle très voisine de la
dentition des Rongeurs, mais plus nombreuse, l'idée d'une
répétition de la transformation de Marsupiaux en Mammifères

placentaires n'aurait rien d'étrange en elle-même et serait encore moins inexplicable.

Les autres Rongeurs se divisent en trois groupes, les *Sciuromorpha, Hystriomorpha* et *Myomorpha*, dont les genres vulgaires et caractéristiques sont l'écureuil, le porc-épic et la souris. Les régions habitées par ces animaux ont subi en partie de profondes modifications; ainsi les descendants encore vivants des Rongeurs de l'éocène d'Europe se plaisent pour la plupart dans des régions plus chaudes, en particulier dans l'Amérique du Sud; ces Rongeurs sont les *Echimys* ou rats épineux, les chinchillas et les cochons d'Inde.

Les porcs-épics, famille aujourd'hui cosmopolite, se rencontrent aussi déjà dans l'éocène, bien que le fait ne soit pas encore absolument démontré; de même le lérot (*Myoxus*) et l'écureuil (*Sciurus*).

Les rapports des Rongeurs actuels avec la faune du miocène sont encore plus évidents. Une partie de cette faune se rapproche intimement de celle du tertiaire inférieur; mais une autre (*Steneofiber, Myoxus, Sciurus, Myolagus, Lagomys, Titanomys* et *Cricetodon*) se compose de genres qui presque tous vivent encore de nos jours en Europe ou tout au moins habitent l'hémisphère boréal; ces formes fossiles peuvent ainsi, d'après Schlosser et d'autres auteurs, être considérées comme les formes ancestrales directes de nos Rongeurs vivants indigènes.

Les différences, qui maintenant nous apparaissent passablement tranchées entre les divers groupes systématiques de l'ordre des Rongeurs, ont été expliquées autrefois par différents moyens.

Il semble aussi que l'aspect extérieur des Rongeurs les plus anciens ait présenté une bien plus grande uniformité que chez ceux de l'époque actuelle; chez ces derniers, par les adaptations les plus variées au lieu de séjour et aux moyens propres à assurer l'existence, le squelette, la dentition et en particulier les membres, ont subi, dans le cours des âges, de grandes modifications.

Dans l'ensemble, l'examen des restes fossiles des Rongeurs
nous ramène de nouveau à l'époque jurassique et à une époque
plus ancienne encore, à laquelle a eu lieu la différenciation d'une
faune déjà très développée de Marsupiaux, groupe fondamental,
en Insectivores et en Rongeurs.

Les Insectivores donnèrent sans aucun doute les Chéiroptères
que l'on rencontre déjà dans l'éocène avec leur structure actuelle. Deux de nos genres les plus communs, *Vespertilio* et
Rhinolophus, étaient les contemporains des Palæotheriums et
des Cynodictis du sud de la France. Relativement à leur évolution,
nous ne pouvons malheureusement que reconnaître notre complète ignorance, alors même que nous pouvons aisément nous
figurer la transformation d'un Insectivore grimpeur en un autre
pourvu d'ailes.

L'allongement des doigts des membres antérieurs, le développement de la membrane alaire jusqu'aux membres postérieurs
se sont accomplis à ces époques anciennes dont quelques pâles
rayons de lumière seuls sont arrivés jusqu'à nous, au moins en
ce qui concerne notre connaissance scientifique des Mammifères.

CHAPITRE XIII

Les zoologistes de l'école de Linné et de la première moitié de ce siècle, se basant sur l'existence de mains aux quatre membres, sur la structure de la face et sur la dentition généralement continue, pensaient que l'ensemble des Prosimiens ou Lémuriens était en fait presque des Primates; cette opinion est, du reste, généralement reproduite.

Il n'est pas impossible que parmi les genres, aux formes très variées, de ce groupe des Prosimiens, l'un ou l'autre n'indique nettement sa parenté avec les Primates; mais ni l'anatomie comparée ni la paléontologie ne peuvent donner sur ce point une preuve de vraisemblance quelque peu fondée.

Le nombre restreint des genres de l'ordre des Prosimiens, leur concentration dans Madagascar, alors que l'Afrique et l'Asie méridionale n'en ont conservé que quelques rares formes, nous permettent de conclure que toutes ces formes actuelles ne sont que les restes d'un groupe disparu. La dentition et le crâne conduisent aux Insectivores; la variabilité morphologique de ces derniers s'est déjà manifestée à nous dans le cours de nos recherches par de précieux indices.

Un véritable Prosimien, tout à fait analogue aux Lémuriens actuels par le crâne et la dentition, a été découvert par Filhol dans

la faune de Mammifères si riche des phosphorites du Quercy; il
s'appelle *Necrolemur antiquus*. Avec lui vivaient plusieurs espèces du genre Adapis, déjà connu de Cuvier; l'Adapis par sa
dentition témoignait de sa parenté avec les Porcins; mais c'était
probablement un animal arboricole. Une autre forme du miocène
supérieur, pourvue de molaires à quatre tubercules nettement
différenciés, porte le nom de *Cebochœrus*, c'est-à-dire singe-
cochon, ce qui indique ses rapports morphologiques. L'Amérique
a fourni aussi un contingent à ce groupe qui joint des caractères de Pachydermes aux caractères des Prosimiens, combinaison qui ne s'est montrée ni très résistante, ni très viable.

Divers paléontologistes, en particulier Gaudry, pensent que les
Singes ou Primates prennent leurs racines dans des formes analogues. Les Singes trouvés dans le miocène de l'ancien continent
appartiennent déjà, en partie, à un groupe — on ne peut pas
dire famille — actuellement encore existant, celui que l'on a
désigné sous le nom « d'Anthropomorphes » (singes ressemblant
à l'Homme), à cause de différents caractères que présentent les
quelques genres du groupe. Si l'on s'en tient à l'état actuel de
l'ordre des Primates, et si l'on veut partager cette opinion, basée
sur des faits anatomiques et embryogéniques bien observés, que
les Singes forment au point de vue de leur parenté un tout
unique, alors d'autres considérations entrent en jeu.

Certes les Singes les plus inférieurs de l'Amérique du Sud, les
Arctopithèques, possèdent bien trente-deux dents comme ceux
de l'ancien monde; mais leur forme, la conformation des mains
et des pieds les placent dans le voisinage des Insectivores. Ils se
rapprochent d'autre part des autres Singes américains par ce fait
qu'ils ne possèdent pas, comme ceux de l'ancien monde, deux,
mais trois prémolaires. Et tous les autres Singes d'Amérique
n'ont pas $\dfrac{5-5}{5-5}$, mais $\dfrac{6-6}{6-6}$ molaires. Déjà les Singes les plus
anciens du miocène d'Europe et d'Asie présentent le nombre
réduit des dents; les Singes américains sont donc plus rappro-

chés des formes originelles. Même les genres pourvus de six molaires indiquent, à ce qu'il nous semble, plutôt des Insectivores que des Pachydermes.

Notre hypothèse, loin d'être exclue, devient au contraire très vraisemblable : il est probable que nos Singes, après avoir été constitués, se sont trouvés réunis, mais n'en ont pas moins eu une double origine très distincte; la branche américaine a eu des ancêtres de la forme des Insectivores, la branche europoasiatique, y compris les Anthropomorphes, des ancêtres de la forme des Pachydermes.

Nous serions ainsi bien près de la question de l'origine pachydermique de nos propres ancêtres primitifs. Le titre même de cet ouvrage montre que nous avons écarté cette question de prime abord; son ajournement est d'autant plus justifié que la science anthropologique n'a pas accompli de progrès bien décisifs dans cette direction depuis une dizaine d'années (1).

Mais il nous est bien permis de jeter un coup d'œil vers l'avenir. Nos considérations nous ont montré à maintes reprises comment le progrès dans les séries animales est intimement lié à une réduction dans la dentition ou dans les membres. Une diminution du nombre des doigts dans la main ou dans le pied de l'Homme ne semble ni désirable, ni avantageuse en quoi que ce soit; aussi une telle perte n'est-elle pas à craindre, comme l'est par exemple la calvitie, que Darwin a laissé entrevoir aux Hommes anglais. Il en est tout autrement de notre dentition. Sa stabilité à l'époque actuelle n'est pour nous rien moins que certaine, bien que l'espèce humaine semble avoir eu déjà cette même dentition au début de son évolution et qu'elle se soit adaptée aux conditions d'existence les plus variées. Mais quel-

____

(1) Les rapports des Singes anthropomorphes avec l'Homme ont été mis en lumière d'une manière remarquable dans : Hartmann, *Les singes anthropoïdes*, ouvrage faisant partie de la *Bibliothèque scientifique internationale*. — Pour une étude plus complète de la question, nous conseillons : Schlosser et Seler, *Les premiers hommes et les temps préhistoriques*, d'après l'ouvrage du même nom du marquis de Nadaillac (Stuttgart, 1884).

ques légers avertissements ébranlent l'idée de cette prétendue stabilité.

L'alternative de la création ou de l'évolution de l'Homme ne peut plus aujourd'hui être mise en discussion, pour tous ceux qui font un libre usage de leur raison. Nous pouvons apprécier le caractère de la dentition de l'Homme d'après les faits que nous avons observés chez les autres Mammifères. Elle nous apparaît alors avant tout comme une dentition réduite. Certes nous connaissons aussi peu les phases de l'évolution de l'Homme que des Anthropomorphes et de tous les autres Singes de l'ancien continent ; mais nous n'avons aucun doute sur l'état plus complet de la dentition de ses ancêtres. Dans le cours de notre évolution paléozoologique, notre dentition a été réduite de chaque côté et aux deux mâchoires, d'une ou de deux incisives, de deux prémolaires et d'une molaire. Cela nous reporte à peu près à l'époque à partir de laquelle la dentition de l'Otocyon s'est définitivement maintenue sans transformations (voyez page 208).

Ce n'est que dans ces derniers temps que Baume, l'éminent promoteur de l'odontologie comparée, dont le travail a été cité précédemment à diverses reprises, a été assez heureux d'observer et d'apprécier des cas d'atavisme partiel dans la dentition de l'Homme ; il rapportait d'ailleurs tous les cas de dents « supplémentaires », ainsi que certaines formations analogues à des dents qui se développent en grande quantité dans les cavités des maxillaires, à des parties de la dentition des ancêtres mammifères de l'Homme, disparues peu à peu.

Si le nombre des dents a été autrefois plus considérable qu'aujourd'hui dans la série organique qui s'est perfectionnée jusqu'à l'Homme, nous sommes non seulement autorisés, mais nous devons, au point de vue scientifique proprement dit, nous demander si les rapports d'organisation de l'époque actuelle correspondent à une stabilité permanente, ou si au contraire une nouvelle réduction se produira dans les temps à venir. L'Homme, sans doute, appartient aux espèces dites « persistantes » ; mais il n'est pas indéfiniment stable. Il varie par sa dentition. Si incomplète que soit la statistique sur ce point, il n'en est pas moins établi d'une manière très nette que les dents qui manquent le plus fréquemment sont d'abord les dents de sagesse, puis l'incisive externe. Il est vrai que, de tous ces cas, on ne sait pas exactement combien correspondent à une perte complète, définitive, ou bien seulement à une gêne dans le développement des dents, due au manque d'espace. Il faut cependant bien se rappeler que le raccourcissement des mâchoires est en rapport direct avec la réduction du nombre des dents ; ce sont là deux phénomènes corrélatifs. Cope a émis un pronostic pour l'Homme de l'avenir. Les races humaines inférieures conserveront la dentition actuelle, $i. \frac{2}{2}, c. \frac{1}{1}, p. \frac{2}{2}, m. \frac{3}{3}$, tandis que les races plus élevées au point de vue intellectuel seraient caractérisées par les deux formules dentaires suivantes :

$$i. \frac{1}{2}, c. \frac{1}{1}, p. \frac{2}{2}, m. \frac{3}{3},$$

$$i. \frac{1}{1}, c. \frac{1}{1}, p. \frac{2}{2}, m. \frac{2}{2}.$$

Nous sommes d'accord sur ce point que généralement la réduction de la dentition, là où elle ne comprend pas la disparition complète du système dentaire, est liée intimement à l'idée de perfectionnement ; dans le cours de cet ouvrage nous avons confirmé cette opinion par de nombreux exemples. Cependant ce développement de l'aptitude à la lutte pour la vie, à la recherche et à l'obtention des éléments de subsistance n'est pas nécessairement suivi d'une adaptation et d'un perfectionnement des facultés intellectuelles. C'est ainsi que les Félins ont acquis pendant leur évolution une puissance plus grande, une nature plus carnassière que les Chiens, dont la dentition rappelle les formes ancestrales. Personne cependant ne placera les Félins au-dessus des Chiens, au point de vue intellectuel. Il en est de même des races humaines, que nous avons prises en considération. Les modifications dans la dentition se produiront certainement dans le cours des âges; ces modifications sont aussi certaines que l'impossibilité dans laquelle se trouve l'Homme de se débarrasser de ses ancêtres de nature animale qui cependant sont une gêne pour tant de personnes. Mais le progrès dans le domaine intellectuel et moral — et c'est ici que prennent place nos doctrines idéalistes — est indépendant de l'existence ou de l'absence de la dernière molaire, c'est-à-dire de la dent de sagesse. Ce n'est pas que l'action réciproque manque ici : elle s'accomplit dans une direction opposée. L'Homme, progressant toujours, étendant de jour en jour ses découvertes et ses connaissances, développant des jouissances toujours plus pures et plus nobles, ne perfectionne nullement les organes nécessaires à la préhension des aliments ; au contraire, il les détériore ; l'origine de cet état de choses doit être recherchée à l'époque de l'introduction de l'art culinaire dans l'espèce humaine. La réduction de la dentition humaine, réduction qui, d'une manière générale, nous représente l'avantage de l'espèce dans la lutte pour la vie, s'est trouvée accessoirement déterminée et transformée en une sorte de rétrogradation, depuis que la raison de l'Homme, acquise par lui en même temps que le langage articulé, le rend de plus en plus indépendant des actions immédiates du milieu naturel ambiant.

Cette stase zoologique de l'époque actuelle ne nous permet donc pas de formuler une conclusion sur l'organisation future de l'espèce humaine. Mais nous ne faisons que rester dans le domaine des espérances justifiées par les observations scientifiques et dans le domaine de la foi qui puise son énergie à la même source, quand nous considérons comme certains les progrès toujours croissants et ininterrompus de l'humanité et l'universalisation du perfectionnement intellectuel, de la civilisation et du bien-être.

FIN.

TABLE DES FIGURES

INTERCALÉES DANS LE TEXTE

FIN DE LA TABLE DES FIGURES.

INDEX ALPHABÉTIQUE DES AUTEURS

INDEX ALPHABÉTIQUE DES NOMS TECHNIQUES

TABLE DES MATIÈRES

PREMIÈRE PARTIE

Introduction générale.

DEUXIÈME PARTIE

Comparaison spéciale des Mammifères vivants et de leurs ancêtres géologiques.

FIN DE LA TABLE DES MATIÈRES.

8781-86. — Corbeil, Typ. et stér. Crété.

CATALOGUE

DES

LIVRES DE FONDS

(PHILOSOPHIE — HISTOIRE)

TABLE DES MATIÈRES

On peut se procurer tous les ouvrages qui se trouvent dans ce Catalogue par l'intermédiaire des libraires de France et de l'Étranger.

On peut également les recevoir *franco* par la poste, sans augmentation des prix désignés, en joignant à la demande des TIMBRES-POSTE FRANÇAIS ou un MANDAT sur Paris.

PARIS

108, BOULEVARD SAINT-GERMAIN, 108

Au coin de la rue Hautefeuille.

JUILLET 1886

Les titres précédés d'un *astérisque* sont recommandés par le Ministère de l'Instruction publique pour les Bibliothèques et pour les distributions des prix des lycées et collèges. — Les lettres V. P. indiquent les volumes adoptés pour les distributions de prix et les Bibliothèques de la Ville de Paris.

BIBLIOTHÈQUE DE PHILOSOPHIE CONTEMPORAINE

Volumes in-12 brochés à 2 fr. 50.

Cartonnés toile. 3 francs. — En demi-reliure, plats papier. 4 francs.

Quelques-uns de ces volumes sont épuisés et il n'en reste que peu d'exemplaires imprimés sur papier vélin; ces volumes sont annoncés au prix de 5 francs.

ALAUX, professeur à la Faculté des lettres d'Alger. **Philosophie de M. Cousin.**

AUBER (Ed.). **Philosophie de la médecine.**

BALLET (G.), professeur agrégé à la Faculté de médecine. **Le Langage intérieur et les diverses formes de l'aphasie.**

* BARTHÉLEMY SAINT-HILAIRE, de l'Institut. **De la Métaphysique.**

* BEAUSSIRE, de l'Institut. **Antécédents de l'hégélianisme dans la philosophie française.**

* BERSOT (Ernest), de l'Institut. **Libre Philosophie.** (V. P.)

* BERTAULD, de l'Institut. **L'Ordre social et l'Ordre moral.**

— **De la Philosophie sociale.**

BINET (A.). **La Psychologie du raisonnement,** expériences par l'hypnotisme.

BOST. **Le Protestantisme libéral.**

* BOUTMY (E.), de l'Institut. **Philosophie de l'architecture en Grèce.** (V. P.)

* CHALLEMEL-LACOUR. **La Philosophie individualiste,** étude sur G. de Humboldt.

COIGNET (Mᵐᵉ C.). **La Morale indépendante.**

COQUEREL Fɪʟs (Ath.). **Transformations historiques du Christianisme.**

— **La Conscience et la Foi.**

— **Histoire du Credo.**

COSTE (Ad.). **Les Conditions sociales du bonheur et de la force.** 3ᵉ édit. (V. P.)

* ESPINAS (A.), professeur à la Faculté des lettres des Bordeaux. **La Philosophie expérimentale en Italie.**

FAIVRE (E.), professeur à la Faculté des sciences de Lyon. **De la Variabilité des espèces.**

FONTANÈS. **Le Christianisme moderne.**

FONVIELLE (W. de). **L'Astronomie moderne.**

FRANCK (Ad.), de l'Institut. **Philosophie du droit pénal.** 2ᵉ édit.

— **Des Rapports de la Religion et de l'Etat.** 2ᵉ édit.

— **La Philosophie mystique en France au XVIIIᵉ siècle.**

* GARNIER. **De la Morale dans l'antiquité.** Papier vélin.   5 fr.

GAUCKLER. **Le Beau et son histoire.**

HAECKEL, professeur à l'Université d'Iéna. **Les Preuves du transformisme.** 2ᵉ édit.

— * **La Psychologie cellulaire.**

HARTMANN (E. de). **La Religion de l'avenir.** 2ᵉ édit.

— **Le Darwinisme,** ce qu'il y a de vrai et de faux dans cette doctrine. 3ᵉ édit.

HERBERT SPENCER. **Classification des sciences,** traduit par M. Cazelles. 2ᵉ édit.

— **L'Individu contre l'État,** traduit par M. Gerschel.

* JANET (Paul), de l'Institut. **Le Matérialisme contemporain.** 4ᵉ édit.

— * **La Crise philosophique.** Taine, Renan, Vacherot, Littré.

— * Philosophie de la Révolution française. 3ᵉ édit.
— * Saint-Simon et le Saint-Simonisme.
— Les Origines du Socialisme contemporain.
* LAUGEL (Auguste). L'Optique et les Arts. (V. P.)
— * Les Problèmes de la nature.
— * Les Problèmes de la vie.
— * Les Problèmes de l'âme.
— * La Voix, l'Oreille et la Musique. Papier vélin.   5 fr.
LEBLAIS. Matérialisme et Spiritualisme.
* LEMOINE (Albert), maître de conférences à l'Ecole normale. Le Vitalisme et l'Animisme.
— * De la Physionomie et de la Parole.
— * L'Habitude et l'Instinct.
* LIARD, directeur de l'Enseignement supérieur. Les Logiciens anglais contemporains. 2ᵉ édit.
LEOPARDI. Opuscules et Pensées, traduit par M. Aug. Dapples.
LEVALLOIS (Jules). Déisme et Christianisme.
* LÉVÊQUE (Charles), de l'Institut. Le Spiritualisme dans l'art.
— * La Science de l'invisible.
* LOTZE (H.). Psychologie physiologique, traduit par M. Penjon.
MARIANO. La Philosophie contemporaine en Italie.
* MARION, chargé de cours à la Faculté des lettres de Paris. J. Locke, sa vie, son œuvre.
* MILSAND. L'Esthétique anglaise, étude sur John Ruskin.
ODYSSE BAROT. Philosophie de l'histoire.
PI Y MARGALL. Les Nationalités, traduit par M. L. X. de Ricard.
* RÉMUSAT (Charles de), de l'Académie française. Philosophie religieuse
RÉVILLE (A.), professeur au Collège de France. Histoire du dogme de la divinité de Jésus-Christ.
RIBOT (Th.), direct. de la *Revue philos.* La Philosophie de Schopenhauer. 3ᵉ édit.
— * Les Maladies de la mémoire. 4ᵉ édit.
— Les Maladies de la volonté, 3ᵉ édit.
— Les Maladies de la personnalité.
ROISEL. De la Substance.
SAIGEY. La Physique moderne. 2ᵉ tirage. (V. P.)
* SAISSET (Emile), de l'Institut. L'Ame et la Vie.
— * Critique et Histoire de la philosophie (fragm. et disc.).
SCHMIDT (O.). Les Sciences naturelles et la Philosophie de l'inconscient.
SCHŒBEL. Philosophie de la raison pure.
SCHOPENHAUER. Le Libre arbitre, traduit par M. Salomon Reinach. 3ᵃ édit.
— Le Fondement de la morale, traduit par M. A. Burdeau. 2ᵉ édit.
— Pensées et Fragments, traduit par M. A. Burdeau. 6ᵉ édit.
SELDEN (Camille). La Musique en Allemagne, étude sur Mendelssohn. (V. P.)
SICILIANI (P.). La Psychogénie moderne.
STRICKER. Le Langage et la Musique, traduit par M. Schwiedland.
* STUART MILL. Auguste Comte et la Philosophie positive, traduit par M. Clémenceau. 2ᵉ édit. (V. P.)
— L'Utilitarisme, traduit par M. Le Monnier. (V. P.)
TAINE (H.), de l'Académie française. L'Idéalisme anglais, étude sur Carlyle.
— * Philosophie de l'art dans les Pays-Bas. 2ᵉ édit.
— * Philosophie de l'art en Grèce. 2ᵉ édit.
— * De l'Idéal dans l'art. Papier vélin.   5 fr.
— * Philosophie de l'art en Italie. Papier vélin.   5 fr.
— * Philosophie de l'art. Papier vélin.   5 fr.

TARDE. **La Criminalité comparée.** 2 fr. 50

TISSANDIER. **Des Sciences occultes et du Spiritisme.** Pap. vélin. 5 fr.

* VACHEROT (Et.), de l'Institut. **La Science et la Conscience.**

VÉRA (A.), professeur à l'Université de Naples. **Philosophie hégélienne.**

ZELLER. **Christian Baur et l'École de Tubingue,** traduit par M. Ritter.

BIBLIOTHÈQUE DE PHILOSOPHIE CONTEMPORAINE

Volumes in-8.

Brochés à **5** fr., **7** fr. **50** et **10** fr.
Cart. anglais, **1** fr. en plus par volume. Demi-reliure. **2** francs.

* AGASSIZ. **De l'Espèce et des Classifications.** 1 vol. 5 fr.

* BAIN (Alex.). **La Logique inductive et déductive.** Traduit de l'anglais par M. Compayré. 2 vol. 2ᵉ édit. 20 fr.

— * **Les Sens et l'Intelligence.** 1 vol. Traduit par M. Cazelles. 10 fr.

— * **L'Esprit et le Corps.** 1 vol. 4ᵉ édit. 6 fr.

— * **La Science de l'Éducation.** 1 vol. 4ᵉ édit. 6 fr.

— **Les Émotions et la Volonté.** Trad. par M. Le Monnier. 1 vol. 10 fr.

* BARDOUX, sénateur. **Les Légistes, leur influence sur la société française.** 1 vol. 5 fr.

* BARNI (Jules). **La Morale dans la démocratie.** 1 vol. 2ᵉ édit. précédée d'une préface de M. D. NOLEN, recteur de l'académie de Douai. 5 fr.

BEAUSSIRE (Émile), de l'Institut. **Les Principes de la morale.** 1 vol. 5 fr.

BERTRAND (A.), professeur à la Faculté des lettres de Lyon. **L'Aperception du corps humain par la conscience.** 1 vol. 5 fr.

BUCHNER. **Nature et Science.** 1 vol. 2ᵉ édit. Traduit par M. Lauth. 7 fr. 50

CLAY (R.). **L'Alternative, contribution à la psychologie.** 1 vol. Traduit de l'anglais par M. A. Burdeau, député, ancien professeur au lycée Louis le Grand. 10 fr.

EGGER (V.), professeur à la Faculté des lettres de Nancy. **La Parole intérieure.** 1 vol. 5 fr.

ESPINAS (Alf.), professeur à la Faculté des lettres de Bordeaux. **Des Sociétés animales.** 1 vol. 2ᵉ édit. 7 fr. 50

FERRI (Louis), correspondant de l'Institut. **La Psychologie de l'association,** depuis Hobbes jusqu'à nos jours. 4 vol. 7 fr. 50

* FLINT, prof. à l'Université d'Edimbourg. **La Philosophie de l'histoire en France.** Traduit de l'anglais par M. Ludovic Carrau, directeur des conférences de philosophie à la Faculté des lettres de Paris. 1 vol. 7 fr. 50

— **La Philosophie de l'histoire en Allemagne.** Traduit de l'anglais par M. Ludovic Carrau. 1 vol. 7 fr. 50

* FOUILLÉE (Alf.), ancien maître de conférences à l'École normale supérieure. **La Liberté et le Déterminisme.** 1 vol. 2ᵉ édit. 7 fr. 50

— **Critique des systèmes de morale contemporains.** 1 vol. 7 fr. 50

FRANCK (A.), de l'Institut. **Philosophie du droit civil.** 1 vol. 5 fr.

* GUYAU. **La Morale anglaise contemporaine.** 1 vol. 2ᵉ édit. 7 fr. 50

— **Les Problèmes de l'esthétique contemporaine.** 1 vol. 5 fr.

— **Esquisse d'une morale sans obligation ni sanction.** 1 vol. 5 fr.

— **L'irréligion de l'avenir.** 1 vol. (*Sous presse.*)

HERBERT SPENCER. **Les premiers Principes**. Traduit par M. Cazelles.
1 fort volume. 10 fr.
— **Principes de biologie**. Traduit par M. Cazelles. 2 vol. 20 fr.
— * **Principes de psychologie**. Trad. par MM. Ribot et Espinas. 2 vol. 20 fr.
— * **Principes de sociologie** :
Tome I. Traduit par M. Cazelles. 1 vol. 10 fr.
Tome II. Traduit par MM. Cazelles et Gerschel. 1 vol. 7 fr. 50
Tome III. Traduit par M. Cazelles. 1 vol. 15 fr.
— * **Essais sur le progrès**. Traduit par M. A. Burdeau. 1 vol. 7 fr. 50
— **Essais de politique**. Traduit par M. A. Burdeau. 1 vol. 2ᵉ édit. 7 fr. 50
— **Essais scientifiques**. Traduit par M. A. Burdeau. 1 vol. 7 fr. 50
* — **De l'Education physique, intellectuelle et morale**. 1 vol. 5ᵉ édit.
5 fr.
— * **Introduction à la science sociale**. 1 vol. 6ᵉ édit. 6 fr.
— * **Les Bases de la morale évolutionniste**. 1 vol. 3ᵉ édit. 6 fr.
— * **Classification des sciences**. 1 vol. in-18. 2ᵉ édit. 2 fr. 50
— **L'Individu contre l'État**. Traduit par M. Gerschel. 1 vol. in-18. 2 fr. 50
— **Descriptive Sociology**, or Groupes of sociological facts. French com-
piled by James Collier. 1 vol. in-folio. 50 fr.

* HUXLEY, de la Société royale de Londres. **Hume, sa vie, sa philosophie**.
Traduit de l'anglais et précédé d'une Introduction par G. Compayré.
1 vol. 5 fr.

* JANET (Paul), de l'Institut. **Les Causes finales**. 1 vol. 2ᵉ édit. 10 fr.
— **Histoire de la science politique dans ses rapports avec la morale**.
2 forts vol. in-8. 2ᵉ édit. 20 fr.

LAUGEL (Auguste). **Les Problèmes** (Problèmes de la nature, problèmes de
la vie, problèmes de l'âme). 1 vol. 7 fr. 50

* LAVELEYE (de), correspondant de l'Institut. **De la Propriété et de ses
formes primitives**. 1 vol. 4ᵉ édit. (*Sous presse.*)

* LIARD, directeur de l'enseignement supérieur. **La Science positive et la
Métaphysique**. 1 vol. 2ᵉ édit. 7 fr. 50
— **Descartes**. 1 vol. 5 fr.

MARION (H.), chargé de cours à la Faculté des lettres de Paris. **De la
Solidarité morale**. Essai de psychologie appliquée. 1 vol. 2ᵉ édit.
(V. P.) 5 fr.

MATTHEW ARNOLD. **La Crise religieuse**. 1 vol. 7 fr. 50

MAUDSLEY. **La Pathologie de l'esprit**. 1 vol. Trad. par M. Germont. 10 fr.

* NAVILLE (E.), correspondant de l'Institut. **La Logique de l'hypothèse**.
1 vol. 5 fr.
— **La Physique moderne**. 1 vol. 5 fr.

PÉREZ (Bernard). **Les trois premières années de l'enfant**. 1 fort volume
in-8. 3ᵉ édit. 5 fr.
— **L'Enfant de trois à sept ans**. 1 fort vol. in-8. 5 fr.

PREYER, professeur à la Faculté d'Iéna. **Éléments de physiologie**. Traduit
de l'allemand par M. J. Soury. 1 vol. 5 fr.
— **L'Ame de l'enfant**. 1 vol., traduit de l'allemand par H. de Varigny. 10 fr.

* QUATREFAGES (De), de l'Institut **Ch. Darwin et ses précurseurs français**. 1 vol. 5 fr.

RIBOT (Th.). **L'Hérédité psychologique**. 1 vol. 2ᵉ édit. 7 fr. 50
— * **La Psychologie anglaise contemporaine**. 1 vol. 3ᵉ édit. 7 fr. 50
— * **La Psychologie allemande contemporaine**. 1 vol. 2ᵉ édit. 7 fr. 50

* SAIGEY (Emile). **Les Sciences au XVIIIᵉ siècle**. La physique de Voltaire. 1 vol. 5 fr.

SCHOPENHAUER. **Aphorismes sur** la **sagesse dans la vie.** 2ᵉ édit. Traduit par Cantacuzène. 1 vol.
                                                                      5 fr.
— **De la quadruple racine du principe de la raison suffisante,** suivi d'une *Histoire de la doctrine de l'idéal et du réel.* Trad. par Cantacuzène.
                                                                1 vol. 5 fr.
SÉAILLES, professeur au lycée Janson de Sailly. **Essai sur le génie dans** l'art. 1 vol.
                                                             5 fr.
* STUART MILL. **La Philosophie de Hamilton.** 1 vol.   10 fr.
— * **Mes Mémoires.** Histoire de ma vie et de mes idées. Traduit de l'anglais par M. E. Cazelles. 1 vol.   5 fr.
— * **Système de logique** déductive et inductive. Traduit de l'anglais par M. Louis Peisse. 2 vol.   20 fr.
— * **Essais sur la Religion.** 2ᵉ édit. 1 vol.   5 fr.
SULLY (James). **Le Pessimisme.** Traduit par MM. Bertrand et Gérard. 1 vol.   7 fr. 50
VACHEROT (Et.), de l'Inst. **Essais de philosophie critique.** 1 vol. 7 fr. 50
— **La Religion.** 1 vol.   7 fr. 50
WUNDT. **Éléments de psychologie physiologique.** 2 vol. avec fig.   20 fr.

ÉDITIONS ÉTRANGÈRES

Éditions anglaises.	*Éditions allemandes.*
Auguste Laugel. The United States during the war. In-8. 7 shill. 6 p.	Jules Barni. Napoléon Iᵉʳ. In-18. 3 m.
Albert Réville. History of the doctrine of the deity of Jesus-Christ. 3 sh. 6 p.	Paul Janet. Der Materialismus unsere Zeit. 1 vol. in-18. 3 m.
H. Taine. Italy (Naples et Rome). 7 sh. 6 p.	
H. Taine. The Philosophy of Art. 3 sh.	H. Taine. Philosophie der Kunst. 1 volume in-18. 3 m.
Paul Janet. The Materialism of present day. 1 vol. in-18, rel. 3 shill.	

COLLECTION HISTORIQUE DES GRANDS PHILOSOPHES

PHILOSOPHIE ANCIENNE

ARISTOTE (Œuvres d'), traduction de M. BARTHÉLEMY SAINT-HILAIRE.

— **Psychologie** (Opuscules), trad. en français et accompagnée de notes. 1 vol. in-8 .... 10 fr.

— **Rhétorique,** traduite en français et accompagnée de notes. 1870, 2 vol. in-8 .... 16 fr.

— **Politique,** 1868, 1 v. in-8. 10 fr.

— **Traité du ciel,** 1866 ; traduit en français pour la première fois. 1 fort vol. grand in-8 ..... 10 fr.

— **La Métaphysique** d'Aristote. 3 vol. in-8, 1879 .... 30 fr.

— **Traité de la production et de la destruction des choses,** trad. en français et accomp. de notes perpétuelles. 1866. 1 v. gr. in-8. 10 fr.

— **De la Logique d'Aristote,** par M. BARTHÉLEMY SAINT-HILAIRE. 2 vol. in-8 .... 10 fr.

* SOCRATE. **La Philosophie de Socrate,** par M. Alf. FOUILLÉE. 2 vol. in-8 .... 16 fr.

* PLATON. **La Philosophie de Platon,** par M. Alfred FOUILLÉE. 2 vol. in-8 .... 16 fr.

* PLATON. **Études sur la Dialectique dans Platon et dans Hegel,** par M. Paul JANET. 1 vol. in-8 .... 6 fr.

* ÉPICURE. **La Morale d'Épicure** et ses rapports avec les doctrines contemporaines, par M. GUYAU. 1 vol. in-8. 3ᵉ édit.... 7 fr. 50

* ÉCOLE D'ALEXANDRIE. **Histoire de l'École d'Alexandrie,** par M. BARTHÉLEMY SAINT-HILAIRE. 1 v. in-8 .... 6 fr.

MARC-AURÈLE. **Pensées de Marc-Aurèle,** traduites et annotées par M. BARTHÉLEMY SAINT-HILAIRE. 1 vol. in-18.............. 4 fr. 50

BÉNARD. **La Philosophie ancienne,** histoire de ses systèmes. Première partie : *La Philosophie et la sagesse orientales. — La Philosophie grecque avant Socrate. — Socrate et les socratiques. — Etudes sur les sophistes grecs.* 1 vol. in-8. 1885. 9 fr.

* FABRE (Joseph). **Histoire de la philosophie, antiquité et moyen âge.** 1 vol. in-18. .... 3 fr. 50

OGEREAU. **Essai sur le système philosophique des Stoïciens.** 1 vol. in-8. 1885.   5 fr.

PHILOSOPHIE MODERNE

* **LEIBNIZ. Œuvres philosophiques**, avec Introduction et notes par M. Paul JANET. 2 vol. in-8. 16 fr.

LEIBNIZ. **Leibniz et Pierre le Grand**, par FOUCHER DE CARREIL. 1 vol. in-8. . . . . 2 fr.

LEIBNIZ. **Leibniz, Descartes et Spinoza**, par FOUCHER DE CAREIL. 1 vol. in-8. . . . . 4 fr.

— **Leibniz et les deux Sophie**, par FOUCHER DE CAREIL. 1 vol. in-8. . . . . 2 fr.

DESCARTES, par Louis LIARD. 1 vol. in-8. . . . . 5 fr.

— **Essai sur l'Esthétique de Descartes**, par KRANTZ. 1 v. in-8. 6 fr.

* **SPINOZA. Dieu, l'homme et la béatitude**, trad. et précédé d'une Introduction par M. P. JANET. 1 vol. In-18. . . . . 2 fr. 50

— **Benedicti de Spinoza opera** quotquot reperta sunt, recognoverunt J. Van Vloten et J.-P.-N. Land, édition publiée par la commission de la statue de Spinoza. 2 forts vol. in-8 sur papier de Hollande. 45 fr.

* **LOCKE. Sa vie et ses œuvres**, par M. MARION. 1 vol. in-18. 2 fr. 50

* **MALEBRANCHE. La Philosophie de Malebranche**, par M. OLLÉ-LAPRUNE. 2 vol. in-8. . . . . . 16 fr.

* **VOLTAIRE. Les Sciences au XVIII\ siècle. Voltaire physicien**, par M. Em. SAIGEY. 1 vol. in-8. 5 fr.

FRANCK (Ad.). **La Philosophie mystique en France au XVIII\ siècle**. 1 vol. in-18. . . 2 fr. 50

* DAMIRON. **Mémoires pour servir à l'histoire de la philosophie au XVIII\ siècle**. 3 vol. in-8. 15 fr.

* MAINE DE BIRAN. **Essai sur sa philosophie**, suivi de fragments inédits, par JULES GÉRARD. 1 fort vol. in-8. 1876 . . . . 10 fr.

PHILOSOPHIE ÉCOSSAISE

* **DUGALD STEWART. Éléments de la philosophie de l'esprit humain**, traduits de l'anglais par L. PEISSE. 3 vol. in-12. . . 9 fr.

* **HAMILTON. La Philosophie de Hamilton**, par J. STUART MILL. 1 vol. in-8. . . . . 10 fr.

* **BERKELEY. Sa vie et ses œuvres**, par PENJON. 1 v. in-8. 1878. 7 fr. 50

* **HUME. Sa vie et sa philosophie**, par Th. HUXLEY, trad. de l'anglais par G. COMPAYRÉ. 1 vol. in-8. 5 fr.

PHILOSOPHIE ALLEMANDE

KANT. **Critique de la raison pure**, trad. par M. TISSOT. 2 v. in-8. 16 fr.

— Même ouvrage, traduction par M. Jules BARNI. 2 vol. in-8. . 16 fr.

* — **Éclaircissements sur la Critique de la raison pure**, trad. par J. TISSOT. 1 volume in-8. . . 6 fr.

* — **Éléments métaphysiques de la doctrine du droit** (*Première partie de la Métaphysique des mœurs*), suivi d'un Essai philosophique sur la paix perpétuelle, trad. par M. J. BARNI. 1 vol. in-8. 8 fr.

— **Principes métaphysiques de la morale**, augmentés des *Fondements de la métaphysique des mœurs*, traduct. par M. TISSOT. 1 v. in-8. 8 fr.

— Même ouvrage, traduction par M. Jules BARNI. 1 vol. in-8. . . 8 fr.

* — **La Logique**, traduction par M. TISSOT. 1 vol. in-8. . . . . . 4 fr.

* KANT. **Mélanges de logique**, traduction par M. TISSOT. 1 v. in-8. 6 fr.

* KANT. **Prolégomènes à toute métaphysique future** qui se présentera comme science, traduction de M. TISSOT. 1 vol. in-8. . . 6 fr.

* — **Anthropologie**, suivie de divers fragments relatifs aux rapports du physique et du moral de l'homme, et du commerce des esprits d'un monde à l'autre, traduction par M. TISSOT. 1 vol. in-8. . . . . 6 fr.

— **Traité de pédagogie**, trad. J. BARNI; préface par Raymond THAMIN. 1 vol. in-12. 2 fr.

* FICHTE. **Méthode pour arriver à la vie bienheureuse**, traduit par Fr. BOUILLIER. Vol. in-8. 8 fr.

— **Destination du savant et de l'homme de lettres**, traduit par M. NICOLAS. 1 vol. in-8. 3 fr.

* — **Doctrines de la science**. Principes fondamentaux de la science de la connaissance. Vol. in-8. 9 fr.

SCHELLING. **Bruno**, ou du principe divin, trad. par Cl. HUSSON. 1 vol. in-8....... 3 fr. 50
— **Écrits philosophiques et morceaux** propres à donner une idée de son système, trad. par Ch. BÉNARD. 1 vol. in-8........ 9 fr.
* HEGEL. **Logique**. 2e édit. 2 vol. in-8................. 14 fr.
* — **Philosophie de la nature**. 3 vol. in-8............. 25 fr.
* — **Philosophie de l'esprit**. 2 vol. in-8............. 18 fr.
* — **Philosophie de la religion**. Tomes I et II.......... 20 fr.
— **Essais de philosophie hégélienne**, par A. VÉRA. 1 vol. 2 fr. 50
— **La Poétique**, trad. par Ch. BÉNARD. Extraits de Schiller, Gœthe Jean, Paul, etc., et sur divers sujets relatifs à la poésie. 2 v. in-8. 12 fr.

HEGEL. **Esthétique**. 2 vol. in-8, traduit par M. BÉNARD....... 16 fr.
— **Antécédents de l'Hegelianisme dans la philosophie française**, par BEAUSSIRE. 1 vol. in-18............... 2 fr. 50
* — **La Dialectique dans Hegel et dans Platon**, par Paul JANET. 1 vol. in-8........... 6 fr.
HUMBOLDT (G. de). **Essai sur les limites de l'action de l'État**. 1 vol. in-18.......... 3 fr. 50
—* **La Philosophie individualiste**, étude sur G. de HUMBOLDT, par CHALLEMEL-LACOUR. 1 vol. in-18. 2 fr. 50
* STAHL. **Le Vitalisme et l'Animisme de Stahl**, par Albert LEMOINE. 1 vol. in-18.... 2 fr. 50
LESSING. **Le Christianisme moderne**. Étude sur Lessing, par FONTANÈS. 1 vol. in-18.. 2 fr. 50

PHILOSOPHIE ALLEMANDE CONTEMPORAINE

L. BUCHNER. **Nature et Science**. 1 vol. in-8. 2e édit...... 7 fr. 50
—* **Le Matérialisme contemporain**, par M. P. JANET. 4e édit. 1 vol. in-18........ 2 fr. 50
CHRISTIAN BAUR et **l'École de Tubingue**, par Éd. ZELLER. 1 vol. in-18............... 2 fr. 50
HARTMANN (E. de). **La Religion de l'avenir**. 1 vol. in-18.. 2 fr. 50
— **Le Darwinisme**, ce qu'il y a de vrai et de faux dans cette doctrine, traduit par M. G. GUÉROULT. 1 vol. in-18, 3e édition....... 2 fr. 50
HAECKEL. **Les Preuves du transformisme**, trad. par M. J. SOURY. 1 vol. in-18.......... 2 fr. 50
— **Essais de psychologie cellulaire**, traduit par M. J. SOURY. 1 vol. in-18.......... 2 fr. 50
O. SCHMIDT. **Les Sciences naturelles et la philosophie de l'inconscient**. 1 v. in-18. 2fr. 50
LOTZE (H.). **Principes généraux de psychologie physiologique**, trad. par M. PENJON. 1 v. in-18. 2 f. 50
PREYER. **Éléments de physiologie**. 1 vol. in-8....... 5 fr.

SCHOPENHAUER. **Essai sur le libre arbitre**. 1 vol. in-18... 2 fr. 50
— **Le Fondement de la morale**, traduit par M. BURDEAU. 1 vol. in-18.............. 2 fr. 50
— **Essais et fragments**, traduit et précédé d'une Vie de Schopenhauer, par M. BOURDEAU. 1 vol. in-18............... 2 fr. 50
— **Aphorismes sur la sagesse dans la vie**. 1 vol. in-8.. 5 fr.
— **De la quadruple racine du principe de la raison suffisante**. 1 vol. in-8...... 5 fr.
— **Schopenhauer et les origines de sa métaphysique**, par L. DUCROS. 1 vol. in-8....... 3 fr. 50
RIBOT (Th.). **La Psychologie allemande contemporaine** (Herbart, Beneke, Lotze, Fechner, Wundt, etc.). 1 vol. in-8. 7 fr. 50
STRICKER. **Le Langage et la Musique**, traduit de l'allemand par SCHWIEDLAND. 1 vol. in-18. 2 fr. 50
WUNDT. **Psychologie physiologique**. 2 vol. in-8 avec fig. 20 fr.

PHILOSOPHIE ANGLAISE CONTEMPORAINE

STUART MILL*. **La Philosophie de Hamilton**. 1 fort vol. in-8. 10 fr.
—* **Mes Mémoires**. Histoire de ma vie et de mes idées. 1 v. in-8. 5 fr.
—* **Système de logique** déductive et inductive. 2 v. in-8. 20 fr.
— **Essais sur la Religion**. 1 vol. in-8. 2e édit............ 5 fr.

STUART MILL*. **Auguste Comte et la philosophie positive**. 1 vol. in-18. 2 fr. 50
— **L'Utilitarisme**, traduit par M. LE MONNIER. 1 vol. in-18... 2 fr. 50
HERBERT SPENCER*. **Les premiers Principes**. 1 fort volume in-8................. 10 fr.

HERBERT SPENCER *. **Principes de biologie.** 2 forts vol. in-8. 20 fr.
— * **Principes de psychologie.** 2 vol. in-8............ 20 fr.
— * **Introduction à la Science sociale.** 1 v. in-8 cart. 6e édit. 6 fr.
— * **Principes de sociologie.** 3 vol. in-8.............. 32 fr. 50
— * **Classification des sciences.** 1 vol. in-18, 2e édition. 2 fr. 50
— * **De l'éducation intellectuelle, morale et physique.** 1 vol. in-8, 4e édit............. 5 fr.
— * **Essais sur le progrès.** 1 vol. in-8.................. 7 fr. 50
— **Essais de politique.** 1 vol. in-8.................. 7 fr. 50
— **Essais scientifiques.** 1 vol. in-8.................. 7 fr. 50
— * **Les bases de la morale évolutionniste.** 1 vol. in-8.... 6 fr.
— **L'Individu contre l'État.** 1 vol in-18................ 2 fr. 50
BAIN *. **Des sens et de l'intelligence.** 1 vol. in-8.... 10 fr.
— * **La Logique inductive et déductive.** 2 vol. in-8.... 20 fr.
— * **L'Esprit et le corps.** 1 vol. in-8, cartonné, 2e édit..... 6 fr.
— * **La Science de l'éducation.** 1 vol. in-8.............. 6 fr.
— **Les Émotions et la volonté.** 1 vol. in-8 cartonné..... 10 fr.
DARWIN *. **Ch. Darwin et ses précurseurs français**, par M. de QUATREFAGES. 1 vol. in-8.. 5 fr.
— *. **Descendance et Darwinisme**, par Oscar SCHMIDT. 1 vol. in-8 cart. 4e édit......... 6 fr.
— **Le Darwinisme**, par E. DE HARTMANN. 1 vol. in-18..... 2 fr. 50
— **Les Récifs de corail**, structure et distribution, par Ch. DARWIN. 1 vol. in-8............. 8 fr.

FERRIER. **Les fonctions du cerveau.** 1 vol. in-8...... 10 fr.
CHARLTON BASTIAN. **Le cerveau,** organe de la pensée chez l'homme et les animaux. 2 vol. in-8. 12 fr.
CARLYLE. **L'Idéalisme anglais,** étude sur Carlyle, par H. TAINE. 1 vol. in-18........... 2 fr. 50
BAGEHOT *. **Lois scientifiques du développement des nations.** 1 vol. in-8, cart. 3e édit.... 6 fr.
DRAPER. **Les conflits de la science et de la religion.** 1 vol. in-8. 6 fr.
RUSKIN (JOHN) *. **L'Esthétique anglaise,** étude sur J. Ruskin, par MILSAND. 1 vol. in-18 ... 2 fr. 50
MATTHEW ARNOLD. **La Crise religieuse.** 1 vol. in-8.... 7 fr. 50
MAUDSLEY *. **Le Crime et la folie.** 1 vol. in-8. cart. 5e édit... 6 fr.
— **La Pathologie de l'esprit.** 1 vol in-8............. 10 fr.
FLINT *. **La Philosophie de l'histoire en France et en Allemagne.** 2 vol in-8..... 15 fr.
RIBOT (Th.). **La Psychologie anglaise contemporaine** (James Mill, Stuart Mill, Herbert Spencer, A. Bain, G. Lewes, S. Bailey, J.-D. Morell, J. Murphy), 2e éd. 1 vol. in-8................ 7 fr. 50
LIARD*. **Les Logiciens anglais contemporains** (Herschel, Whewell, Stuart Mill, G. Bentham, Hamilton, de Morgan, Beele, Stanley Jevons). 1 vol. in-18. 2e édit... 2 fr. 50
GUYAU *. **La Morale anglaise contemporaine.** 1 vol. in-8. 7 fr. 50
HUXLEY *. **Hume, sa vie, sa philosophie.** 1 vol. in-8...... 5 fr.
JAMES SULLY. **Le Pessimisme.** 1 vol. in-8........... 7 fr. 50
— **Les Illusions des sens et de l'esprit.** 1 vol. in-8, cart.. 6 fr.

PHILOSOPHIE ITALIENNE CONTEMPORAINE

SICILIANI. **Prolégomènes à la psychogénie moderne,** trad. par A. HERZEN. 1 vol. in-18. 2 fr. 50
ESPINAS *. **La philosophie expérimentale en Italie,** origines, état actuel. 1 vol. in-18. 2 fr. 50
MARIANO. **La philosophie contemporaine en Italie,** essais de philos. hégélienne. 1 v. in-18. 2 fr. 50
FERRI (Louis). **Essai sur l'histoire de la philosophie en Italie au** XIXe siècle. 2 vol. in-8. 12 fr.
— **La philosophie de l'association depuis Hobbes jusqu'à nos jours.** 1 vol. in-8. 7 fr. 50
MINGHETTI. **L'État et l'Église.** 1 vol. in-8.................. 5 fr.
LEOPARDI. **Opuscules et pensées.** 1 vol in-18........... 2 fr. 50
MANTEGAZZA. **La physionomie et l'expression des sentiments.** 1 vol. in-8 cart......... 6 fr.

BIBLIOTHÈQUE D'HISTOIRE CONTEMPORAINE

Volumes in-18 brochés à 3 fr. 50. — Volumes in-8 brochés à 5 et 7 francs.

Cartonnage anglais, 50 cent. par vol. in-18, 1 fr. par vol. in-8.

Demi-reliure, 1 fr. 50 par vol. in-18, 2 fr. par vol. in-8.

EUROPE

* SYBEL (H. de). **Histoire de l'Europe pendant la Révolution française**, traduit de l'allemand par Mlle Dosquet. 6 vol. in-8.   42 fr.
Chaque volume séparément.   7 fr.

FRANCE

* BLANC (Louis). **Histoire de Dix ans.** 5 vol. in-8. (V. P.)   25 fr.
Chaque volume séparément.   5 fr.
— 25 pl. en taille-douce. Illustrations pour l'*Histoire de Dix ans.*   6 fr.
* BOERT. **La Guerre de 1870-1871**, d'après le colonel fédéral suisse Rustow.
1 vol. in-18. (V. P.)   3 fr. 50
* CARLYLE. **Histoire de la Révolution française.** Traduit de l'anglais.
3 vol. in-18. Chaque volume.   3 fr. 50
* CARNOT (H.), sénateur. **La Révolution française**, résumé historique.
1 vol. in-18, nouvelle édit. (V. P.)   3 fr. 50
* ÉLIAS REGNAULT. **Histoire de Huit ans** (1840-1848). 3 vol. in-8.   15 fr.
Chaque volume séparément.   5 fr.
— 14 planches en taille-douce, illustrations pour l'*Histoire de Huit ans.*   4 fr.
* GAFFAREL (P.), professeur à la Faculté des lettres de Dijon. **Les Colonies françaises.** 1 vol. in-8, 2ᵉ édit. (V. P.)   5 fr.
* LAUGEL (A.). **La France politique et sociale.** 1 vol. in-8.   5 fr.
ROCHAU (De). **Histoire de la Restauration.** 1 vol. in-18, traduit de l'allemand.   3 fr. 50
* TAXILE DELORD. **Histoire du second Empire** (1848-1870). 6 volumes in-8.   42 fr.
Chaque volume séparément.   7 fr.
WAHL, professeur au lycée Lakanal. **L'Algérie.** 1 vol. in-8. (V. P.)   5 fr.
LANESSAN (de), député. **L'expansion coloniale de la France** (Études économiques, politiques et géographiques sur les établissements français d'outre-mer). 1 fort vol. in-8, avec cartes. 1886.   12 fr.

ANGLETERRE

* BAGEHOT (W.). **La Constitution anglaise.** Traduit de l'anglais. 1 volume in-18. (V. P.)   3 fr. 50
— * **Lombard-street.** Le marché financier en Angleterre. 1 vol. in-18.   3 fr. 50
* GLADSTONE (E. W.). **Questions constitutionnelles** (1873-1878). — Le prince-époux — Le droit électoral. Traduit de l'anglais, et précédé d'une Introduction par Albert Gigot. 1 vol. in-8.   5 fr.
* LAUGEL (Aug.). **Lord Palmerston et lord Russel.** 1 vol. in-18. 3 fr. 50
* SIR CORNEWAL LEWIS. **Histoire gouvernementale de l'Angleterre depuis 1770 jusqu'à 1830.** Traduit de l'anglais. 1 vol. in-8.   7 fr.
* REYNALD (H.), doyen de la Faculté des lettres d'Aix. **Histoire de l'Angleterre** depuis la reine Anne jusqu'à nos jours. 1 vol. in-18, 2ᵉ édit. (V. P.)   3 fr. 50
* THACKERAY. **Les Quatre George.** Traduit de l'anglais par Lefoyer.
1 vol. in-18. (V. P.)   3 fr. 50

ALLEMAGNE

* BOURLOTON (Ed.). **L'Allemagne contemporaine.** 1 vol. in-18.   3 fr. 50
* VÉRON (Eug.). **Histoire de la Prusse,** depuis la mort de Frédéric II jusqu'à la bataille de Sadowa. 1 vol. in-18, 3ᵉ édit. (V. P.)   3 fr. 50
— * **Histoire de l'Allemagne,** depuis la bataille de Sadowa jusqu'à nos jours. 1 vol. in-18, 2ᵉ édit. (V. P.)   3 fr. 50

AUTRICHE-HONGRIE

* ASSELINE (L.). **Histoire de l'Autriche,** depuis la mort de Marie-Thérèse jusqu'à nos jours. 1 vol. in-18, 2ᵉ édit. (V. P.)   3 fr. 50
SAVOUS (Ed.), professeur à la Faculté des lettres de Toulouse. **Histoire des Hongrois** et de leur littérature politique, de 1790 à 1815. 1 vol. in-18.   3 fr. 50

ESPAGNE

* REYNALD (H.). **Histoire de l'Espagne** depuis la mort de Charles III jusqu'à nos jours. 1 vol. in-18. (V. P.)   3 fr. 50

RUSSIE

HERBERT RARRY. **La Russie contemporaine.** Traduit de l'anglais. 1 vol. in-18.   3 fr. 50
CRÉHANGE (M.). **Histoire contemporaine de la Russie.** 1 vol. in-18.   3 fr. 50

SUISSE

* DAENDLIKER. **Histoire du peuple suisse.** Trad. de l'allem. par Mᵐᵉ Jules Favre, et précédé d'une Introduction de M. Jules Favre. 1 vol. in-8. (V P.)   5 fr.
DIXON (H.). **La Suisse contemporaine.** 1 vol. in-18, traduit de l'anglais. (V. P.)   3 fr. 50

AMÉRIQUE

DEBERLE (Alf.). **Histoire de l'Amérique du Sud,** depuis sa conquête jusqu'à nos jours. 1 vol. in-18. 2ᵉ édit. (V. P.)   3 fr. 50
* LAUGEL (Aug.). **Les États-Unis pendant la guerre.** 1861-1864. Souvenirs personnels. 1 vol. in-18.   3 fr. 50

---

* BARNI (Jules). **Histoire des idées morales et politiques en France au dix-huitième siècle.** 2 vol. in-18. (V. P.) Chaque volume.   3 fr. 50
— * **Les Moralistes français au dix-huitième siècle.** 1 vol. in-18 faisant suite aux deux précédents. (V. P.)   3 fr. 50
— **Napoléon Iᵉʳ et son historien M. Thiers.** 1 vol. in-18.   3 fr. 50
BEAUSSIRE (Émile), de l'Institut. **La Guerre étrangère et la Guerre civile.** 1 vol. in-18.   3 fr. 50
* DESPOIS (Eug.). **Le Vandalisme révolutionnaire.** Fondations littéraires, scientifiques et artistiques de la Convention. 2ᵉ édition, précédée d'une notice sur l'auteur par M. Charles Bigot. 1 vol. in-18. (V. P.)   3 fr. 50
* CLAMAGERAN (J.), sénateur. **La France républicaine.** 1 vol. in-18.   3 fr. 50
* DUVERGIER DE HAURANNE. **La République conservatrice.** 1 volume in-18.   3 fr. 50
LAVELEYE (E. de), correspondant de l'Institut. **Le Socialisme contemporain.** 1 vol. in-18, 3ᵉ édit.   3 fr. 50
MARCELLIN PELLET, ancien député. **Variétés révolutionnaires.** 1 vol. in-18, précédé d'une Préface de A. Ranc.   3 fr. 50
SPULLER (E.). **Figures disparues,** portraits contemporains, littéraires et politiques. 1 vol. in-18.   3 fr. 50

BIBLIOTHÈQUE HISTORIQUE ET POLITIQUE

Volumes in-8.

* ALBANY DE FONBLANQUE. **L'Angleterre, son gouvernement, ses institutions**. Traduit de l'anglais sur la 14e édition par M. F. C. DREYFUS, avec Introduction par M. H. BRISSON. 1 vol. — 5 fr.

BENLOEW. **Les Lois de l'Histoire**. 1 vol. — 5 fr.

* DESCHANEL (E.). **Le Peuple et la Bourgeoisie**. 1 vol. — 5 fr.

DU CASSE. **Les Rois frères de Napoléon Ier**. 1 vol. — 10 fr.

MINGHETTI. **L'État et l'Église**. 1 vol. — 5 fr.

LOUIS BLANC. **Discours politiques (1848-1881)**. 1 vol. — 7 fr. 50

PHILIPPSON. **La Contre-révolution religieuse au XVIe siècle**. 1 vol. — 10 fr.

HENRARD (P.). **Henri IV et la princesse de Condé**. 1 vol. — 6 fr.

NOVICOW. **La Politique internationale**, précédé d'une Préface de M. Eugène VÉRON. 1 fort vol. — 7 fr.

DREYFUS (F. C.). **La France, son gouvernement, ses institutions**. 1 vol. (*Sous presse.*)

RECUEIL DES INSTRUCTIONS

DONNÉES

AUX AMBASSADEURS ET MINISTRES DE FRANCE

DEPUIS LES TRAITÉS DE WESTPHALIE JUSQU'A LA RÉVOLUTION FRANÇAISE

Publié sous les auspices de la Commission des archives diplomatiques au Ministère des affaires étrangères.

Beaux volumes in-8 cavalier, imprimés sur papier de Hollande :

I. — **AUTRICHE**, avec Introduction et notes, par Albert SOREL... 20 fr.

II. — **SUÈDE**, avec Introduction et notes, par A. GEFFROY, membre de l'Institut.. 20 fr.

La publication se continuera par les volumes suivants :

ANGLETERRE, par M. A. Baschet.
PRUSSE, par M. E. Lavisse.
RUSSIE, par M. A. Rambaud.
TURQUIE, par M. Girard de Rialle.
ROME, par M. Hanotaux.
HOLLANDE, par M. H. Maze.
ESPAGNE, par M. Morel Fatio.
DANEMARK, par M. Geffroy.

SAVOIE ET MANTOUE, par M. Armingaud.
NAPLES ET PARME, par M. J. Reinach.
PORTUGAL, par le vicomte de Caix de Saint-Aymour.
VENISE, par M. Jean Kaulek.
POLOGNE, par M. Louis Farges.

INVENTAIRE ANALYTIQUE

DES ARCHIVES DU MINISTÈRE DES AFFAIRES ÉTRANGÈRES

Publié sous les auspices de la Commission des archives diplomatiques

I. — **Correspondance politique de MM. de CASTILLON et de MARILLAC, ambassadeurs de France en Angleterre (1538-1540)**, par M. JEAN KAULEK, avec la collaboration de MM. Louis Farges et Germain Lefèvre-Pontalis. 1 beau volume in-8 raisin sur papier fort .... 16 francs.

Le même, sur papier de Hollande .... 30 —

Volumes en préparation :

Suisse. PAPIERS DE BARTHÉLEMY, vol. I, année 1792, par M. J. KAULEK.

Angleterre, 1546-1549. AMBASSADE DE M. DE SELVE.

PUBLICATIONS HISTORIQUES ILLUSTRÉES

HISTOIRE ILLUSTRÉE DU SECOND EMPIRE, par Taxile DELORD.
6 vol. in-8 colombier.

Chaque vol. broché, 8 fr. — Cart. doré, tr. dorées.   11 fr. 50

L'ouvrage est complet. On peut se procurer les livraisons de 8 pages au prix de 10 centimes.

HISTOIRE POPULAIRE DE LA FRANCE, depuis les origines jusqu'en 1815. — Nouvelle édition. — 4 vol. in-8 colombier avec 1323 gravures sur bois dans le texte.

Chaque vol., avec gravures, broché, 7 fr. 50 — Cart. doré, tranches dorées.................................... 11 fr.

ANTHROPOLOGIE ET ETHNOLOGIE

EVANS (John). **Les âges de la pierre.** 1 vol. grand in-8, avec 467 figures dans le texte. 15 fr. — En demi-reliure.   18 fr.

EVANS (John). **L'âge du bronze.** 1 vol. grand in-8, avec 540 figures dans le texte, broché, 15 fr. — En demi-reliure.   18 fr.

GIRARD DE RIALLE. **Les peuples de l'Afrique et de l'Amérique.** 1 vol. in-18.   60 cent.

HARTMANN (R.). **Les peuples de l'Afrique.** 1 vol. in-8, avec fig.   6 fr.

HARTMANN (R.). **Les singes anthropoïdes.** 1 vol. in-8 avec fig.   6 fr.

JOLY (N.). **L'homme avant les métaux.** 1 vol. in-8 avec 150 figures dans le texte et un frontispice, 4e édit.   6 fr.

LUBBOCK (Sir John). **Les origines de la civilisation.** État primitif de l'homme et mœurs des sauvages modernes. 1877. 1 vol. gr. in-8, avec figures et planches hors texte. Trad. de l'anglais par M. Ed. BARBIER. 2e édit. 1877, 15 fr. — Relié en demi-maroquin, avec tr. dorées. 18 fr.

PIÉTREMENT. **Les chevaux dans les temps préhistoriques et historiques.** 1 fort vol. gr. in-8.   15 fr.

DE QUATREFAGES. **L'espèce humaine.** 1 vol. in-8. 6e édit.   6 fr.

WHITNEY. **La vie du langage.** 1 vol. in-8. 3e édit.   6 fr.

ZABOROWSKI. **L'anthropologie**, son histoire, sa place, ses résultats. 1 brochure in-8.   1 fr. 25

CARETTE (le colonel). **Études sur les temps antéhistoriques.** Première étude : *Le langage.* 1 vol. in-8. 1878.   8 fr.

CELSE. **Éléments d'anthropologie.** Notion de l'homme comme organisme vivant, et classification des sciences anthropologiques fondamentales. Tome I. 1 vol. in-8.   5 fr.

REVUE PHILOSOPHIQUE

DE LA FRANCE ET DE L'ÉTRANGER

Dirigée par TH. RIBOT
Agrégé de philosophie, Docteur ès lettres
(11ᵉ *année*, 1886.)

La Revue philosophique paraît tous les mois, par livraisons de
6 ou 7 feuilles grand in-8, et forme ainsi à la fin de chaque année
deux forts volumes d'environ 680 pages chaçun.

CHAQUE NUMÉRO DE LA *REVUE* CONTIENT :

1º Plusieurs articles de fond; 2º des analyses et comptes rendus des nouveaux ouvrages philosophiques français et étrangers ; 3º un compte rendu
aussi complet que possible des *publications périodiques* de l'étranger pour
tout ce qui concerne la philosophie ; 4º des notes, documents, observations, pouvant servir de matériaux ou donner lieu à des vues nouvelles.

Prix d'abonnement :

Un an, pour Paris, 30 fr. — Pour les départements et l'étranger, 33 fr.
La livraison......................... 3 fr.

Les années écoulées se vendent séparément 30 francs, et par livraisons
de 3 francs.

REVUE HISTORIQUE

Dirigée par G. MONOD
Maître de conférences à l'École normale, directeur à l'École de hautes études.

(11ᵉ *année*, 1886.)

La Revue historique paraît tous les deux mois, par livraisons
grand in-8 de 15 ou 16 feuilles, de manière à former à la fin de
l'année trois beaux volumes de 500 pages chacun.

CHAQUE LIVRAISON CONTIENT :

I. Plusieurs *articles de fond*, comprenant chacun, s'il est possible, un
travail complet. — II. Des *Mélanges et Variétés*, composés de documents inédits d'une étendue restreinte et de courtes notices sur des points d'histoire
curieux ou mal connus. — III. Un *Bulletin historique* de la France et de l'étranger, fournissant des renseignements aussi complets que possible sur tout ce
qui touche aux études historiques. — IV. Une *analyse des publications périodiques* de la France et de l'étranger, au point de vue des études historiques.
— V. Des *Comptes rendus critiques* des livres d'histoire nouveaux.

Prix d'abonnement :

Un an, pour Paris, 30 fr. — Pour les départements et l'étranger, 33 fr.
La livraison.................. 6 fr.

Les années écoulées se vendent séparément 30 francs, et par fascicules
de 6 francs. Les fascicules de la 1ʳᵉ année se vendent 9 francs.

Table des matières contenues dans les cinq premières années de la
Revue historique (1876 à 1880), par Charles Bémont. 1 vol. in-8,
3 fr. (pour les abonnés de la *Revue*, 1 fr. 50).

ANNALES DE L'ÉCOLE LIBRE

DES

SCIENCES POLITIQUES

RECUEIL TRIMESTRIEL

Publié avec la collaboration des professeurs et des anciens élèves de l'école

PREMIÈRE ANNÉE, 1886

COMITÉ DE RÉDACTION :

M. Émile BOUTMY, de l'Institut, directeur de l'École; M. Léon SAY, de l'Institut, ancien ministre des Finances; M. ALF. DE FOVILLE, chef du bureau de statistique au ministère des Finances, professeur au Conservatoire des arts et métiers; M. R. STOURM, ancien inspecteur des Finances et administrateur des Contributions indirectes; M. Alexandre RIBOT, ancien député; M. Gabriel ALIX; M. L. RENAULT, professeur à la Faculté des lettres de Paris; M. A. VANDAL, auditeur de 1re classe au Conseil d'État, Directeurs des groupes de travail, professeurs à l'École.

Secrétaire de la rédaction : M. Aug. ARNAUNÉ, docteur en droit.

La première livraison des **Annales de l'École libre des sciences politiques** a paru le 15 janvier 1886.

Les sujets traités embrassent tout le champ couvert par le programme d'enseignement de l'École : *Économie politique, finances, statistique, histoire constitutionnelle, droit international, public et privé, droit, administratif, législations civile et commerciale privées, histoire législative et parlementaire, histoire diplomatique, géographie économique, ethnographie, etc.*

La direction du Recueil se propose de ne négliger aucune des questions qui présentent, tant en France qu'à l'étranger, un intérêt pratique et actuel. L'esprit et la méthode en sont strictement scientifiques.

Les *Annales* contiennent en outre des notices bibliographiques et des correspondances de l'étranger.

Cette publication présente donc un intérêt considérable pour toutes les personnes qui s'adonnent à l'étude des sciences politiques. La place en est marquée dans toutes les Bibliothèques des Facultés, des Universités et des grands corps délibérants.

MODE DE PUBLICATION ET CONDITIONS D'ABONNEMENT

Les *Annales de l'École libre des sciences politiques* paraissent depuis le 15 janvier 1886, tous les trois mois (15 janvier, 15 avril, 15 juillet et 15 octobre), par fascicules gr. in-8, de 160 pages chacun.

Les conditions d'abonnement sont les suivantes :

Un an (du 15 janvier)	Paris	16	francs.
	Départements et étranger.	17	—
	La livraison.	5	—

BIBLIOTHÈQUE SCIENTIFIQUE INTERNATIONALE

Publiée sous la direction de M. Émile ALGLAVE

La *Bibliothèque scientifique internationale* est une œuvre dirigée par les auteurs mêmes, en vue des intérêts de la science, pour la populariser sous toutes ses formes, et faire connaître immédiatement dans le monde entier les idées originales, les directions nouvelles, les découvertes importantes qui se font chaque jour dans tous les pays. Chaque savant expose les idées qu'il a introduites dans la science, et condense pour ainsi dire ses doctrines les plus originales.

On peut ainsi, sans quitter la France, assister et participer au mouvement des esprits en Angleterre, en Allemagne, en Amérique, en Italie, tout aussi bien que les savants mêmes de chacun de ces pays.

La *Bibliothèque scientifique internationale* ne comprend pas seulement des ouvrages consacrés aux sciences physiques et naturelles, elle aborde aussi les sciences morales, comme la philosophie, l'histoire, la politique et l'économie sociale, la haute législation, etc.; mais les livres traitant des sujets de ce genre se rattachent encore aux sciences naturelles, en leur empruntant les méthodes d'observation et d'expérience qui les ont rendues si fécondes depuis deux siècles.

Cette collection paraît à la fois en français, en anglais, en allemand et en italien : à Paris, chez Félix Alcan ; à Londres, chez C. Kegan, Paul et Cie ; à New-York, chez Appleton ; à Leipzig, chez Brockhaus ; et à Milan, chez Dumolard frères.

LISTE DES OUVRAGES PAR ORDRE D'APPARITION

VOLUMES IN-8, CARTONNÉS A L'ANGLAISE, A 6 FRANCS.

Les mêmes en demi-reliure veau, avec coins, tranche supér. dorée,
non rognés .... 10 francs.

* 1. J. TYNDALL. **Les glaciers et les transformations de l'eau,** avec figures. 1 vol. in-8. 5ᵉ édition.   6 fr.

* 2. BAGEHOT. **Lois scientifiques du développement des nations** dans leurs rapports avec les principes de la sélection naturelle et de l'hérédité. 1 vol. in-8. 5ᵉ édition.   6 fr.

* 3. MAREY. **La machine animale,** locomotion terrestre et aérienne, avec de nombreuses fig. 1 vol. in-8. 4ᵉ édition.   6 fr.

4. BAIN. **L'esprit et le corps.** 1 vol. in-8. 4ᵉ édition.   6 fr.

* 5. PETTIGREW. **La locomotion chez les animaux,** marche, natation. 1 vol. in-8, avec figures.   6 fr.

* 6. HERBERT SPENCER. **La science sociale.** 1 v. in-8. 7ᵉ édit.   6 fr.

* 7. SCHMIDT (O.). **La descendance de l'homme et le darwinisme.** 1 vol. in-8, avec fig. 5ᵉ édition.   6 fr.

* 8. MAUDSLEY. **Le crime et la folie.** 1 vol. in-8. 5ᵉ édit.   6 fr.

* 9. VAN BENEDEN. **Les commensaux et les parasites dans le règne animal.** 1 vol. in-8, avec figures. 3ᵉ édit.   6 fr.

* 10. BALFOUR STEWART. **La conservation de l'énergie,** suivi d'une Étude sur la *nature de la force* par *M. P. de Saint-Robert,* avec figures. 1 vol. in-8. 4ᵉ édition.   6 fr.

11. DRAPER. **Les conflits de la science et de la religion.** 1 vol. in-8. 7ᵉ édition.   6 fr.

12. L. DUMONT. **Théorie scientifique de la sensibilité.** 1 vol. in-8. 3ᵉ édition.   6 fr.

* 13. SCHUTZENBERGER. **Les fermentations.** 1 vol. in-8, avec fig. 4ᵉ édition.   6 fr.

* 14. WHITNEY. **La vie du langage.** 1 vol. in-8. 3ᵉ édit.   6 fr.

15. COOKE et BERKELEY. **Les champignons.** 1 vol. in-8, avec figures. 3ᵉ édition.   6 fr.

* 16. BERNSTEIN. **Les sens.** 1 vol. in-8, avec 91 fig. 4ᵉ édit.   6 fr.

* 17. BERTHELOT. **La synthèse chimique.** 1 vol. in-8. 5ᵉ édit.   6 fr.

* 18. VOGEL. **La photographie et la chimie de la lumière,** avec 95 figures. 1 vol. in-8. 4ᵉ édition.   6 fr.

* 19. LUYS. **Le cerveau et ses fonctions,** avec figures. 1 vol. in-8. 4ᵉ édition.   6 fr.

* 20. STANLEY JEVONS. **La monnaie et le mécanisme de l'échange.** 1 vol. in-8. 4ᵉ édition.   6 fr.

* 21. FUCHS. **Les volcans et les tremblements de terre.** 1 vol. in-8, avec figures et une carte en couleur. 4ᵉ édition.   6 fr.

* 22. GÉNÉRAL BRIALMONT. **Les camps retranchés et leur rôle dans la défense des États,** avec fig. dans le texte et 2 planches hors texte. 3ᵉ édit.   6 fr.

* 23. DE QUATREFAGES. **L'espèce humaine.** 1 vol. in-8. 7ᵉ édit.   6 fr.

* 24. BLASERNA et HELMHOLTZ. **Le son et la musique.** 1 vol. in-8, avec figures. 3ᵉ édition.   6 fr.

* 25. ROSENTAHL. **Les nerfs et les muscles.** 1 vol. in-8, avec 75 figures. 3ᵉ édition.   6 fr.

* 26. BRUCKE et HELMHOLTZ. **Principes scientifiques des beaux-arts.** 1 vol. in-8 avec 39 figures. 3ᵉ édition.   6 fr.

* 27. WURTZ. **La théorie atomique.** 1 vol. in-8. 4ᵉ édition.   6 fr.

* 28-29. SECCHI (le Père). **Les étoiles.** 2 vol. in-8, avec 63 figures dans le texte et 17 planches en noir et en couleur hors texte. 2ᵉ édit.   12 fr.

30. JOLY. **L'homme avant les métaux.** 1 vol. in-8 avec figures. 4ᵉ édition.   6 fr.

* 31. A. BAIN. **La science de l'éducation.** 1 vol. in-8. 5ᵉ édition.   6 fr.

* 32-33. THURSTON (R.). **Histoire des machines à vapeur,** précédée d'une Introduction par M. Hirsch. 2 vol. in-8, avec 140 figures dans le texte et 16 planches hors texte. 2ᵉ édition.   12 fr.

* 34. HARTMANN (R.). **Les peuples de l'Afrique.** 1 vol. in-8, avec figures. 2ᵉ édition.   6 fr.

* 35. HERBERT SPENCER. **Les bases de la morale évolutionniste.** 1 vol. in-8. 3ᵉ édition.   6 fr.

36. HUXLEY. **L'écrevisse,** introduction à l'étude de la zoologie. 1 vol. in-8, avec figures.   6 fr.

37. DE ROBERTY. **De la sociologie.** 1 vol. in-8. 2ᵉ édition.   6 fr.

* 38. ROOD. **Théorie scientifique des couleurs.** 1 vol. in-8 avec figures et une planche en couleur hors texte.   6 fr.

39. DE SAPORTA et MARION. **L'évolution du règne végétal** (les Cryptogames). 1 vol. in-8 avec figures.   6 fr.

40-41. CHARLTON BASTIAN. **Le cerveau, organe de la pensée chez
l'homme et chez les animaux.** 2 vol. in-8, avec figures.   12 fr.

42. JAMES SULLY. **Les illusions des sens et de l'esprit.** 1 vol. in-8
avec figures.   6 fr.

43. YOUNG. **Le Soleil.** 1 vol. in-8, avec figures.   6 fr.

44. DE CANDOLLE. **L'origine des plantes cultivées.** 3e édition. 1 vol.
in-8.   6 fr.

45-46. SIR JOHN LUBBOCK. **Fourmis, Abeilles et Guêpes.** Études
expérimentales sur l'organisation et les mœurs des sociétés d'insectes
hyménoptères. 2 vol. in-8 avec 65 figures dans le texte, et 13 planches hors texte, dont 5 coloriées.   12 fr.

47. PERRIER (Edm.). **La philosophie zoologique avant Darwin.**
1 vol. in-8 avec fig. 2e édition.   6 fr.

48. STALLO. **La matière et la physique moderne.** 1 vol. in-8, précédé d'une Introduction par FRIEDEL.   6 fr.

49. MANTEGAZZA. **La physionomie et l'expression des sentiments.**
1 vol. in-8 avec huit planches hors texte.   6 fr.

50. DE MEYER. **Les organes de la parole et leur emploi pour
la formation des sons du langage.** 1 vol. in-8 avec 51 figures,
traduit de l'allemand et précédé d'une Introduction par O. CLA-
VEAU.   6 fr.

51. DE LANESSAN. **Introduction à l'étude de la botanique** (le Sapin).
1 vol. in-8, avec 143 figures dans le texte.   6 fr.

52-53. DE SAPORTA et MARION. **L'évolution du règne végétal** (les
Phanérogames). 2 vol. in-8, avec 136 figures.   12 fr.

54. TROUESSART. — **Les microbes, les ferments et les moisissures.**
1 vol in-8 avec 107 figures dans le texte.   6 fr.

55. HARTMANN (R.). **Les singes anthropoïdes, et leur organisation
comparée à celle de l'homme.** 1 vol. in-8 avec 63 figures dans
le texte.   6 fr.

56. SCHMIDT (O.). **Les mammifères dans les temps primitifs.** 1 vol.
avec figures.   6 fr.

OUVRAGES SUR LE POINT DE PARAITRE :

ROMANES. **L'intelligence des animaux.** 2 vol. avec figures.

BINET et FÉRÉ. **Le magnétisme animal.** 1 vol. avec figures.

BERTHELOT. **La philosophie chimique.** 1 vol.

MORTILLET (de). **L'origine de l'homme.** 1 vol. avec figures.

OUSTALET (E.). **L'origine des animaux domestiques.** 1 vol. avec
figures.

PERRIER (E.). **L'embryogénie générale.** 1 vol. avec figures.

BEAUNIS. **Les sensations internes.** 1 vol. avec figures.

CARTAILHAC. **La France préhistorique.** 1 vol. avec figures.

POUCHET (G.). **La vie du sang.** 1 vol. avec figures.

DURAND-CLAYE (A.). **L'hygiène des villes.** 1 vol. avec figures.

LISTE DES OUVRAGES

BIBLIOTHÈQUE SCIENTIFIQUE INTERNATIONALE
PAR ORDRE DE MATIÈRES.

Chaque volume in-8, cartonné à l'anglaise......... **6 francs.**
En demi-rel. veau avec coins, tranche supérieure dorée, non rogné. **10 fr.**

SCIENCES SOCIALES

* **Introduction à la science sociale**, par Herbert Spencer. 1 vol. in-8, 7ᵉ édit.   6 fr.

* **Les Bases de la morale évolutionniste**, par Herbert Spencer. 1 vol. in-8, 3ᵉ édit.   6 fr.

Les Conflits de la science et de la religion, par Draper, professeur à l'Université de New-York. 1 vol. in-8, 7ᵉ édit.   6 fr.

Le Crime et la Folie, par H. Maudsley, professeur de médecine légale à l'Université de Londres. 1 vol. in-8, 5ᵉ édit.   6 fr.

* **La Défense des États et les camps retranchés**, par le général A. Brialmont, inspecteur général des fortifications et du corps du génie de Belgique. 1 vol. in-8 avec nombreuses figures dans le texte et 2 pl. hors texte, 3ᵉ édit.   6 fr.

* **La Monnaie et le mécanisme de l'échange**, par W. Stanley Jevons, professeur d'économie politique à l'Université de Londres. 1 vol. in-8, 4ᵉ édit. (V. P.)   6 fr.

La Sociologie, par de Roberty. 1 vol. in-8, 2ᵉ édit. (V. P.)   6 fr.

* **La Science de l'éducation**, par Alex. Bain, professeur à l'Université d'Aberdeen (Écosse). 1 vol. in-8, 4ᵉ édit. (V. P.)   6 fr.

* **Lois scientifiques du développement des nations** dans leurs rapports avec les principes de l'hérédité et de la sélection naturelle, par W. Bagehot. 1 vol. in-8, 5ᵉ édit.   6 fr.

* **La Vie du langage**, par D. Whitney, professeur de philologie comparée à Yale-College de Boston (Etats-Unis). 1 vol. in-8, 3ᵉ édit. (V. P.)   6 fr.

PHYSIOLOGIE

Les Illusions des sens et de l'esprit, par James Sully. 1 vol. in-8. (V. P.)   6 fr.

* **La Locomotion chez les animaux** (marche, natation et vol), suivie d'une étude sur l'*Histoire de la navigation aérienne*, par J.-B. Pettigrew, professeur au Collège royal de chirurgie d'Édimbourg (Écosse). 1 vol. in-8 avec 140 figures dans le texte.   6 fr.

* **Les Nerfs et les Muscles**, par J. Rosenthal, professeur de physiologie à l'Université d'Erlangen (Bavière). 1 vol. in-8 avec 75 figures dans le texte, 3ᵉ édit. (V. P.)   6 fr.

* **La Machine animale**, par E.-J. Marey, membre de l'Institut, professeur au Collège de France. 1 vol. in-8 avec 117 figures dans le texte, 4ᵉ édit. (V. P.)   6 fr.

* **Les Sens**, par Bernstein, professeur de physiologie à l'Université de Halle (Prusse). 1 vol. in-8 avec 91 figures dans le texte, 4ᵉ édit. (V. P.)   6 fr.

Les Organes de la parole, par H. de Meyer, professeur à l'Université de Zurich, traduit de l'allemand et précédé d'une introduction sur l'*Enseignement de la parole aux sourds-muets*, par O. Claveau, inspecteur général des établissements de bienfaisance. 1 vol. in-8 avec 51 figures dans le texte.   6 fr.

La Physionomie et l'expression des sentiments, par P. Mantegazza, professeur au Muséum d'histoire naturelle de Florence. 1 vol. in-8 avec figures et 8 planches hors texte, d'après les dessins originaux d'Edouard Ximenès.   6 fr

PHILOSOPHIE SCIENTIFIQUE

* **Le Cerveau et ses fonctions**, par J. LUYS, membre de l'Académie de médecine, médecin de la Salpêtrière. 1 vol. in-8 avec figures, 5ᵉ édit. (V. P.) 6 fr.

Le Cerveau et la Pensée chez l'homme et les animaux, par CHARLTON BASTIAN, professeur à l'Université de Londres. 2 vol. in-8 avec 184 fig. dans le texte. 12 fr.

Le Crime et la Folie, par H. MAUDSLEY, professeur à l'Université de Londres. 1 vol. in-8, 5ᵉ édit. 6 fr.

L'Esprit et le Corps, considérés au point de vue de leurs relations, suivi d'études sur les *Erreurs généralement répandues au sujet de l'esprit*, par Alex. BAIN, professeur à l'Université d'Aberdeen (Écosse). 1 vol. in-8, 4ᵉ édit. (V. P.) 6 fr.

* **Théorie scientifique de la sensibilité** : *le Plaisir et la Peine*, par Léon DUMONT. 1 vol. in-8, 3ᵉ édit. 6 fr.

La Matière et la Physique moderne, par STALLO, précédé d'une préface par Ch. FRIEDEL, de l'Institut. 1 vol. in-8. 6 fr.

ANTHROPOLOGIE

* **L'Espèce humaine**, par A. DE QUATREFAGES, membre de l'Institut, professeur d'anthropologie au Muséum d'histoire naturelle de Paris. 1 vol. in-8, 8ᵉ édit. (V. P.) 6 fr.

* **L'Homme avant les métaux**, par N. JOLY, correspondant de l'Institut, professeur à la Faculté des sciences de Toulouse 1 vol. in-8 avec 150 figures dans le texte et un frontispice, 3ᵉ édit. (V. P.) 6 fr.

* **Les Peuples de l'Afrique**, par R. HARTMANN, professeur à l'Université de Berlin. 1 vol. in-8 avec 93 figures dans le texte, 2ᵉ édit. (V. P.) 6 fr.

Les Singes anthropoïdes, et leur organisation comparée à celle de l'homme, par R. HARTMANN, professeur à l'Université de Berlin. 1 vol. in-8 avec 63 figures dans le texte. 6 fr.

ZOOLOGIE

* **Descendance et Darwinisme**, par O. SCHMIDT, professeur à l'Université de Strasbourg. 1 vol. in-8 avec figures, 5ᵉ édit. 6 fr.

Les Mammifères dans les temps primitifs, par O. SCHMIDT, 1 vol. in-8, avec figures. 6 fr.

Fourmis, Abeilles et Guêpes, par sir JOHN LUBBOCK, membre de la Société royale de Londres. 2 vol. in-8 avec figures dans le texte et 13 planches hors texte, dont 5 coloriées. (V. P.) 12 fr.

L'Écrevisse, introduction à l'étude de la zoologie, par Th.-H. HUXLEY, membre de la Société royale de Londres et de l'Institut de France, professeur d'histoire naturelle à l'École royale des mines de Londres. 1 vol. in-8 avec 82 figures. 6 fr.

* **Les Commensaux et les Parasites** dans le règne animal, par P.-J. VAN BENEDEN, professeur à l'Université de Louvain (Belgique). 1 vol. in-8 avec 82 figures dans le texte. (V. P.) 6 fr.

La Philosophie zoologique avant Darwin, par EDMOND PERRIER, professeur au Muséum d'histoire naturelle de Paris. 1 vol. in-8, 2ᵉ édit. (V. P.) 6 fr.

BOTANIQUE — GÉOLOGIE

Les Champignons, par COOKE et BERKELEY. 1 vol. in-8 avec 110 figures, 3ᵉ édition. 6 fr.

L'Évolution du règne végétal, par G. DE SAPORTA, correspondant de l'Institut, et MARION, professeur à la Faculté des sciences de Marseille.

  I. *Les Cryptogames*. 1 vol. in-8 avec 85 figures dans le texte. 6 fr.
  II. *Les Phanérogames*. 2 vol. in-8 avec 136 figures dans le texte. 12 fr.

* **Les Volcans et les Tremblements de terre**, par FUCHS, professeur à l'Université de Heidelberg. 1 vol. in-8 avec 36 figures et une carte en couleur, 4ᵉ édition (V. P.) 6 fr.

L'Origine des plantes cultivées, par A. DE CANDOLLE, correspondant de l'Institut. 1 vol. in-8, 3ᵉ édit. 6 fr.

Introduction à l'étude de la botanique (le Sapin), par J. DE LANESSAN, professeur agrégé à la Faculté de médecine de Paris. 1 vol. in-8 avec figures dans le texte. (V. P.) 6 fr.

Microbes, Ferments et Moisissures, par le docteur L. TROUESSART. 1 vol. in-8 avec 108 figures dans le texte. (V. P.) 6 fr.

CHIMIE

Les Fermentations, par P. SCHUTZENBERGER, membre de l'Académie de médecine, professeur de chimie au Collège de France. 1 vol. in-8 avec figures, 4ᵉ édit. 6 fr.

* **La Synthèse chimique**, par M. BERTHELOT, membre de l'Institut, professeur de chimie organique au Collège de France. 1 vol. in-8, 5ᵉ édit. 6 fr.

* **La Théorie atomique**, par Ad. WURTZ, membre de l'Institut, professeur à la Faculté des sciences et à la Faculté de médecine de Paris. 1 vol. in-8, 4ᵉ édit., précédée d'une introduction sur la *Vie et les travaux* de l'auteur, par CH. FRIEDEL, de l'Institut. 6 fr.

ASTRONOMIE — MÉCANIQUE

* **Histoire de la Machine à vapeur, de la Locomotive et des Bateaux à vapeur**, par R. THURSTON, professeur de mécanique à l'Institut technique de Hoboken, près de New-York, revue, annotée et augmentée d'une Introduction par HIRSCH, professeur de machines à vapeur à l'École des ponts et chaussées de Paris. 2 vol. in-8 avec 160 figures dans le texte et 16 planches tirées à part. (V. P.) 12 fr.

* **Les Étoiles**, notions d'astronomie sidérale, par le P. A. SECCHI, directeur de l'Observatoire du Collège Romain. 2 vol. in-8 avec 68 figures dans le texte et 16 planches en noir et en couleurs, 2ᵉ édit. (V. P.) 12 fr.

Le Soleil, par C.-A. YOUNG, professeur d'astronomie au Collège de New-Jersey. 1 vol. in-8 avec 87 figures. (V. P.) 6 fr.

PHYSIQUE

La Conservation de l'énergie, par BALFOUR STEWART, professeur de physique au collège Owens de Manchester (Angleterre), suivi d'une étude sur la *Nature de la force*, par P. DE SAINT-ROBERT (de Turin). 1 vol. in-8 avec figures, 4ᵉ édit. 6 fr.

* **Les Glaciers et les Transformations de l'eau**, par J. TYNDALL, professeur de chimie à l'Institution royale de Londres, suivi d'une étude sur le même sujet, par HELMHOLTZ, professeur à l'Université de Berlin. 1 vol. in-8 avec nombreuses figures dans le texte et 8 planches tirées à part sur papier teinté, 5ᵉ édit. (V. P.) 6 fr.

* **La Photographie et la Chimie de la lumière**, par VOGEL, professeur à l'Académie polytechnique de Berlin. 1 vol. in-8 avec 95 figures dans le texte et une planche en photoglyptie, 4ᵉ édit. (V. P.) 6 fr.

La Matière et la Physique moderne, par STALLO. 1 vol. in-8. 6 fr.

THÉORIE DES BEAUX-ARTS

* **Le Son et la Musique**, par P. BLASERNA, professeur à l'Université de Rome, suivi des *Causes physiologiques de l'harmonie musicale*, par H. HELMHOLTZ, professeur à l'Université de Berlin. 1 vol. in-8 avec 41 figures, 3ᵉ édit. (V. P.) 6 fr.

Principes scientifiques des Beaux-Arts, par E. BRUCKE, professeur à l'Université de Vienne, suivi de *l'Optique et les Arts*, par HELMHOLTZ, professeur à l'Université de Berlin. 1 vol. in-8 avec figures, 3ᵉ édit. (V. P.) 6 fr.

* **Théorie scientifique des couleurs** et leurs applications aux arts et à l'industrie, par O. N. ROOD, professeur de physique à Colombia-Collège de New-York (Etats-Unis). 1 vol. in-8 avec 130 figures dans le texte et une planche en couleurs. (V. P.) 6 fr.

PUBLICATIONS

HISTORIQUES, PHILOSOPHIQUES ET SCIENTIFIQUES

qui ne se trouvent pas dans les Bibliothèques précédentes.

ALAUX. **La religion progressive.** 1 vol. in-18. 3 fr. 50
ALGLAVE. **Des Juridictions civiles chez les Romains.** 1 volume in-8. 2 fr. 50
ALTMEYER (J. J.). **Les précurseurs de la réforme aux Pays-Bas.** 2 forts volumes in-8°. 12 fr.
ARRÉAT. **Une éducation intellectuelle.** 1 vol. in-18. 2 fr. 50
ARRÉAT. **La morale dans le drame, l'épopée et le roman.** 1 vol. in-18. 1883. 2 fr. 50
BALFOUR STEWART et TAIT. **L'univers invisible.** 1 vol. in-8, traduit de l'anglais. 7 fr.
BARNI. KANT, Voy. pages 4, 7, 11 et 30.
BARNI. **Les martyrs de la libre pensée.** 1 vol. in-18. 2e édit. 3 fr. 50
BARNI. **Napoléon Ier.** 1 vol. in-18, édition populaire. 1 fr.
BARTHÉLEMY SAINT-HILAIRE, ARISTOTE. Voy. pages 2 et 6.
BAUTAIN. **La philosophie morale.** 2 vol. in-8. 12 fr.
BÉNARD (Ch.). **De la philosophie dans l'éducation classique.** 1862. 1 fort vol. in-8. 6 fr.
BÉNARD. Voy. page 6, SCHELLING et HÉGEL. Voy. pages 7 et 8.
BERTAUT. **J. Saurin,** et la prédication protestante jusqu'à la fin du règne de Louis XIV. 1 vol. in-8. 5 fr.
BERTAULD (P.-A.). **Introduction à la recherche des causes premières.** — **De la méthode.** 3 vol. in-18. Chaque volume, 3 fr. 50
BLACKWELL (Dr Elisabeth). **Conseils aux parents** sur l'éducation de leurs enfants au point de vue sexuel. In-18. 2 fr.
BLANQUI. **L'éternité par les astres.** In-8. 2 fr.
BLANQUI. **Critique sociale,** capital et travail. Fragments et notes. 2 vol. in-18. 1885. 7 fr.
BOUCHARDAT. **Le travail,** son influence sur la santé (conférences faites aux ouvriers). 1 vol. in-18. 2 fr. 50
BOUILLET (Ad.). **Les Bourgeois gentilshommes.** — **L'armée de Henri V.** 1 vol. in-18. 3 fr. 50
BOUILLET (Ad.). **Types nouveaux.** 1 vol. in-18. 2 fr. 50
BOUILLET (Ad.). **L'arrière-ban de l'ordre moral.** 1 vol. in-18. 3 fr. 50
BOURBON DEL MONTE. **L'homme et les animaux.** 1 vol. in-8. 5 fr.
BOURDEAU (Louis). **Théorie des sciences,** plan de science intégrale. 2 vol. in-8. 20 fr.
BOURDEAU (Louis). **Les forces de l'industrie,** progrès de la puissance humaine. 1 vol. in-8. 1884. 5 fr.
BOURDEAU (Louis). **La conquête du monde animal.** 1 vol. in-8. 1885. 5 fr.
BOURDET (Eug.). **Principes d'éducation positive,** précédé d'une préface de M. Ch. ROBIN. 1 vol. in-18. 3 fr. 50
BOURDET. **Vocabulaire des principaux termes de la philosophie positive.** 1 vol. in-18. 3 fr. 50
BOURLOTON (Edg.) et ROBERT (Edmond). **La Commune et ses idées à travers l'histoire.** 1 vol. in-18. 3 fr. 50
BROCHARD (V.). **De l'Erreur.** 1 vol. in-8. 3 fr. 50
BUCHNER. **Essai biographique sur Léon Dumont.** 1 vol. in-18 (1884). 2 fr.
BUSQUET. **Représailles,** poésies. 1 vol. in-18. 3 fr.
CADET. **Hygiène, inhumation, crémation.** In-18. 2 fr.

CHASSERIAU (Jean). **Du principe autoritaire et du principe rationnel.** 1 vol. in-18. 3 fr. 50

CLAMAGERAN. **L'Algérie**, impressions de voyage. 3° édit. 1 vol. in-18.
1884. 3 fr. 50

CLOOD. **L'enfance du monde**, simple histoire de l'homme des premiers
temps. In-12. 1 fr.

CONTA. **Théorie du fatalisme.** 1 vol. in-18. 4 fr.

CONTA. **Introduction à la métaphysique.** 1 vol. in-18. 3 fr.

COQUEREL (Charles). **Lettres d'un marin à sa famille.** 1 vol.
in-18. 3 fr. 50

COQUEREL fils (Athanase). **Libres études** (religion, critique, histoire,
beaux-arts). 1 vol. in-8. 5 fr.

CORLIEU (le docteur). **La mort des rois de France**, depuis François Ier
jusqu'à la Révolution française, études médicales et historiques. 1 vol.
in-18. 3 fr. 50

CORTAMBERT (Louis). **La religion du progrès.** In-18. 3 fr. 50

COSTE (Adolphe). **Hygiène sociale contre le paupérisme** (prix de
5000 fr au concours Pereire). 1 vol. in-8. 6 fr.

COSTE (Adolphe). **Les questions sociales contemporaines**, comptes
rendus du concours Pereire, et études nouvelles sur le *paupérisme, la
prévoyance, l'impôt, le crédit, les monopoles, l'enseignement*, avec la
collaboration de MM. BURDEAU et ARRÉAT pour la partie relative à l'enseignement. 1 fort. vol. in-8. 10 fr.

DANICOURT (Léon). **La patrie et la république.** In-18. 2 fr. 50

DANOVER. **De l'esprit moderne.** 1 vol. in-18. 1 fr. 50

DAURIAC. **Psychologie et pédagogie.** 1 br. in-8. 1884. 1 fr.

DAVY. **Les conventionnels de l'Eure.** 2 forts vol. in-8. 18 fr.

DELBOEUF. **Psychophysique**, mesure des sensations de lumière et de fati-
gue; théorie générale de la sensibilité. In-18. 3 fr. 50

DELBOEUF. **Examen critique de la loi psychophysique**, sa base et sa
signification. 1 vol. in-18. 1883. 3 fr. 50

DELBOEUF. **Le sommeil et les rêves**, considérés principalement dans
leurs rapports avec les théories de la certitude et de la mémoire. 1 vol.
in-18. 3 fr. 50

DESTREM (J.). **Les déportations du Consulat.** 1 br. in-8. 1 fr. 50

DOLLFUS (Ch.). **De la nature humaine.** 1868. 1 vol. in-8. 5 fr.

DOLLFUS (Ch.). **Lettres philosophiques.** In-18. 3 fr.

DOLLFUS (Ch.). **Considérations sur l'histoire.** Le monde antique.
1 vol. in-8. 7 fr. 50

DOLLFUS (Ch.). **L'âme dans les phénomènes de conscience.** 1 vol.
in-18. 3 fr. 50

DROZ (Ed.). **Étude sur le scepticisme de Pascal**, considéré dans le
livre des pensées. 1 vol. in-8. 6 fr.

DUBOST (Antonin). **Des conditions de gouvernement en France.**
1 vol. in-8. 7 fr. 50

BUCROS. **Schopenhauer et les origines de sa métaphysique**, ou
les Origines de la transformation de la chose en soi, de Kant à Schopenhauer. 1 vol. in-8. 1883. 3 fr. 50

DUFAY. **Etudes sur la destinée.** 1 vol. in-18. 1876. 3 fr.

DUMONT (Léon). **Le sentiment du gracieux.** 1 vol. in-8. 3 fr.

DUNAN. **Essai sur les formes à priori de la sensibilité.** 1 vol. in-8.
1884. 5 fr.

DUNAN. **Les arguments de Zénon d'Elée contre le mouvement.**
1 br. in-8. 1884. 1 fr. 50

DU POTET. **Manuel de l'étudiant magnétiseur.** Nouvelle édition.
1 vol. in-18. 3 fr. 50

DU POTET. **Traité complet de magnétisme**, cours en douze leçons.
4° édition. 1 vol. in-8 de 634 pages. 8 fr.

DURAND-DÉSORMEAUX. **Réflexions et pensées**, précédées d'une Notice sur la vie, le caractère et les écrits de l'auteur, par Ch. YRIARTE. 1 vol. in-8. 1884. 2 fr. 50

DURAND-DÉSORMEAUX. **Études philosophiques**, théorie de l'action, théorie de la connaissance. 2 vol. in-8. 1884. 15 fr.

DUTASTA. **Le Capitaine Vallé**, ou l'Armée sous la Restauration. 1 vol. in-18. 1883. 3 fr. 50

DUVAL-JOUVE. **Traité de Logique**. 1 vol. in-8. 6 fr.

DUVERGIER DE HAURANNE (Mme E.). **Histoire populaire de la Révolution française**. 1 vol. in-18. 3e édit. 3 fr. 50

Éléments de science sociale. Religion physique, sexuelle et naturelle. 1 vol. in-18. 4e édit. 1885. 3 fr. 50

ÉLIPHAS LÉVI. **Dogme et rituel de la haute magie**. 2e édit., 2 vol. in-8, avec 24 fig. 18 fr.

ÉLIPHAS LÉVI. **Histoire de la magie**. 1 vol. in-8, avec fig. 12 fr.

ÉLIPHAS LÉVI. **Clef des grands mystères**. 1 vol. in-8. 12 fr.

ÉLIPHAS LÉVI. **La science des esprits**. 1 vol. in-8. 7 fr.

ESPINAS. **Idée générale de la pédagogie**. 1 br. in-8. 1884. 1 fr.

ESPINAS. **Du sommeil provoqué chez les hystériques**. Essai d'explication psychologique de sa cause et de ses effets. 1 brochure in-8. 1 fr.

ÉVELLIN. **Infini et quantité**. Étude sur le concept de l'infini dans la philosophie et dans les sciences. 1 vol. in-8. 2e édit. (*Sous presse.*)

FABRE (Joseph). **Histoire de la philosophie**. Première partie : Antiquité et moyen âge. 1 vol. in-12. 3 fr. 50

FAU. **Anatomie des formes du corps humain**, à l'usage des peintres et des sculpteurs. 1 atlas de 25 planches avec texte. 2e édition. Prix, figures noires. 15 fr. ; fig. coloriées. 30 fr.

FAUCONNIER. **Protection et libre échange**. In-8. 2 fr.

FAUCONNIER. **La morale et la religion dans l'enseignement**. in-8. 75 c.

FAUCONNIER. L'or et l'argent. 1 brochure in-8. 2 fr. 50

FERBUS (N.). **La science positive du bonheur**. 1 vol. in-18. 3 fr.

FERRIÈRE (Em.). **Les apôtres**, essai d'histoire religieuse, d'après la méthode des sciences naturelles. 1 vol. in-12. 4 fr. 50

FERRIÈRE. **L'âme est la fonction du cerveau**. 2 vol. in-18. 1883. 7 fr.

FERRIÈRE. **Le paganisme des Hébreux jusqu'à la captivité de Babylone**. 1 vol. in-18. 1884. 3 fr. 50

FERRON (de). **Institutions municipales et provinciales** dans les différents États de l'Europe. Comparaison. Réformes. 1 vol. in-8. 1883. 8 fr.

FERRON (de). **Théorie du progrès**. 2 vol. in-18. 7 fr.

FERRON. **De la division du pouvoir législatif en deux chambres**, histoire et théorie du Sénat. 1 vol. in-8. 8 fr.

FIAUX. **La femme, le mariage et le divorce**, étude de sociologie et de physiologie. 1 vol. in-18. 3 fr. 50

FONCIN. **Essai sur le ministère Turgot**. 1 fort vol. gr. in-8. 8 fr.

FOX (W.-J.). **Des idées religieuses**. In-8. 3 fr.

FRIBOURG (E.). **Le paupérisme parisien**. 1 vol. in-12. 1 fr. 25

GALTIER-BOISSIÈRE. **Sématotechnie**, ou Nouveaux signes phonographiques. 1 vol. in-8 avec figures. 3 fr. 50

GASTINEAU. **Voltaire en exil**. 1 vol. in-18. 3 fr.

GAYTE (Claude). **Essai sur la croyance**. 1 vol. in-8. 3 fr.

GEFFROY. **Recueil des instructions données aux ministres et ambassadeurs de France en Suède**, depuis les traités de Westphalie jusqu'à la Révolution française. 1 fort vol. in-8 raisin sur papier de Hollande. 20 fr.

GILLIOT (Alph.). **Études sur les religions et institutions comparées**. 2 vol. in-12. tome Ier. 3 fr. — Tome II. 5 fr.

GOBLET D'ALVIELLA. **L'évolution religieuse** chez les Anglais, les Américains, les Indous, etc. 1 vol. in-8. 1883. 8 fr.

GRESLAND. **Le génie de l'homme**, libre philosophie. 1 fort vol. gr. in-8. 1883. 7 fr.

GUILLAUME (de Moissey). **Nouveau traité des sensations.** 2 vol. in-8. 15 fr.

GUILLY. **La nature et la morale.** 1 vol. in-18. 2ᵉ édit. 2 fr. 50

GUYAU. **Vers d'un philosophe.** 1 vol. in-18. 3 fr. 50

HAYEM (Armand). **L'être social.** 1 vol. iu-18. 2ᵉ édit. 3 fr. 50

HERZEN. **Récits et Nouvelles.** 1 vol. in-18. 3 fr. 50

HERZEN. **De l'autre rive.** 1 vol. in-18. 3 fr. 50

HERZEN. **Lettres de France et d'Italie.** In-18. 3 fr. 50

RUXLEY. **La physiographie**, introduction à l'étude de la nature, traduit et adapté par M. G. Lamy. 1 vol. in-8 avec figures dans le texte et 2 planches en couleurs, broché, 8 fr. — En demi-reliure, tranches dorées. 11 fr.

ISSAURAT. **Moments perdus de Pierre-Jean.** In-18. 3 fr.

ISSAURAT. **Les alarmes d'un père de famille.** In-8. 1 fr.

JACOBY. **Études sur la sélection dans ses rapports avec l'hérédité chez l'homme.** 1 vol. gr. in-8. 14 fr.

JANET (Paul). **Le médiateur plastique de Cudworth.** 1 vol. in-8. 1 fr.

JEANMAIRE. **L'idée de la personnalité dans la psychologie moderne.** 1 vol. in-8. 1883. 5 fr.

JOIRE. **La population, richesse nationale; le travail, richesse du peuple.** 1 vol. in-8. 1886. 5 fr.

JOYAU. **De l'invention dans les arts et dans les sciences.** 1 vol. in-8. 5 fr.

JOZON (Paul). **De l'écriture phonétique.** In-18. 3 fr. 50

KAULEK (Jean). **Correspondance politique de MM. de Castillon et de Marillac**, ambassadeurs de France en Angleterre (1538-1542). 1 fort vol. gr. iu-8. 16 fr.

KRANTZ (Emile). **Essai sur l'Esthétique de Descartes**, rapports de la doctrine cartésienne avec la littérature classique du XVIᵉ siècle. 1 vol. in-8. 1882. 6 fr.

LABORDE. **Les hommes et les actes de l'insurrection de Paris** devant la psychologie morbide. 1 vol. in-18. 2 fr. 50

LACHELIER. **Le fondement de l'induction.** 1 vol. in-8. 3 fr. 50

LACOMBE. **Mes droits.** 1 vol. in-12. 2 fr. 50

LAFONTAINE. **L'art de magnétiser** ou le Magnétisme vital, considéré au point de vue théorique, pratique et thérapeutique. 5ᵉ édition, 1886. 1 vol. in-8. 5 fr.

LAGGROND. **L'Univers, la force et la vie.** 1 vol. in-8. 1884. 2 fr. 50

LA LANDELLE (de). **Alphabet phonétique.** In-18. 2 fr. 50

LANGLOIS. **L'homme et la Révolution.** 2 vol. in-18. 7 fr.

LA PERRE DE ROO. **La consanguinité et les effets de l'hérédité.** 1 vol. in-8. 5 fr.

LAURET (Henri). **Philosophie de Stuart Mill.** 1 vol. in-8. 6 fr.

LAURET (Henri). **Critique d'une morale sans obligation, sans sanction.** 1 br. in-8. 1 fr. 50

LAUSSEDAT. **La Suisse.** Études méd. et sociales. In-18. 3 fr. 50

LAVELEYE (Em. de). **De l'avenir des peuples catholiques.** 1 br. in-8. 21ᵉ édit. 25 c.

LAVELEYE (Em. de). **Lettres sur l'Italie (1878-1879).** 1 volume in-18. 3 fr. 50

LAVELEYE (Em. de). **Nouvelles lettres d'Italie.** 1 vol. in-8. 1884. 3 fr.

LAVELEYE (Em. de). **L'Afrique centrale.** 1 vol. in-12. 3 fr.

LAVELEYE (Em. de). **La péninsule des Balkans** (Vienne, Croatie, Bosnie, Serbie, Bulgarie, Roumélie, Turquie, Roumanie). 2 vol. in-12. 1886. 10 fr.

LAVELEYE (Em. de). **La propriété collective du sol en différents pays.** 1 br. in-8. 2 fr.

LAVELEYE (Em. de) et HERBERT SPENCER. **L'état et l'individu, ou Darwinisme social et Christianisme.** 1 vol. in-8. 1 fr.

LAVERGNE (Bernard). **L'ultramontanisme et l'État**. 1 vol. in-8.
1 fr. 50

LEDRU-ROLLIN. **Discours politiques et écrits divers**. 2 vol. in-8 cavalier.
12 fr.

LEGOYT. **Le suicide**. 1 vol. in-8.
8 fr.

LELORRAIN. **De l'aliéné au point de vue de la responsabilité pénale**. 1 brochure in-8.
2 fr.

LEMER (Julien). **Dossier des jésuites et des libertés de l'Église gallicane**. 1 vol. in-18.
3 fr. 50

LITTRÉ. **De l'établissement de la troisième république**. 1 vol. gr. in-8. 1881.
9 fr.

LOURDEAU. **Le Sénat et la magistrature dans la démocratie française**. 1 vol. in-18.
3 fr. 50

MAGY. **De la science et de la nature**. 1 vol. in-8.
6 fr.

MARAIS. **Garibaldi et l'armée des Vosges**. In-18. (V. P.)
1 fr. 50

MASSERON (I.). **Danger et nécessité du socialisme**. 1 vol. in-18. 1883.
3 fr. 50

MAURICE (Fernand). **La politique extérieure de la République française**. 1 vol. in-12.
3 fr. 50

MAX MULLER. **Amour allemand**. 1 vol. in-18.
3 fr. 50

MAZZINI. **Lettres de Joseph Mazzini** à Daniel Stern (1864-1872), avec une lettre autographiée.
3 fr. 50

MENIÈRE. **Cicéron médecin**. 1 vol. in-18.
4 fr. 50

MENIÈRE. **Les consultations de Mme de Sévigné**, étude médico-littéraire. 1884. 1 vol. in-8.
3 fr.

MESMER. **Mémoires et aphorismes**, suivis des procédés de d'Eslon. In-18.
2 fr. 50

MICHAUT (N.). **De l'imagination**. 1 vol. in-8.
5 fr.

MILSAND. **Les études classiques** et l'enseignement public. 1 vol. in-18.
3 fr. 50

MILSAND. **Le code et la liberté**. In-8.
2 fr.

MORIN (Miron). **De la séparation du temporel et du spirituel**. In-8.
3 fr. 50

MORIN (Miron). **Essais de critique religieuse**. 1 fort vol. in-8. 1885. 5 fr.

MORIN. **Magnétisme et sciences occultes**. 1 vol. in-8.
6 fr.

MORIN (Frédéric). **Politique et philosophie**. 1 vol. in-18.
3 fr. 50

MUNARET. **Le médecin des villes et des campagnes**. 4e édition. 1 vol. grand in-18.
4 fr. 50

NOËL (E.). **Mémoires d'un imbécile**, précédé d'une préface de *M. Littré*. 1 vol. in-18. 3e édition.
3 fr. 50

OGER. **Les Bonaparte** et les frontières de la France. In-18.
50 c.

OGER. **La République**. In-8.
50 c.

OLECHNOWICZ. **Histoire de la civilisation de l'humanité**, d'après la méthode brahmanique. 1 vol. in-12.
3 fr. 50

PARIS (le colonel). **Le feu à Paris et en Amérique**. 1 volume in-18.
3 fr. 50

PARIS (comte de). **Les associations ouvrières en Angleterre (Trades-unions)**. 1 vol. in-18. 7e édit.
1 fr.

Édition sur papier fort, 2 fr. 50. — Sur papier de Chine, broché, 12 fr. — Rel. de luxe.
20 fr.

PELLETAN (Eugène). **La naissance d'une ville** (Royan). 1 vol. in-18, cart. 1 fr. 40

PELLETAN (Eug.). **Jarousseau, le pasteur du désert.** 1 vol. in-18 (couronné par l'Académie française), toile, tr. jaspées. 2 fr. 50

PELLETAN (Eug.). **Élisée, voyage d'un homme à la recherche de lui-même.** 1 vol. in-18. 3 fr. 50

PELLETAN (Eug.). **Un roi philosophe, Frédéric le Grand.** 1 vol. in-18. 3 fr. 50

PELLETAN (Eug.). **Le monde marche** (la loi du progrès). In-18. 3 fr. 50

PELLETAN (Eug.). **Droits de l'homme.** 1 vol. in-12. 3 fr. 50

PELLETAN (Eug.). **Profession de foi du XIXe siècle.** 1 vol. in-12. 3 fr. 50

PELLETAN (Eug.). **Dieu est-il mort ?** 1 vol. in-12. 3 fr. 50

PELLETAN (Eug.). **La mère.** 1 vol. in-8, toile, tr. dorées. 4 fr. 25

PELLETAN (Eug.). **Les rois philosophes.** 1 vol. in-8, toile, tranches dorées. 4 fr. 25

PELLETAN (Eug.). **La nouvelle Babylone.** 1 vol. in-12. 3 fr. 50

PENJON. **Berkeley**, sa vie et ses œuvres. 1 vol. in-8. 7 fr. 50

PEREZ (Bernard). **L'éducation dès le berceau.** 1 vol. in-8. 5 fr.

PEREZ (Bernard). **Thiery Tiedmann. — Mes deux chats.** 1 brochure in-12. 2 fr.

PEREZ (Bernard). **Jacotot et sa méthode d'émancipation intellectuelle.** 1 vol. in-18. 3 fr.

PEREZ (Bernard). — Voyez page 5.

PETROZ (P.). **L'art et la critique en France** depuis 1822. 1 vol. in-18. 3 fr. 50

PETROZ. **Un critique d'art au XIXe siècle.** 1 vol. in-18. 1 fr. 50

PHILBERT (Louis). **Le rire,** essai littéraire, moral et psychologique. 1 vol. in-8. (Ouvrage couronné par l'Académie française, prix Monthyon.) 7 fr. 50

POEY. **Le positivisme.** 1 fort vol. in-12. 4 fr. 50

POEY. **M. Littré et Auguste Comte.** 1 vol. in-18. 3 fr. 50

POULLET. **La campagne de l'Est** (1870-1871). 1 vol. in-8 avec 2 cartes, et pièces justificatives. 7 fr.

QUINET (Edgar). **Œuvres complètes.** 28 volumes in-18. Chaque volume... 3 fr. 50

Chaque ouvrage se vend séparément :

* I. — Génie des Religions. — De l'Origine des dieux (nouvelle édition).

* II. — Les Jésuites. — L'Ultramontanisme. — Introduction à la Philosophie de l'Humanité (nouvelle édition) avec Préface inédite. — Essai sur les Œuvres de Herder.

III. — Le Christianisme et la Révolution française. Examen de la vie de Jésus-Christ, par STRAUSS.

IV. — Les Révolutions d'Italie.

* V. — Marnix de Sainte-Aldegonde.

* VI. — Les Roumains. — Allemagne et Italie. — Mélanges.

VII. — Ahasverus.

VIII. — Prométhée. — Les Esclaves.

ŒUVRES D'EDGAR QUINET (*suite*).

IX. — Mes Vacances en Espagne.

* X. — Histoire de mes idées.

XI. — L'Enseignement du Peuple. — La Croisade romaine. — L'État de
siège. — Œuvres politiques, *avant l'exil.*

* XII-XIII-XIV. — La Révolution. 3 vol.

* XV. — Histoire de la campagne de 1815.

XVI. — Napoléon (poème). (*Epuisé*).

XVII-XVIII. — Merlin l'Enchanteur. 2 vol.

* XIX-XX. — Correspondance, *lettres à sa mère.* 2 vol.

* XXI-XXII. — La Création. 2 vol.

XXIII. — Le Livre de l'exilé. — Œuvres politiques, *pendant l'exil.* —
Le Panthéon. — Révolution religieuse au XIXe siècle.

XXIV. — Le Siège de Paris et la Défense nationale. — Œuvres politiques,
après l'exil.

XXV. — La République, conditions de régénération de la France.

* XXVI. — L'Esprit nouveau.

* XXVII. — La Grèce moderne. — Histoire de la poésie. — Épopées françaises du XXe siècle.

XXVIII. — Vie et Mort du génie grec.

Les tomes XI, XVII, XVIII, XIX et XX peuvent être fournis en format
in-8 à 6 fr. le volume broché; reliure toile, 1 franc de plus par volume.

RÉGAMEY (Guillaume). **Anatomie des formes du cheval**, à l'usage des
peintres et des sculpteurs. 6 planches en chromolithographie, publiées
sous la direction de FÉLIX RÉGAMEY, avec texte par le Dr KUHFF.　　**8 fr.**

RIBERT (Léonce). **Esprit de la Constitution** du 25 février 1875.
1 vol. in-18.　　　　　　　　　　　　　　　　　　　　　　**3 fr. 50**

ROBERT (Edmond). **Les domestiques.** In-18.　　　　　　　　　**3 fr. 50**

SECRÉTAN. **Philosophie de la liberté.** 2 vol. in-8.　　　　　**10 fr.**

SECRÉTAN. **Le droit de la femme.** 1 broch. in-12.　　　　　**1 fr. 20**

SIEGFRIED (Jules). **La misère, son histoire, ses causes, ses remèdes.**
1 vol. grand in-18. 3e édition. 1879.　　　　　　　　　　　　**2 fr. 50**

SIÈREBOIS. **Psychologie réaliste.** Étude sur les éléments réels de l'âme
et de la pensée. 1876. 1 vol. in-18.　　　　　　　　　　　　**2 fr. 50**

SMEE. **Mon jardin.** Géologie, botanique, histoire naturelle. 1 magnifique vol. gr. in-8, orné de 1300 gr. et 25 pl. hors texte. Broché. 15 fr. —
Demi-rel., tranches dorées.　　　　　　　　　　　　　　　　　**18 fr.**

SOREL (Albert). **Le traité de Paris du 20 novembre 1815.** 1 vol.
in-8.　　　　　　　　　　　　　　　　　　　　　　　　　　　**4 fr. 50**

SOREL (Albert). **Recueil des instructions données aux ambassadeurs et ministres de France en Autriche,** depuis les traités de
Westphalie jusqu'à la Révolution française. 1 fort vol. gr. in-8, sur papier
de Hollande.　　　　　　　　　　　　　　　　　　　　　　　**20 fr.**

STUART MILL (J.). **La République de 1848,** traduit de l'anglais, avec
préface par SADI CARNOT. 1 vol. in-18.　　　　　　　　　　　**3 fr. 50**

TÉNOT (Eugène). **Paris et ses fortifications** (1870-1880). 1 vol. in-8. **5 fr.**

TÉNOT (Eugène). **La frontière (1870-1881).** 1 fort vol. grand in-8.   8 fr.

THIERS (Édouard). **La puissance de l'armée par la réduction du service.** 1 vol. in-8.   1 fr. 50

THULIÉ. **La folie et la loi.** 2ᵉ édit. 1 vol. in-8.   3 fr. 50

THULIÉ. **La manie raisonnante du docteur Campagne.** Brochure in-8.   2 fr.

TIBERGHIEN. **Les commandements de l'humanité.** 1 vol. in-18.   3 fr.

TIBERGHIEN. **Enseignement et philosophie.** 1 vol. in-18.   4 fr.

TIBERGHIEN. **Introduction à la philosophie.** 1 vol. in-18.   6 fr.

TIBERGHIEN. **La science de l'âme.** 1 vol. in-12. 3ᵉ édit.   6 fr.

TIBERGHIEN. **Éléments de morale univ.** 1 vol. in-12.   2 fr.

TISSANDIER. **Études de Théodicée.** 1 vol. in-8.   4 fr.

TISSOT. **Principes de morale.** 1 vol. in-8.   6 fr.

TISSOT. — Voy. Kant, page 7.

TISSOT (J.). **Essai de philosophie naturelle.** Tome Iᵉʳ. 1 vol. in-8. 12 fr.

VACHEROT. **La science et la métaphysique.** 3 vol. in-18.   10 fr. 50

VACHEROT. — Voy. pages 4 et 6.

VALLIER. **De l'intention morale.** 1 vol. in-8.   3 fr. 50

VALMONT (V.). **L'espion prussien,** roman anglais. 1 vol. in-18.   3 fr. 50

VAN DER REST. **Platon et Aristote.** 1 vol. in-8.   10 fr.

VÉRA. **Introduction à la philosophie de Hegel.** 1 vol. in-8, 2ᵉ édition.   6 fr. 50

VERNIAL. **Origine de l'homme,** d'après les lois de l'évolution naturelle. 1 vol. in-8.   3 fr.

VILLIAUMÉ. **La politique moderne.** 1 vol. in-8.   6 fr.

VOITURON (P.). **Le libéralisme et les idées religieuses.** 1 volume in-12.   4 fr.

WEILL (Alexandre). **Le Pentateuque selon Moïse et le pentateuque selon Esra,** avec *vie, doctrine et gouvernement authentique de Moïse.* 1 fort vol. in-8.   7 fr. 50

WEILL (Alexandre). **Vie, doctrine et gouvernement authentique de Moïse,** d'après des textes hébraïques de la Bible jusqu'à ce jour incompris. 1 vol. in-8.   3 fr.

X***. **La France par rapport à l'Allemagne.** Étude de géographie militaire. 1 vol. in-8. 1884.   6 fr.

YUNG (Eugène). **Henri IV écrivain.** 1 vol. in-8.   5 fr.

BIBLIOTHÈQUE UTILE

92 VOLUMES PARUS.

Le volume de 190 pages, broché, 60 centimes.

Cartonné à l'anglaise ou cartonnage toile dorée, 1 fr.

Le titre de cette collection est justifié par les services qu'elle rend et la part pour laquelle elle contribue à l'instruction populaire.

Les noms dont ses volumes sont signés lui donnent d'ailleurs une autorité suffisante pour que personne ne dédaigne ses enseignements. Elle embrasse *l'histoire*, la *philosophie*, le *droit*, les *sciences*, l'*économie politique* et les *arts*, c'est-à-dire qu'elle traite toutes les questions qu'il est aujourd'hui indispensable de connaître. Son esprit est essentiellement démocratique ; le langage qu'elle parle est simple et à la portée de tous, mais il est aussi à la hauteur des sujets traités. La plupart de ces volumes sont adoptés pour les Bibliothèques par le *Ministère de l'Instruction publique, le Ministère de la guerre, la Ville de Paris, la Ligue de l'enseignement*, etc.

HISTOIRE DE FRANCE.

* **Les Mérovingiens**, par BUCHEZ, anc. présid. de l'Assemblée constituante.

* **Les Carlovingiens**, par BUCHEZ.

Les Luttes religieuses des premiers siècles, par J. BASTIDE, 4e édit.

Les Guerres de la Réforme, par J. BASTIDE. 4e édit.

La France au moyen âge, par F. MORIN.

* **Jeanne d'Arc**, par Fréd. LOCK.

Décadence de la monarchie française, par Eug. PELLETAN. 4e édit.

* **La Révolution française**, par CARNOT, sénateur (2 volumes).

* **La Défense nationale en 1792**, par P. GAFFAREL.

* **Napoléon Ier**, par Jules BARNI.

* **Histoire de la Restauration**, par Fréd. LOCK. 3e édit.

* **Histoire de la marine française**, par Alfr. DONEAUD. 2e édit.

* **Histoire de Louis-Philippe**, par Edgar ZEVORT. 2e édit.

Mœurs et Institutions de la France, par P. BONDOIS. 2 volumes.

Léon Gambetta, par J. REINACH.

PAYS ÉTRANGERS.

* **L'Espagne et le Portugal**, par E. RAYMOND. 2e édition.

Histoire de l'empire ottoman, par L. COLLAS. 2e édit.

* **Les Révolutions d'Angleterre**, par Eug. DESPOIS. 3e édit.

Histoire de la maison d'Autriche, par Ch. ROLLAND. 2e édit.

L'Europe contemporaine (1789-1879), par P. BONDOIS.

Histoire contemporaine de la Prusse, par Alfr. DONEAUD.

Histoire contemporaine de l'Italie, par Félix HENNEGUY.

Histoire contemporaine de l'Angleterre, par A. REGNARD.

HISTOIRE ANCIENNE.

La Grèce ancienne, par L. COMBES, conseiller municipal de Paris. 2e éd.

L'Asie occidentale et l'Égypte, par A. OTT. 2e édit.

L'Inde et la Chine, par A. OTT.

Histoire romaine, par CREIGHTON.

L'Antiquité romaine, par WILKINS (avec gravures).

GÉOGRAPHIE.

* **Torrents, fleuves et canaux de la France**, par H. BLERZY.
* **Les Colonies anglaises**, par le même.
Les Iles du Pacifique, par le capitaine de vaisseau JOUAN (avec 1 carte).
* **Les Peuples de l'Afrique et de l'Amérique**, par GIRARD DE RIALLE.
* **Les Peuples de l'Asie et de l'Europe**, par le même.

* **Géographie physique**, par GEIKIE, prof. à l'Univ. d'Edimbourg (avec fig.).
* **Continents et Océans**, par GROVE (avec figures).
Les Frontières de la France, par P. GAFFAREL.
* **Notions d'astronomie**, par L. CATALAN, prof. à l'Université de Liège. 4ᵉ édit.

COSMOGRAPHIE.

* **Les Entretiens de Fontenelle sur la pluralité des mondes**, mis au courant de la science par BOILLOT.
* **Le Soleil et les Étoiles**, par le P. SECCHI, BRIOT, WOLF et DELAUNAY. 2ᵉ édit. (avec figures).

* **Les Phénomènes célestes**, par ZURCHER et MARGOLLÉ.
A travers le ciel, par AMIGUES.
Origines et Fin des mondes, par Ch. RICHARD. 3ᵉ édit.

SCIENCES APPLIQUÉES.

* **Le Génie de la science et de l'industrie**, par B. GASTINEAU.
* **Causeries sur la mécanique**, par BROTHIER. 2ᵉ édit.
Médecine populaire, par le docteur TURCK. 4ᵉ édit.
Petit Dictionnaire des falsifications, avec moyens faciles pour les reconnaître, par DUFOUR.

Les Mines de la France et de ses colonies, par P. MAIGNE.
La Médecine des accidents, par le docteur BROQUÈRE.
La Machine à vapeur, par H. GOSSIN, avec figures.
La Navigation aérienne, par G. DALLET (avec figures).

SCIENCES PHYSIQUES ET NATURELLES.

Télescope et Microscope, par ZURCHER et MARGOLLÉ.
* **Les Phénomènes de l'atmosphère**, par ZURCHER. 4ᵉ édit.
* **Histoire de l'air**, par Albert LÉVY.
* **Hygiène générale**, par le docteur L. CRUVEILHIER. 6ᵉ édit.
* **Histoire de la terre**, par le même.
* **Principaux faits de la chimie**, par SAMSON, prof. à l'Éc. d'Alfort. 5ᵉ édit.
Les Phénomènes de la mer, par E. MARGOLLÉ. 5ᵉ édit.
* **L'Homme préhistorique**, par L. ZABOROWSKI. 2ᵉ édit.
* **Les grands Singes**, par le même.
Histoire de l'eau, par BOUANT.

* **Introduction à l'étude des sciences physiques**, par MORAND. 5ᵉ édit.
* **Le Darwinisme**, par E. FERRIÈRE.
* **Géologie**, par GEIKIE (avec fig.).
* **Les Migrations des animaux et le Pigeon voyageur**, par ZABOROWSKI.
* **Premières notions sur les sciences**, par Th. HUXLEY.
La Chasse et la Pêche des animaux marins, par le capitaine de vaisseau JOUAN.
Les Mondes disparus, par L. ZABOROWSKI (avec figures).
Zoologie générale, par H. BEAUREGARD, aide-naturaliste au Muséum (avec figures).

PHILOSOPHIE.

La Vie éternelle, par ENFANTIN. 2ᵉ éd.
Voltaire et Rousseau, par Eug. NOEL. 3ᵉ édit.
* **Histoire populaire de la philosophie**, par L. BROTHIER. 3ᵉ édit.
* **La Philosophie zoologique**, par Victor MEUNIER. 2ᵉ édit.

* **L'Origine du langage**, par L. ZABOROWSKI.
Physiologie de l'esprit, par PAULHAN (avec figures).
L'Homme est-il libre? par RENARD.
La Philosophie positive, par le docteur ROBINET. 2ᵉ édit.

ENSEIGNEMENT. — ÉCONOMIE DOMESTIQUE.

* **De l'Éducation**, par Herbert Spencer.
La Statistique humaine de la France, par Jacques BERTILLON.
Le Journal, par HÂTIN.
De l'Enseignement professionnel, par CORBON, sénateur. 3ᵉ édit.
* **Les Délassements du travail**, par Maurice CRISTAL. 2ᵉ édit.
Le Budget du foyer, par H. LENEVEUX
* **Paris municipal**, par le même.
* **Histoire du travail ma**

muel en France, par le même.
L'Art et les artistes en France, par Laurent PICHAT, sénateur. 4ᵉ édit.
Économie politique, par STANLEY JEVONS. 3ᵉ édit.
* **Le Patriotisme à l'école**, par JOURDY, capitaine d'artillerie.
Histoire du libre échange en Angleterre, par MONGREDIEN.
Premiers Principes des beaux-arts, par John COLLIER (avec fig.).

DROIT.

* **La Loi civile en France**, par MORIN. 3ᵉ édit.

La Justice criminelle en France, par G. JOURDAN. 3ᵉ édit.

BIBLIOTHÈQUE UTILE

TIRAGE SPÉCIAL POUR RÉCOMPENSES

Beaux volumes in-12 de 190 à 200 pages.

Brochés. 1 franc. — Imitation toile, tranches blanches. **1 fr. 10**
Toile, tranches dorées ou rouges...................... **1 fr. 50**

Napoléon Iᵉʳ, par J. BARNI, membre de l'Assemblée nationale.

Les Colonies anglaises, par BLERZY, anc. élève de l'École polytechnique. (V. P.)

* **Torrents, fleuves et canaux de la France**, par le même. (V. P.)

* **Europe contemporaine depuis 1792 jusqu'à nos jours**, par BONDOIS, professeur au lycée de Versailles.

La Botanique en 10 leçons, par LE MONNIER, professeur à la Faculté des sciences de Nancy, avec 124 figures.

Morceaux choisis de littérature française, par Mᵐᵉ COLLIN, inspectrice des écoles de la Ville de Paris. (V. P.)

* **La Défense nationale en 1792**, par P. GAFFAREL, professeur à la Faculté des lettres de Dijon. (V. P.)

* **La Géographie physique**, par GEIKIE, professeur à l'Université d'Édimbourg. avec gravures. (V. P.)

* **Notions de Géologie**, avec figures dans le texte, par le même. (V. P.)

* **Premières Notions sur les sciences**, par HUXLEY, de la Société royale de Londres. (V. P.)

Le Patriotisme à l'école, guide populaire d'éducation militaire, par JOURDY, chef d'escadron d'artillerie, avec grav. (V. P.)

Les Migrations des animaux et le Pigeon voyageur, par ZABOROWSKI. (V. P.)

Histoire de Louis-Philippe, par E. ZEVORT, recteur de l'Académie de Caen. (V. P.)

Les Phénomènes célestes, par ZURCHER et MARGOLLÉ, anciens officiers de marine. (V. P.)

Les Révolutions d'Angleterre, par Eugène DESPOIS. (V. P.)

Léon Gambetta, par Joseph REINACH, avec gravures.

Les Peuples de l'Asie et de l'Europe, par GIRARD DE RIALLE. (V. P.)

Les Peuples de l'Afrique et de l'Amérique, par GIRARD DE RIALLE. (V. P.)

Continents et Océans, par GROVE, avec gravures. (V. P.)

5511. — BOURLOTON. — Imprimeries réunies, A, rue Mignon, 2, Paris.